Informatik

Objektorientierte Programmierung mit BlueJ

Duden Schulbuchverlag
Berlin · Mannheim

Autoren
Dr. Matthias Ehmann (Kapitel 4)
Frank Fiedler (Kapitel 2 und 3)
Franz X. Forman (Kapitel 5)
Manuel Friedrich (Kapitel 6)
AORin Ute Heuer (Kapitel 1 und 2)
Susanne Ritzer (Kapitel 1 und 2)

Berater
Robert Kraus
OStR Stefan Winter

Zum Buch gibt es ein kostenloses Downloadangebot für Lehrer unter
www.duden-paetec.de/informatik

1. Auflage*
1 6 5 4 3 2 | 2014 2013 2012 2011 2010
Alle Drucke dieser Auflage können im Unterricht nebeneinander benutzt werden.
Die letzte Zahl bezeichnet das Jahr dieses Druckes.

Internet www.duden.de

Redaktion Dr. Lutz Engelmann
Umschlag Britta Scharffenberg
Layout und Zeichnungen Dr. Lutz Engelmann, Marlis Konrad
Druck und Bindung Saaledruck Naumburg GmbH

ISBN 978-3-8355-6045-1

Inhaltsverzeichnis

1 **Objektorientierte Konzepte** **5**

1.1 Mit Objekten arbeiten 6
1.2 Beziehungen 17
Auf den Punkt gebracht 23
Gewusst • Gekonnt 24

2 **Zustandsmodelle** **25**

2.1 Zustandsdiagramme 26
2.2 Ein Zustandsmodell entsteht 32
2.3 Attributwerte beschreiben Zustände 37
2.4 Initialisierung von Objekten; Wertzuweisung 41
2.5 Methoden und Zustandsübergänge 46
2.6 Zustandsübergänge mit Bedingungen 52
2.7 Zustandsübergangstabellen* 56
2.8 Umsetzung eines Zustandsdiagramms in ein Programm 59
2.9 Lebenszyklus von Objekten 65
Auf den Punkt gebracht 68
Gewusst • Gekonnt 69

3 **Algorithmische Beschreibung von Abläufen** **71**

3.1 Folgen von Zustandsübergängen; Algorithmus 72
3.2 Wiederholung und Auswahl 76
3.3 Anspruchsvolle Methoden 81
3.4 Felder 87
3.5 Programm und Prozess* 91
Auf den Punkt gebracht 93
Gewusst • Gekonnt 94

4 **Beziehungen zwischen Objekten** **97**

4.1 Wozu sind Beziehungen zwischen Objekten nötig? 98
4.2 1:1-Beziehungen 101
4.3 Kommunikation zwischen Objekten 108
4.4 Datenkapselung – Objekte und ihre Geheimnisse 115
4.5 1:n-Beziehungen und Bibliotheksklassen 118
4.6 m:n-Beziehungen 127
Auf den Punkt gebracht 128
Gewusst • Gekonnt 129

5 Generalisierung und Spezialisierung 131

5.1 Online-Shop „eKauf" ohne Vererbung 132
5.2 Online-Shop „eKauf" mit Vererbung 136
5.3 Polymorphie: Intelligente Objekte 146
5.4 Abstrakte Klassen* 154
5.5 Modellierung mit Vererbung und Beziehung im Vergleich* 157
Auf den Punkt gebracht 161
Gewusst • Gekonnt 162

6 Projektarbeit – Software-Entwicklung 163

6.1 Themenfindung 164
6.2 Projektphasen 167
6.3 Durchgängiges Beispiel der Simulation einer Populationsentwicklung 170
6.4 Umsetzung in Java 177
6.5 Programmieren der Grafik in Java* 185
6.6 Mit der Maus arbeiten* 187

A Anhang 189

Namenskonventionen, Modellierungsmittel 190
Register 191

Bildquellenverzeichnis

adpic Bildagentur/B. Leitner: 4/1; adpic Bildagentur/R. Maaßen: 91/1; DUDEN PAETEC GmbH: 25/1, 69/1; Angelika Dufft, Berlin: 166/1; Lutz Engelmann, Berlin: 189/1; ESA: 94/1; Alfred Held, Falkensee: 87/1; Ute Heuer, Passau: 36/1; Dr. A. Kalenberg: 164/1; Kaufhof Warenhaus AG, Köln: 131/1; Knorr-Bremse AG: 72/1; komische oper berlin: 32/1; Patricia Maier, Dinkelscherben: 26/1, 27/1; Sarah Mallach, Passau: 26/1, 27/1; mauritius images/age: 21/3; mauritius images/Workbookstock: Titelbild, 2/1, 3/1; NASA: 165/1; PantherMedia: 69/1; Photo Disc. Inc.: 165/2; PHYWE SYSTEME GmbH & Co. KG, Göttingen: 36/2; picture-alliance / Berliner Kurier: 37/1; picture-alliance/ dpa: 108/1; SCOPETIME GmbH: 31/2; Silvestris Fotoservice: 163/1; Michael Steinhuber, Passau: 18/1, 21/2, 56/1, 60/1; Volkswagen Presse: 65/1; 71/1

1 Objektorientierte Konzepte

Eine **Entwicklungsumgebung** ist eine Software, mit der man möglichst übersichtlich und bequem neue Software entwerfen und programmieren kann.
Es gibt viele verschiedene, meist sehr mächtige und entsprechend einarbeitungsintensive Entwicklungsumgebungen.
Entwicklungsumgebungen unterstützen oft eine oder mehrere Programmiersprachen.
Für uns interessant sind Umgebungen, die möglichst intuitiv zu bedienen sind. Wir möchten von der ersten Woche an nicht nur über Objekte reden, sondern vor allem sofort mit ihnen arbeiten und experimentieren. Später werden wir dann diese Erfahrungen nutzen und kleine Projekte wie z. B. ein Kommunikationssystem planen und umsetzen.
All dies ist mit der Entwicklungsumgebung **BlueJ** möglich. Sie bietet eine einfache Entwurfssicht für die Analyse gegebener Lösungen und für die Planung neuer Lösungen. BlueJ unterstützt die objektorientierte Programmiersprache Java. Über einfache Dialoge können schnell einige Objekte erzeugt und sofort untersucht werden.

Eine objektorientierte Sichtweise vereinfacht das Strukturieren von Information beim Erstellen von Dokumenten, die mit Grafiksystemen, Textverarbeitungssystemen, Kalkulationssystemen oder Datenbanken erarbeitet werden.
In diesem Schuljahr werden Sie Abläufe planen. Dabei werden Ihnen vielfältige Objekte begegnen, die Sie mithilfe einer Entwicklungsumgebung (↗ Informationstext in der Randspalte) frei entwerfen, steuern und umsetzen dürfen.
Sicherlich haben Sie schon wichtige Erfahrungen beim Arbeiten mit vorgegebener Software gesammelt. Dies wird Ihnen nun helfen, wenn Sie Schritt für Schritt (ein Stück weit) von der Seite der Softwareanwender auf die Seite der Entwickler wechseln.

Ein solcher Seitenwechsel wird nicht leicht werden. Nicht ohne Grund genießen Ingenieure und Entwickler ein hohes Ansehen. Stellen Sie sich also nicht nur auf viele spannende Informatik-Entdeckungen, sondern auch auf manche aufreibende Suche nach Vorgehensfehlern ein.
Ausuferndes Detailwissen wird Ihnen dabei eher wenig nützen. So stehen auch in diesem Schuljahr wieder Konzepte der Informatik im Vordergrund.

Wann immer möglich, werden Sie schon im ersten Kapitel einige Objekte für sich arbeiten lassen und diese dabei beobachten. So lernen Sie, wie Objekte genutzt werden können, um verschiedene kleine Problemstellungen zu bewältigen. Dabei können Sie Ihre Kenntnisse aus früheren Jahrgangsstufen auffrischen und festigen.

1.1 Mit Objekten arbeiten

Objekt

Objektorientierte Sichtweisen ermöglichen das Strukturieren der Welt. Wie der Name schon sagt, spielen Objekte in dieser Sichtweise eine große Rolle.
Alan Kay hat den Satz geprägt: „Everything is an object."

Alan Curtis Kay (geb. 1940) ist durch seine frühen Arbeiten über Objektorientierung und die Gestaltung von Bedienoberflächen bekannt geworden.

Objekte sind Dinge (z. B. Autos, Räume), Lebewesen (z. B. Bakterien, Kunden) oder Begriffe (z. B. Buchungen, Konten).

Schauen wir uns z. B. das Auto an, mit dem Familie Ortinger im Sommer Urlaub gemacht hat. Eigenschaften dieses Objekts können mit Attributen und zugehörigen Attributwerten beschrieben werden. Wir sprechen kurz von dem Objekt Urlaubsauto.

Jedes Objekt besitzt einen eindeutigen **Objektnamen,** auch **Bezeichner** genannt.

Hinweis: Ein tabellarischer Überblick über Namenskonventionen dieses Buches befindet sich im Anhang.

Objektorientiertes Strukturieren ist kein Selbstzweck. Eine Aufgabe soll gelöst, ein Problem soll besser bewältigt werden.
So könnte das Objekt `urlaubsauto` für ein Softwaresystem einer Autovermietung relevant sein. Bild 1 zeigt eine zugehörige Objektkarte. Ein Ingenieur, der eine Verkehrssimulation eines staugefährdeten Autobahnabschnitts erstellen möchte, wird ein Auto anders modellieren (↗ Bild 2).

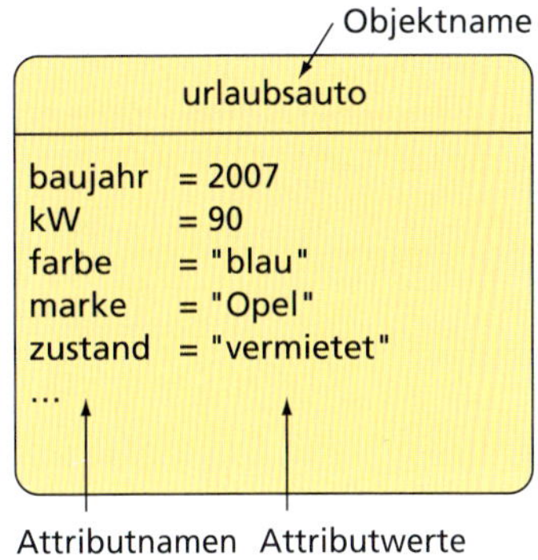

1 Objektkarte eines Autos

Welche Eigenschaften eines Objekts wesentlich sind, hängt von der zu modellierenden Situation ab. Entsprechend werden **Attribute** und **Attributwerte** eines Objekts gewählt.
Ein Objekt kann durch eine **Objektkarte** grafisch dargestellt werden.

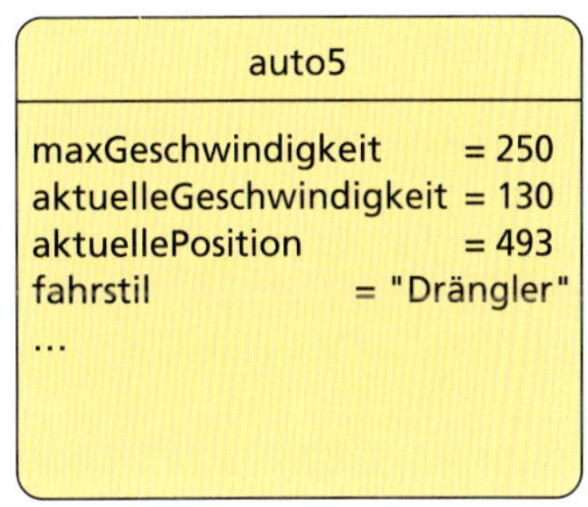

2 Objektkarte eines Autos aus der Verkehrssimulation „Autobahn"

Hinweis: Wenn Informatiker ein Problem lösen, wie z.B. beim Entwickeln einer Verkehrssimulation, wird oft erst einmal eine Ortsbegehung durchgeführt. Autos, der Informatiker spricht auch von Autoobjekten der realen Welt, werden betrachtet. Aus diesen werden dann Objekte des Modells wie z.B. `auto5` abgeleitet. Wir schreiben Objektnamen eines Modells im Text dieses Buches in der Schriftart Courier und beginnend mit einem Kleinbuchstaben. Die so bezeichneten Objekte sind für ein Softwaresystem relevant.

1.1 Entwerfen Sie eine Objektkarte für einen Oldtimer eines (digitalen) Museumskatalogs.

Möchte man den Wert eines Attributs angeben, kann man schreiben: „Das Objekt `urlaubsauto` hat ein Attribut `baujahr`. Dieses hat den Wert 2007." Kürzer ist die sogenannte Punktnotation: `urlaubsauto.baujahr = 2007`

Klasse

Um nicht jedes bestellte Auto erneut am Reißbrett entwickeln zu müssen, arbeiten Ingenieure in einer Autofabrik mit einem Auto-**Bauplan.** Trotz dieses detaillierten Bauplans erzeugt sich jedoch ein Auto nicht von alleine. Es muss erst ein Produktions-

Klassenname

auto17: Auto	
maxGeschwindigkeit	= 180
aktuelleGeschwindigkeit	= 80
aktuellePosition	= 511
fahrstil	= "Anfänger"
...	

1 Objektkarte eines anderen Autos aus der Verkehrssimulation „Autobahn"

Auto
Attribute
maxGeschwindigkeit
aktuelleGeschwindigkeit
aktuellePosition
fahrstil
...
Methoden
weiterfahren()
...

2 Klassenkarte für Autos der Verkehrssimulation „Autobahn"

Aus der Unterstufe kennen Sie einige Dienste, die im Internet zur Verfügung stehen, z. B. E-Mail versenden und empfangen, chatten, telefonieren.

prozess gestartet werden, Autoteile werden am Laufband zusammengefügt.
Ähnlich verhält es sich mit dem `auto5` aus der schon beschriebenen Verkehrssimulation. Der Informatiker sagt: Es wurde von der Klasse `Auto` erzeugt.
In einer Verkehrssimulation werden sicherlich viele Objekte der **Klasse** `Auto` mit beispielsweise unterschiedlichem Fahrstil erzeugt. Sie stimmen in ihren Attributen überein aber nicht in ihren Attributwerten. Klassennamen werden wir im Text in der Schriftart Courier und beginnend mit einem Großbuchstaben schreiben, wenn wir uns auf die Klasse als Teil eines Softwaresystems beziehen.

Dienst

Im Beispiel unserer einfachen Verkehrssimulation könnte ein Objekt `simulator1` alle Autos in einer Zeiteinheit ein Stückchen weiterfahren lassen. Pro Zeiteinheit kann so jeweils ein neues Bild der Simulation berechnet werden. Viele solche Bilder ergeben einen Simulationsfilm. Wie aber berechnet das Objekt `simulator1` ein neues Bild?
Im Prinzip verfolgt es eine ähnliche Strategie wie der Chef eines Betriebs: Aufgaben delegieren und Dienste nutzen. So bestellt ein Metzger z. B. jeden Werktag eine bestimmte Menge Brötchen für seine Imbiss-Theke. Er nutzt also Dienste eines Bäckers oder mehrerer Bäcker. Der Metzger würde nie auf die Idee kommen, auch noch selbst Semmeln backen zu wollen. Entsprechend berechnet `simulator1` die nächste „Filmposition" eines Objekts der Klasse `Auto` gar nicht selbst. Diese Arbeit überlässt er dem Objekt der Klasse `Auto`. Ihn (und uns hier) interessiert nicht, wie dieses Objekt seine neue Position berechnet.
Der Informatiker sagt: Ein Objekt der Klasse Simulator nutzt den Dienst `weiterfahren()` vieler Objekte der Klasse `Auto`.
Ein Objekt der Klasse `Auto` bietet den Dienst `weiterfahren()` an. Dieser Dienst des Objekts `auto17` führt alle Berechnungen durch, die nötig sind, um die neue Position von `auto17` im nächsten Simulationsbild zu bestimmen.

1.2 Beschreiben Sie einen Dienst, den Metzgereien anbieten. Wer könnte diesen Dienst nutzen?

Statt von Diensten spricht man innerhalb der objektorientierten Sichtweise der Informatik auch von **Methoden** (präziser: öffentlichen Methoden, ↗Zugriffsrechte, S. 11, 12).
Den Dienst `weiterfahren()` bieten alle Autos der Simulation an. Genauso wie alle Bäcker den Dienst „Semmeln bestellen"

anbieten. Deshalb notiert man Dienste nur in der Klassenkarte und nicht in der Objektkarte. Die **Klassenkarte** gibt somit einen schnellen Überblick darüber, welche Dienste ein Objekt dieser Klasse anbietet. **Objekte** sind also nichts anderes als **Dienstleister.**

Eine **Klasse** beschreibt Objekte mit gleichen Attributen und gleichen Methoden. Eine Klasse kann mit einer Fabrik verglichen werden, sie kann viele Objekte erzeugen. Die Attribute eines **Objekts** nehmen bestimmte Werte an. Ein Objekt bietet **Dienste,** man sagt auch (öffentliche) **Methoden** an. Diese werden in der **Klassenkarte** notiert.

Hinweise:

- Die Klassenkarte enthält Attribute und Methoden der Klasse, aber keine Attributwerte (↗ Bild 2, S. 8).
- Im Kopf der Objektkarte notiert man oft, von welcher Klasse ein Objekt ist (↗ Bild 1, S. 8). Man sagt: Das Objekt `auto17` ist von der Klasse `Auto`.
- Auch wenn die Dienste der Übersichtlichkeit halber nur in der Klassenkarte notiert werden, bietet eine Klasse diese Dienste nicht an. Unsere Analogie Klasse–Fabrik hilft, sich daran zu erinnern: Man erwartet ja auch nicht, mit einer Autofabrik von München nach Passau fahren zu können, mit einem von dieser Fabrik erzeugten Auto aber schon.
- Eine Fabrik beginnt (sehr vereinfacht gesehen) „auf Tastendruck hin" ein Auto zu produzieren. In ähnlicher Weise kann eine Klasse veranlasst werden, ein Objekt zu erzeugen. Statt zu schreiben „ein Objekt der Klasse Auto erzeugen" kann man kürzere Notationen verwenden. Oft findet man Schreibweisen, die den Ausdruck `new Auto()` enthalten (↗ Bild 1, S. 13).

i Ein Objekt einer Klasse bietet für diese Klasse typische Dienste an. Nur diese Dienste kann man nutzen. Das ist in der Informatik wie im Leben. Ein Bäcker würde sich zu Recht wehren, wenn Sie versuchen würden, einen Mantel zum Reinigen bei ihm abzugeben. Reinigungsdienste bietet ein Bäcker nun mal nicht an.
Dieses Prinzip der „sinnvollen Verteilung von Zuständigkeiten" ist Informatikern so wichtig, dass sie einen eigenen Begriff dafür geprägt haben: hohe Kohäsion (cohaerere, lat.: zusammenhängen).

Dienste nutzen – Methoden aufrufen

1.3 (E optional) Erkunden Sie Klassenkarten von Grafik-Klassen eines Zeichenprogramms. Suchen Sie einen Dienst, der es Ihnen ermöglicht, ein Wort in einer Zeichnung darzustellen. In welcher Klassenkarte würden Sie einen solchen Dienst vermuten? Beschreiben Sie möglichst genau, wie dieser Dienst genutzt werden kann!

Geschäftskunden können über ein Internetportal bei einigen Großbäckereien Backwaren bestellen oder Kostenvoranschläge anfordern. Die teilnehmenden Bäckereien werden auf diesem Portal durch entsprechende Objekte einer Klasse `Baecker` repräsentiert.

Mit Typen haben Sie bestimmt bereits gearbeitet. So können Tabellenkalkulationsprogramme beispielsweise Typen wie „Text" oder „Dezimalbruch" darstellen.

Integer, engl.: ganze Zahl

Double, engl.: (Gleit)kommazahl einer bestimmten Genauigkeit

(Viele gängige Programmiersprachen unterstützen keinen Typ „nichtnegative Zahl" bzw. keinen Typ „Währung".)

Weitere Typen sind in Kapitel 2.3 zusammengestellt. Aber erst in Kapitel 4 (Stichwort Referenz) und Kapitel 5 (Stichwort Polymorphie) wird die Tragweite von Typen in der 10. Klasse sichtbar.

In der Informatik bezeichnet man mit **Syntax** (σύνταξις [syntaksis], griech. Zusammenstellung) einen klar vereinbarten Satzbau. Für die Praxis wünscht man sich, dass ein Computer eine Schreibweise eindeutig und schnell auf Korrektheit überprüfen kann. Ähnlich wie korrekt gebaute Sätze nicht unbedingt sinnvollen Text ergeben müssen, gibt es neben Syntaxfehlern noch weitere Fehler, die Informatiker beschäftigen.

In geeigneten Entwicklungsumgebungen können Objekte vordefinierter Klassen via Menüauswahl erzeugt werden (↗ Bild 1, S. 13). Dann können Dienste der erzeugten Objekte z. B. über ein Kontextmenü aufgerufen werden (↗ Bild 1 und 2, S. 14). Falls diese Dienste einen Wert ausgeben, wird man nach dem Aufruf darüber informiert.

Wie geht ein Kunde nun vor, wenn er an einer Kostenrechnung für 300 Kaisersemmeln und 150 Vollkornsemmeln interessiert ist? Er erkundet:

1. den Namen des Objekts, das den Dienst anbietet und von dem er die Kostenrechnung erhalten möchte, z. B. `backeck`
2. den Namen des Dienstes, den er nutzen möchte, z. B. `preisBerechnen`
3. ob Eingabewerte nötig sind, um den Dienst zu nutzen. Wenn ja, dann interessieren Reihenfolge und Typen der Eingabewerte des Dienstes: erst die Anzahl der gewünschten hellen (Integer), dann die der dunklen Semmeln (Integer) angeben.
4. ob es Ausgabewerte gibt und wenn ja, welchen Typ diese haben: Der Preis der Bestellung wird ausgegeben, er hat den Typ Double.

Die Informationen 1 bis 3 (Objekt-, Dienstname, Eingabewerte) können kurz und präzise mithilfe der **Punktnotation** festgehalten werden:

```
auto17.weiterfahren()
backeck.preisBerechnen(300, 150)
```

Statt „ich nutze den Dienst des Objekts" sagt man auch „ich rufe die Methode eines Objekts auf".

Schreibweise **(Syntax)** der Punktnotation von „Dienst nutzen / Methode aufrufen":
`objektname.methodenname(wert1, wert2, …)`

1.4 (E) Experimentieren Sie mit den Diensten, die die Simulation eines einfachen Greifarmroboters anbietet! Verwenden Sie dazu ein Objekt der vordefinierten Klasse `Roboter`! Suchen Sie einen Dienst, der Werte ausgibt und beschreiben Sie diesen in einigen Sätzen!
(↗ Abschnitt 3.1)

1.5 (E) Experimentieren Sie mit den Diensten, die Ihnen eine kleine vordefinierte Grafik zur Darstellung eines Kaffeeautomaten anbietet! Wir haben die zugehörige Klasse `Kaffeegrafik` genannt.
Beschreiben Sie zwei der angebotenen Dienste so, dass ein Mitschüler versteht, wozu man die Dienste nutzen könnte!
(↗ Abschnitt 2.6)

Datenflussdiagramm*

Auch Tabellenkalkulationsprogramme bieten spezielle Dienste (präziser: Funktionen) an. Im letzten Schuljahr haben Sie Dienste wie RUNDEN (Bild 1 zeigt das Datenflussdiagramm), GGT oder MITTELWERT genutzt und so vielfältige Berechnungen durchgeführt.

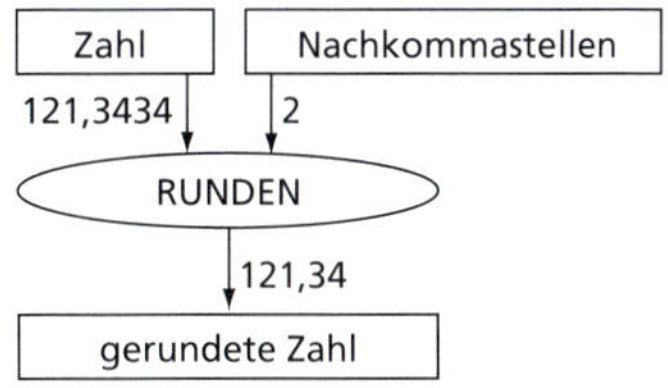

1 Darstellung der Funktion RUNDEN

In ähnlicher Weise kann man ein Datenflussdiagramm zum Dienst `preisBerechnen(...)` des Objekts `backeck` der Klasse `Baecker` angeben (↗ Bild 2).
Man beachte, dass hier die Eingaben `preisHelle` und `preisDunkle` in roter Farbe hinzugefügt wurden. Um diese muss sich der Nutzer des Dienstes nicht kümmern, sie werden vom Objekt `backeck` selbst bereitgestellt.
Als Kunde einer Bäckerei erwartet man ja auch nicht, dass man über den Preis der Brötchen frei bestimmen darf. Die Anzahl der Semmeln, die man zu kaufen plant, möchte man hingegen schon selbst festlegen.

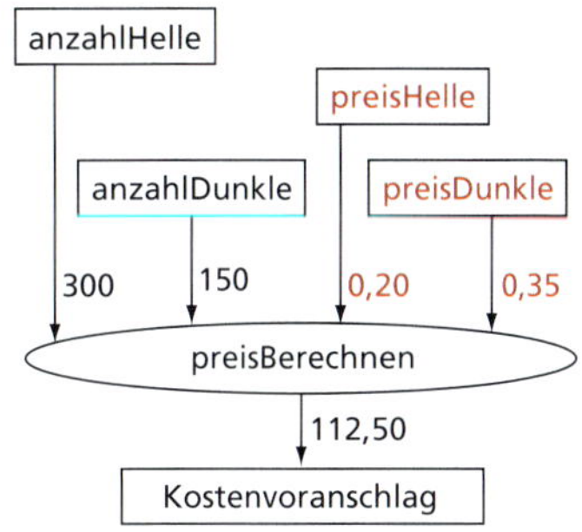

2 Darstellung des Dienstes `preisBerechnen(...)`, den das Objekt `backeck` anbietet

Datenflussdiagramme bestehen aus Ein- und Ausgaben (Rechtecke), Datenflüssen (Pfeile) und geeigneten Diensten/Methoden (Ellipsen oder Rechtecken mit abgerundeten Ecken). Sie beschreiben, welche Daten und Methoden nötig sind, um eine *Berechnung* durchzuführen.
Dabei kann es Eingaben geben, die ein Dienstnutzer bestimmt. Weiter kann es Eingaben geben, die vom Objekt selbst bereitgestellt werden, welches den entsprechenden Dienst anbietet.

Hinweise:

- Statt von Eingaben, die ein Nutzer bestimmt, spricht man präziser von **Eingangsparametern** (wie z. B. `anzahlHelle` oder `anzahlDunkle`) und **Eingangswerten** (z. B. 300 oder 150).
- Statt von Eingaben, die vom Objekt bereitgestellt werden, spricht man präziser von **Attributen** (wie z. B. `preisHelle` oder `preisDunkle`) und **Attributwerten** (wie z. B. 0,20 oder 0,35)
- Welche weiteren Dienste bzw. Methoden gut mit einem Datenflussdiagramm beschrieben werden können, wird im Abschnitt 2.5 (↗ Sondierende Methoden, S. 46 f.) gezeigt.

Zugriffsrechte*

Im letzten Abschnitt haben wir diskutiert, dass ein Bäcker selbst am besten weiß, zu welchem Preis er seine Backwaren verkauft. Nun betrachten wir erneut ein Objekt der Klasse `Baecker` aus

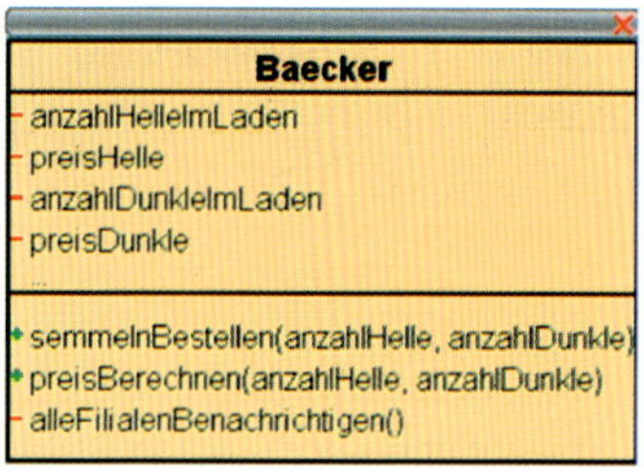

1 Ausschnitt aus der Klassenkarte **`Baecker`**, die eine Entwicklungsumgebung automatisch aus einer vordefinieren Klasse zusammengestellt hat. Gezeigt sind einige private Attribute, weiter zwei öffentliche und eine private Methode. (Die Klasse **`Baecker`** hat typischerweise noch weitere Attribute und Methoden, die hier aus Platzgründen nicht abgebildet sind.)

private, engl.: nicht öffentlich, privat

public, engl.: öffentlich, öffentlich zugänglich

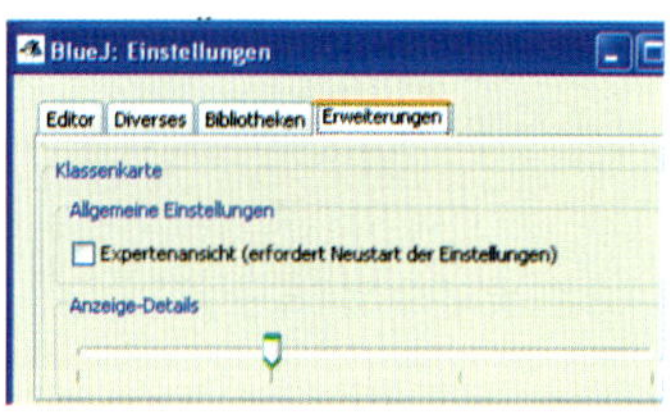

2 Über Einstellungsoptionen der Umgebung können Sie beeinflussen, wie detailliert die Darstellung der Klassenkarte sein soll.

unserem Internet-Portal. Für interne Zwecke hat dieses Objekt vielleicht eine Methode, die eigene Objekte der Klasse **`Filiale`** über eine Preisänderung informiert.
Einen Dienst **`alleFilialenBenachrichtigen()`** werden Kunden im Internetportal der Großbäckereien aber sicherlich nicht nutzen können. Wozu auch, Nutzer haben kein Interesse an einem solchen Dienst. Nutzer wollen nur Backwaren bestellen oder Preisinformationen abrufen.

Statt „intern" werden wir den Begriff „privat" gebrauchen. **Private Methoden** kann ein Nutzer eines Objekts nicht aufrufen. Im Gegensatz dazu verstehen wir unter Diensten öffentlich zugängliche Methoden. Wir sprechen kurz von **öffentlichen Methoden.** Sie können von Nutzern aufgerufen werden. Gebräuchlich sind auch die entsprechenden englischen Begriffe *private* und *public*. In Klassenkarten werden weiter die Abkürzungen – für privat und + für öffentlich verwendet.

1.6 (E) Erkunden Sie die Klassenkarte der Klasse **`Kaffeegrafik`** aus Aufgabe 1.5!
Welche Dienste bietet ein Objekt der Klasse **`Kaffeegrafik`** an?
Welche privaten Methoden stehen nur dem Objekt selbst zur Verfügung?
Nebenstehend sehen Sie das Kontextmenü zur Klasse **`Kaffeegrafik`** in einer Entwicklungsumgebung.
Blau markiert ist der Menüeintrag, der zum Anzeigen einer Klassenkarte **`Kaffeegrafik`** genutzt werden kann.
(↗ auch Bild 2)

Öffentliche Methoden (Dienste) eines Objekts können von Nutzern aufgerufen werden.
Private Methoden stehen nur den Objekten einer Klasse selbst zur Verfügung. Sie können von anderen Nutzern nicht aufgerufen werden.

Hinweis: Für Attribute wählen wir in allen Beispielen unseres Buchs immer privates Zugriffsrecht. Warum erfahrene Entwickler so vorgehen, werden Sie in Kapitel 4 lernen.

1.7 Klasse Kunde

Welche Attribute könnten in einer Klasse `Kunde` verwendet werden, wenn die Klasse Teil eines Internetportals für
a) ein Bekleidungsversandhaus b) einen Friseursalon
werden soll. Zeichnen Sie jeweils eine Klassenkarte mit ca. fünf geeigneten Attributen und einer typischen Methode! Geben Sie dann jeweils drei Objektkarten an, die Sie und zwei Freunde repräsentieren könnten.

1.8 Klasse Artikel

Welche Attribute und Methoden könnten in einer Klasse `Artikel` verwendet werden, wenn die Klasse Teil eines Kassensystems für Lebensmittelgeschäfte werden soll? Zeichnen Sie eine Klassenkarte mit ca. vier geeigneten Attributen und zwei Methoden! Erstellen Sie Objektkarten für fünf Lebensmittel! Diskutieren Sie, ob eine Objektkarte einen speziellen Jogurtbecher (mit Verfallsdatum 01.01.2009) modellieren sollte! Oder sollte mit einer Objektkarte die Warengruppe „fettarmer Jogurt der Firma Kuhstall" repräsentiert werden? Fragen Sie in einem Supermarkt Ihrer Wahl nach, was typischerweise eine Scannerkasse speichert, wenn Sie Lebensmittel einkaufen!

1.9 Begriffe

Erläutern Sie die Begriffe Objekt, Attribut, Attributwert, Klasse und Dienst! Wie hängen diese Begriffe zusammen?

Hinweis: Alle folgenden **Einfache-Grafik**-Aufgaben (und Aufgabe 1.3) können auch mit einem geeigneten Grafiksystem bearbeitet werden.

1.10 Einfache Grafik I (E optional)

Erkunden Sie die Kontextmenüs vordefinierter Klassen wie `Rechteck`, `Dreieck`, `Ellipse`, usw. in einer geeigneten Umgebung! Erzeugen Sie von jeder Klasse ein bis zwei Objekte. *Hinweis:* Dies kann durch das Anwählen eines Menüeintrags geschehen (↗ Bild 1). Manche Umgebungen stellen diese Möglichkeit nicht bereit. Dann müssen Sie eine Textzeile schreiben und „abschicken". Orientieren Sie sich in diesem Fall z.B. an den in Ihrer Umgebung mitgelieferten Vorlagen. Was in beiden Fällen intern abläuft können Sie bei Interesse in Abschnitt 3.5 unter dem Stichwort Interpreter nachlesen.

Wenn Sie als Kunde über das Portal eines Versandhändlers eine Jacke kaufen, läuft das (vereinfacht) folgendermaßen ab:
Sie legen das gewünschte Jackenobjekt in Ihren Warenkorb.
Dann melden Sie sich mir Ihrer persönlichen Zugangskennung an. So kann Ihnen eindeutig das Kundenobjekt zugeordnet werden, welches Sie repräsentiert.
Dann nutzen Sie den Dienst `bestellen`, den Ihr Kundenobjekt anbietet. Falls Sie nicht mehr kreditwürdig sind, werden Sie von Ihrem Kundenobjekt darüber informiert. Ansonsten erhalten Sie eine Bestellbestätigung und die Jacke wird Ihnen zugesandt.

1 Kontextmenü der Klasse `Rechteck` in einer Entwicklungsumgebung.
Blau markiert ist der Menüeintrag, der zum Erzeugen eines Objekts der Klasse `Rechteck` genutzt werden kann. Diese „new-Taste" aktiviert das „Fabrikationsband" der Klasse. Es wird ein neues Objekt erzeugt.

1 Darstellung eines Objekts in einer Entwicklungsumgebung.
Das Bild zeigt weiter ein Kontextmenü, welches typische Dienste eines Objekts der Klasse `Rechteck` auflistet.
Dienste, die keine Werte ausgeben, sind durch die Markierung „void" gekennzeichnet. „int" vor dem Dienst `flaecheninhaltBerechnen()` weist darauf hin, dass dieser Dienst ganze Zahlen ausgibt.
Eingangsparameter von Diensten zeigen die Menüeinträge ebenfalls. Eingangswerte können in diesem Beispiel Zeichenketten (String) oder ganze Zahlen sein.
Zusätzlich kann via Anwahl der Zeile „Inspizieren" ein Blick in das Innenleben des ausgewählten Objekts geworfen werden.

1.11 Einfache Grafik II (E optional)

Experimentieren Sie mit den verschiedenen Menüs oder Kontextmenüs, die Ihnen Ihre Umgebung bietet! Ziehen Sie gegebenenfalls eine Kurzanleitung zu Rate, die es zu jeder Umgebung gibt.

a) Erzeugen Sie von jeder Klasse mindestens ein Objekt!
Welche Dienste bieten die von Ihnen erzeugten Objekte an?
Beschreiben Sie vier der angebotenen Dienste so, dass sich ein Mitschüler ein gutes Bild von den jeweiligen Diensten machen kann!

b) Zeichnen Sie zu zwei der von Ihnen erzeugten Objekte jeweils eine Objektkarte!

c) Nutzen Sie die Dienste der erzeugten Objekte und zeichnen Sie ein Haus auf dem Zeichenfenster!

d) Erstellen Sie in Ihrer Umgebung ein Bild eines Autos oder einer Ampel oder eines Gesichts!

e) Erstellen Sie zu den Klassen `Rechteck` und `Text` (manchmal auch `Textfeld` genannt) jeweils eine Klassenkarte!
Vergleichen Sie das Dienstangebot von Rechteckobjekten mit dem Dienstangebot von Textobjekten! Notieren Sie dabei Gemeinsamkeiten und Unterschiede!

Hinweis:
In jeder Entwicklungsumgebung können Zeichnungen (und andere Arbeiten) gespeichert werden.
Suchen Sie gegebenenfalls nach dem Eintrag „Objektzustand speichern" im Kontextmenü der Klasse `Speicher`.

1.12 Einfache Grafik III – Punktnotation (E optional)

Erzeugen Sie jeweils ein Objekt der Klassen `Rechteck`, `Dreieck` und `Text` (manchmal auch `Textfeld` genannt). Verwenden Sie sodann für die Methodenaufrufe ausschließlich die Punktnotation (↗ Bild 2).

a) Verdoppeln Sie die Höhe des Rechtecks und verschieben Sie es nach rechts unten!
Ermitteln und notieren Sie die Koordinaten der linken, oberen Ecke des Rechtecks!

b) Lassen Sie sich ein rotes Dreieck anzeigen und verschieben Sie es etwa in die Mitte des Zeichenfensters! Notieren Sie alle nötigen Methodenaufrufe!

c) Lassen Sie sich den Text „Dieser Text ist orange" im Zeichenfenster links unten anzeigen und wählen Sie dabei die Schriftfarbe Orange! Notieren Sie alle nötigen Methodenaufrufe!

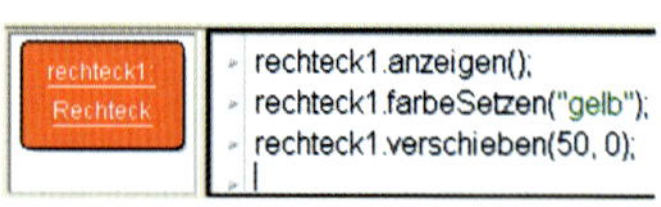

2 Die Anzeige eines Direkteingabe-Fensters muss ggf. über die Auswahl eines entsprechenden Menüpunkts erzwungen werden.
Im Direkteingabefenster können z. B. Methoden der *zuvor erzeugten* Objekte aufgerufen werden. Jeder Methodenaufruf wird mit der Return-Taste abgeschickt.

1.13 Einfache Grafik IV – Fehlermeldungen (E)

Lernen Sie typische Fehlermeldungen ihrer Entwicklungsumgebung kennen! Ziehen Sie gegebenenfalls ein Wörterbuch zu Rate. Versuchen Sie, die Meldungen zu verstehen, auch wenn Sie nicht treffend ausfallen sollten. Notieren Sie dazu fünf verschiedene Meldungen und formulieren Sie jeweils mit eigenen Worten, was sie bedeuten und wie man den Fehler beheben kann!

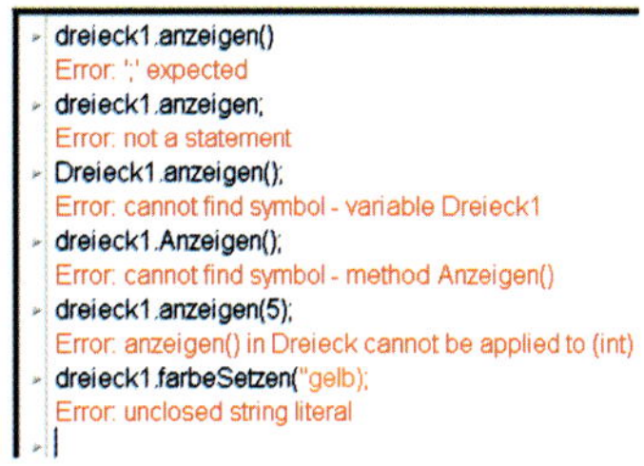

1 Dargestellt sind hier sechs typische englische Fehlermeldungen in einer Entwicklungsumgebung.

1.14 Flächenberechnungen*

Lösen Sie folgende Aufgaben:

a) Figurenobjekte (wie z. B. `dreieck1`) stellen den Dienst `flaecheninhaltBerechnen()` bereit. Zeichnen Sie zu diesem Dienst ein Datenflussdiagramm! Erläutern Sie, warum es hier keine Eingaben gibt, die ein Dienstnutzer bestimmt! Woher kommen dann wohl die Werte für Breite und Höhe der Grafikobjekte, die für die Berechnung benötigt werden?

b) (E) Lassen Sie rechnen! Erzeugen Sie dazu drei Figuren, die sich nicht überlappen und bestimmen Sie den Flächeninhalt der „bemalten Fläche"!

c) Erstellen Sie ein Datenflussdiagramm zum Term, den Bild 2 zeigt.

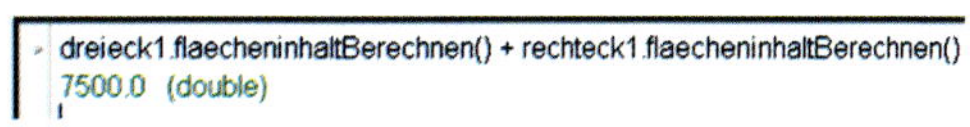

2 Termauswertung einer zweigliedrigen Summe (zu Aufgabe 1.14 b).
Hinweis: Eine Termberechnung kann im Direkteingabe-Fenster erzwungen werden, indem die Zeile nicht mit einem Strichpunkt abgeschlossen wird. Die Ausgabe erscheint (grün) in der nächsten Zeile (hier in der Einheit „Pixel").

1.15 Privat bleibt privat* (E)

Arbeiten Sie mit der Klasse `Kaffeegrafik` aus Aufgabe 1.5. Wählen Sie eine private Methode aus der Klassenkarte aus! Erzeugen Sie ein Objekt der Klasse `Kaffeegrafik`! Versuchen Sie, diese private Methode zu nutzen! Formulieren Sie dazu einen Methodenaufruf in Punktnotation! Notieren und interpretieren Sie die Fehlermeldung, die Sie nach dem Abschicken dieses Methodenaufrufs erhalten!

1.16 Schreiber (E)

Experimentieren Sie mit Objekten der vordefinierten Klasse `Schreiber`! Nutzen Sie die Dienste, die ein Schreiberobjekt anbietet! Ein Objekt der Klasse `Schreiber` kann Texte, Zahlen und sogar eine Art Visitenkarte anderer Objekte in ein Textfenster schreiben. Das Textfenster kann angezeigt, gelöscht und versteckt werden.

Ein Schreiber kann auch alles Geschriebene in einer Textdatei in einem Dateisystem ablegen.

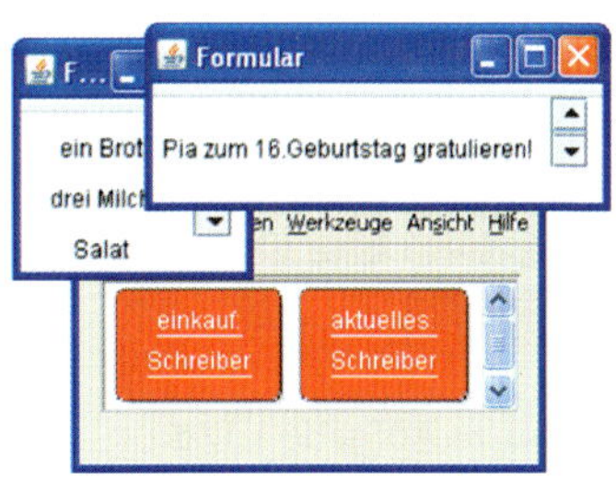

3 Bild zu Aufgabe 1.16

Erstellen Sie mithilfe eines Schreiberobjekts eine Textdatei

a) mit Ihrem Lieblingswitz! Öffnen Sie diese anschließend mit einem Textverarbeitungsprogramm Ihrer Wahl!

b) mit einer Zahlenkolonne aus 10 untereinander geschriebenen Zahlen! Öffnen Sie diese anschließend mit einem Tabellenkalkulationsprogramm Ihrer Wahl!

c) mit der „Visitenkarte" von fünf Grafikobjekten, die Sie vorher erzeugt haben!

Hinweis: Die Attribute der Schreiberobjekte interessieren in dieser Aufgabe nicht weiter.

1.17 Sammelleidenschaft (E)

Nutzen Sie Objekte der vordefinierten Klasse **`Behaelter`** zur Aufbewahrung für andere Objekte! In ein Behälterobjekt können Sie andere Objekte einer Klasse „hineinstecken".

String, engl.: Zeichenfolge, Zeichenkette

In vielen gängigen Programmiersprachen müssen (Werte von) Zeichenketten durch Anführungsstriche eingefasst werden.

a) Lassen Sie die gegebene Behälterfabrik für sich arbeiten und erzeugen Sie ein Behälterobjekt, das Objekte des Typs String aufnehmen kann! Untersuchen Sie, welche Dienste Ihnen das Behälterobjekt anbietet! Sammeln Sie einige Wörter und füllen Sie diese in Ihren Behälter! Beschreiben Sie vier der angebotenen Dienste so, dass sich ein Mitschüler ein gutes Bild von den jeweiligen Diensten machen kann!

b) Bearbeiten Sie Aufgabe a) analog für Objekte des Typs Integer!

c) **Zusatzaufgabe:** Bearbeiten Sie Aufgabe a) analog für Dreiecke! Erzeugen Sie dazu zunächst einige verschiedenfarbige Dreiecke und füllen Sie diese dann in Ihr Behälterobjekt **`behaelter1`**!

Hinweis: Während des Methodenaufrufdialogs können Sie das Dreieckobjekt Ihrer Wahl markieren und so in den Behälter hineinstecken.

d) **Zusatzaufgabe:** Experimentieren Sie mit dem in Teilaufgabe c) erzeugten und befüllten Behälterobjekt. Wenn Sie schon jetzt neugierig sind, wozu wir später Behälterobjekte verwenden werden, dann schicken Sie die in Bild 1 gezeigte Textzeile ab. Notieren Sie Ihre Beobachtungen! (Wiederholungen und Variablen werden erst in Kapitel 3 eingeführt.)

1 Bild zu Aufgabe 1.17 d

Hinweis: Das Attribut des Behälterobjekts interessiert in dieser Aufgabe nicht weiter.

1.2 Beziehungen

Nicht ohne Grund heißt es, wer „ohne Punkt und Komma" redet, wird wenig überzeugen. Umso wichtiger ist es, einen geschriebenen Text zu gliedern und angemessen zu formatieren. Im Informatikunterricht der Unterstufe haben Sie u. a. die Struktur von Textdokumenten analysiert. Sie haben gelernt, wie man mit entsprechender Standardsoftware sinnvoll umgeht. Sie wissen beispielsweise: Ein gegliedertes Textdokument enthält Absätze. (↗ Bild 1)
In der 9.Klasse haben Sie dann mit **Beziehungen** weitere Zusammenhänge von Objekten beschrieben (↗ Bild 2). Dabei werden Beziehungen passend benannt. Das zugehörige Klassendiagramm zeigt die Struktur der Beziehung (↗ Bild 3).

In diesem Schuljahr wird nun die „Zusammenarbeit" vieler Objekte ein großes Thema sein. Sie werden lernen, dass Objekte dazu wiederum Beziehungen eingehen. Das können Enthält-Beziehungen oder Beziehungen mit anderen Namen sein.
Bevor Sie jedoch selbst Beziehungen zwischen Objekten intensiv pflegen und nutzen können, wird noch etwas Zeit vergehen (↗ Kapitel 4).

Beziehungen zwischen Objekten

Wir betrachten erneut unser Metzger-Bäcker-Beispiel aus Abschnitt 1.1. Die Metzgerei `hauer` gibt Bestellungen bei der Bäckerei `holzofen` auf. Diese Information kann im Objektdiagramm durch eine Verbindungslinie dargestellt werden. Wir sagen auch: „Es gibt eine Beziehung zwischen `hauer` und `holzofen`." Eine Beziehung kann einen Namen erhalten. Diesen notiert man im Objektdiagramm ober- oder unterhalb der Verbindungslinie. Ein Pfeil gibt die Leserichtung an.

Im Dorf Infoburg gibt es drei Metzgereien und vier Bäckereien. Im Rathaus hat man sich einen Überblick verschafft über die Geschäftsbeziehungen der Metzger und Bäcker untereinander (↗ Bild 5). Der Metzger `hauer` kauft nicht nur in der Bäckerei `holzofen` ein, sondern auch bei `stangl` und im `backeck`. Die Metzgerei `selcher` hingegen bestellt ihre Semmeln ausschließlich bei der Bäckerei `holzofen`. Bleibt noch die kleine Metzgerei `steckholzer`, sie pflegt keine Beziehung zu einem Infoburger Bäcker. (Es ist bekannt, dass Frau Steckholzer für ihr Leben gern selbst Brötchen backt und in der Metzgerei mit Liebe und Leberkäse belegt.)
Kein Metzger bestellt bei der Bäckerei `honigkuchen` (obwohl man dort auch gute Brötchen bekommen kann).

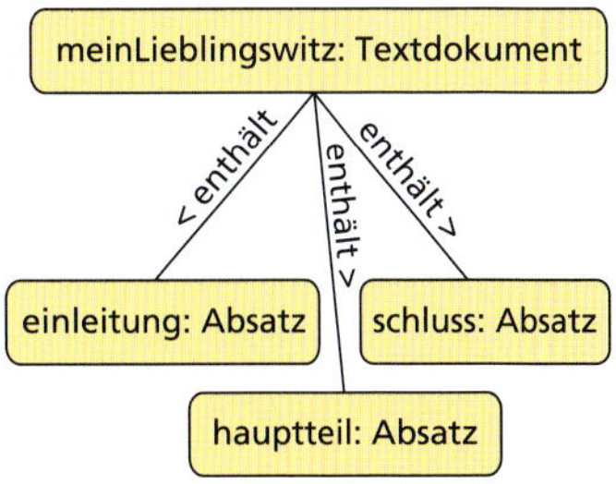

1 Objektdiagramm „Die drei Absätze meines Lieblingswitzes"

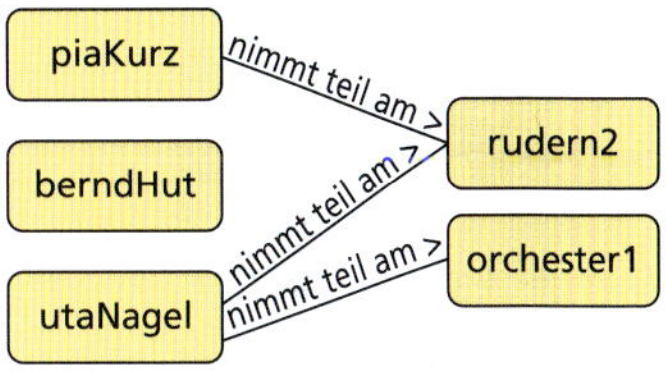

2 Objektdiagramm „Wer engagiert sich wo"

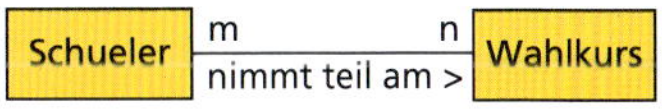

3 Klassendiagramm zu Bild 2

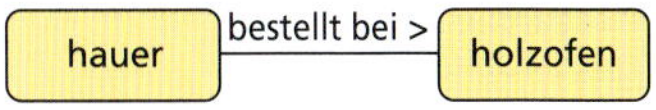

4 Objektdiagramm „Beziehung Hauer – Holzofen"

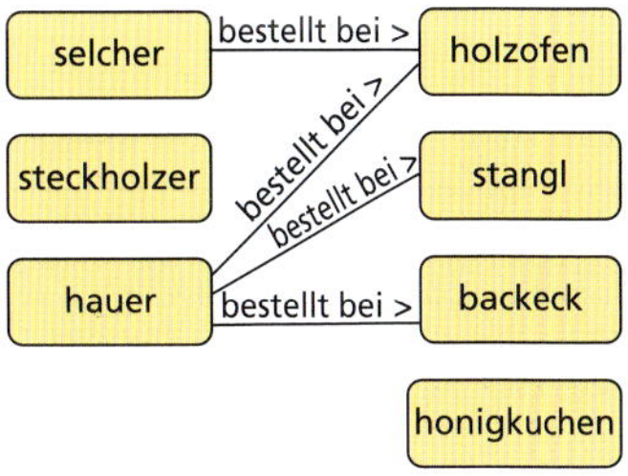

5 Objektdiagramm „Geschäftsbeziehungen" in Infoburg

Beziehungen zwischen Objekten werden in einem **Objektdiagramm** durch Verbindungslinien dargestellt. Beziehungen können Namen erhalten. Dann gibt ein Pfeil am Namen die Leserichtung an.

Hinweis: In den Bildern 2, 4 und 5 auf S. 17 wurden die Objektkarten in Kurzform angegeben.

1 Bild zur Aufgabe 1.18

1.18 (E optional) In Abschnitt 1.1 haben Sie mit einem Kaffeegrafikobjekt experimentiert. Welche Beziehungen unterhält dieses wohl zu Objekten der Klassen **`Rechteck`**, **`Text`**, **`Ellipse`** und **`Bild`**?

a) Zeichnen Sie ein Objektdiagramm, welches zum nebenstehenden Bild passt!

b) Das Kaffeegrafikobjekt stellt die Methode **`becherEntfernen()`** bereit.
Wie müssen Sie Ihr Objektdiagramm aus Aufgabe a) anpassen, damit es die Situation nach dem Aufruf der Methode **`becherEntfernen()`** treffend beschreibt?

Objektdiagramme stellen bestehende Beziehungen zwischen Objekten in einer bestimmten Situation dar.

Beziehungen zwischen Klassen

In vielen Dörfern und Städten erfreut sich die klassische Leberkäse-Semmel (synonym existiert der Begriff Leberkäse-Wecken oder Leberkäse-Brötchen) großer Beliebtheit. Um ihren Kunden diesen Leckerbissen kostengünstig anbieten zu können, geben Metzger täglich entsprechend ihrem Standardbedarf eine Semmelbestellung auf. Dazu pflegen Sie Geschäftsbeziehungen zu oftmals mehreren Bäckern und können so den Dienst **`semmelnBestellen(...)`** nutzen, den alle Bäcker anbieten.

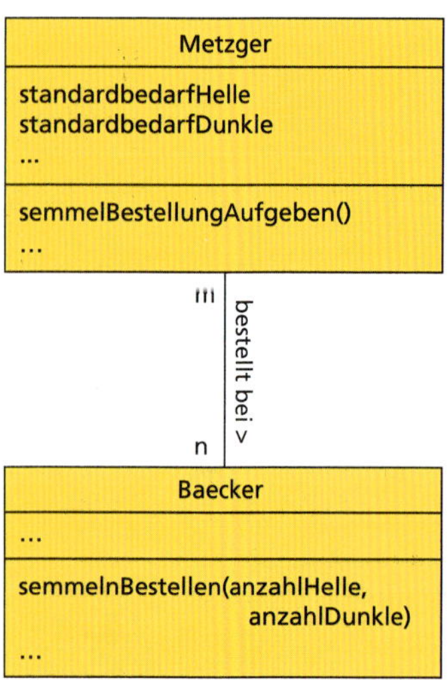

2 Klassendiagramm zu Bild 5, S. 17 (ausführliche Form mit jeweils einer Methode)

Dies kann in einem Klassendiagramm dargestellt werden. Die Verbindungslinie zwischen zwei Klassen drückt aus, dass Objekte dieser beiden Klassen möglicherweise in Beziehung stehen. Die Beziehung zwischen Metzgern und Bäckern nennt man eine **m:n-Beziehung**. Ein Metzger kann von *mehreren* Bäckern Brötchen beziehen, das drückt der Buchstabe n am „Bäcker-Ende" der Verbindungslinie aus. Umgekehrt kann ein Bäcker Aufträge von *mehreren* Metzgern bekommen, deshalb das m am „Metz-

ger-Ende" der Verbindungslinie. Die Buchstaben m bzw. n stehen also für „von keinem, von einem oder von mehreren". Man spricht von einer Beziehung der **Kardinalität m:n**.
Das Objektdiagramm aus Infoburg (↗Bild 5, S. 17) illustriert diese verschiedenen Möglichkeiten. Im Objektdiagramm geht es darum, festzuhalten, „wer mit wem" in einer bestimmten Situation (z. B. in Infoburg im Jahr 2008) in Beziehung steht.
Im Klassendiagramm geht es hingegen darum, zu zeigen, welche Beziehungen die Objekte der Klassen prinzipiell pflegen können, um ein Problem (z. B. das Leberkäse-Semmel-Problem) zu lösen.

Informatiker geben **Kardinalitäten** (gebräuchlich ist auch der Begriff **Multiplizitäten)** oft genauer an, als nebenstehend beschreiben. Dargestellt sind im Folgenden drei Beispiele, die diese genauere Schreibweise illustrieren:

2..*	zwei oder mehr als zwei
0..8	null bis acht
1..4, 6..*	nicht(keine oder fünf)

Wir verwenden diese genauere Schreibweise hier jedoch nicht weiter.

Das **Klassendiagramm** besteht aus Klassenkarten und deren Beziehungen.
Die Beziehungen werden mit Namen, Pfeil in Leserichtung und **Kardinalität** versehen.

Hinweise:
- Oft gibt man die Klassenkarten in einem Klassendiagramm nur in Kurzform an (↗Bild 1, 2). Das genügt uns auch bei allen Aufgaben dieses Kapitels.
- In einem Klassendiagramm kann eine Verbindungslinie auch an ein und derselben Klasse beginnen und enden. Man spricht in diesem Fall von einer **rekursiven (oder reflexiven) Beziehung** (↗Bild 1): Objekte einer Klasse können untereinander in Beziehung stehen (↗Projekt „Kommunikationssystem" im Kapitel 4).
- Die Kardinalität einer Beziehung half schon beim Datenbankentwurf in der 9. Klasse, als zu einem Klassendiagramm passende Tabellenschemata entworfen werden mussten. Wie Beziehungen in diesem Schuljahr umgesetzt werden, lernen Sie in Kapitel 4.

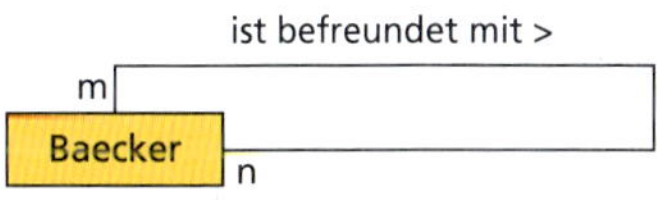

1 Klassendiagramm „Bäcker unter sich"

1.19 Zeichnen Sie ein mögliches Objektdiagramm, welches zum Klassendiagramm der Abbildung 1 passt!

Ein Metzger(objekt) kann ein oder kein Firmenlogo verwenden. Ein Logo gehört zu einem oder keinem Metzger. Man spricht von einer **1:1-Beziehung**. Die Zahl 1 steht also stellvertretend für die Wörter „keine oder eine".

Ein Metzger ist Mitglied in höchstens einer Handwerkskammer. Eine Handwerkskammer hat mehrere (ein, keine) Mitglieder, die Metzger sind. Im Klassendiagramm erkennt man entsprechend eine **1:n-Beziehung.**

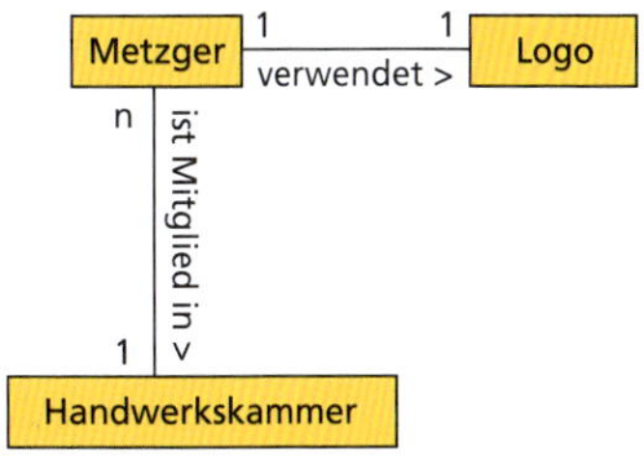

2 Klassendiagramm mit 1:1- und 1:n-Beziehung

Klassen wie **`Rechteck`** und **`Kreis`** (oder **`Ellipse`**) sind nicht nur in allen gängigen Zeichenprogrammen vordefiniert, sondern auch in vielen Programmierumgebungen. Objekte dieser Klassen stellen Dienste bereit, die zur grafischen Darstellung von einfachen geometrischen Formen (Vektorgrafiken) oder/und Pixelbildern (Rastergrafiken) in einem Fenster genutzt werden können.

Hinweis:

Da es für alle Handwerksbetriebe eine Pflichtmitgliedschaft in der Kammer des Kammerbezirks gibt, ist im Beispiel jeder Metzger sogar in genau einer Handwerkskammer Mitglied.

1.20 Kaffeegrafik

Zeichnen Sie ein Klassendiagramm, welches zu Ihren Kaffeegrafik-Objektdiagrammen der Aufgabe 1.18 passt!

1.21 Kardinalitäten

In Bild 1 sind einige Klassendiagramme dargestellt.

a) Geben Sie zu den Klassendiagrammen jeweils die Kardinalitäten an und bezeichnen Sie die Beziehungen treffend!

b) Wählen Sie zwei Klassendiagramme aus und geben Sie jeweils ein typisches Objektdiagramm dazu an!

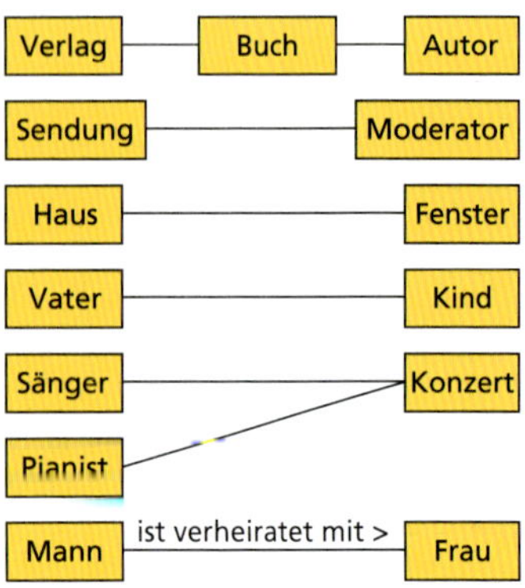

1 Klassendiagramme zu Aufgabe 1.21

1.22 Simulation: Autos auf einer einspurigen Fahrbahn

Geben Sie ein Klassendiagramm an, welches zum abgebildeten Objektdiagramm passt!

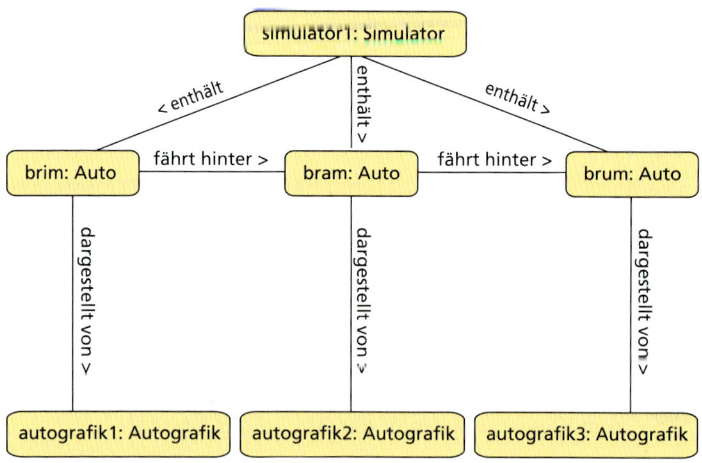

1.23 Animiertes Gesicht (E)

Gegeben sind die Klassen **`Hut`**, **`Auge`**, **`Ohr`**, **`Nase`**, **`Mund`**.

a) Experimentieren Sie mit diesen vordefinierten Klassen! Objekte dieser Klassen bieten alle nur den Dienst **`agieren()`** an. Wir wollen diese Objekte Schauspielerobjekte nennen. Beschreiben Sie in jeweils einem Satz was passiert, wenn Sie den Dienst **`agieren()`** eines Schauspielerobjekts nutzen!

b) Ein Objekt der vordefinierten Klasse **`Kopf`** spielt den Theaterdirektor in diesem kleinen Bühnenstück „animiertes Gesicht". Der Theaterdirektor stellt die Kulisse, einen gelben Kreis, bereit und lässt seine Schauspielerobjekte darauf agieren. Stellen Sie den Theaterdirektor mit seinen Schauspielerobjekten in einem Objektdiagramm dar!

c) Ordnen Sie jedes Objekt seiner Klasse zu und zeichnen Sie das Klassendiagramm!

d) Der Theaterdirektor bietet ihnen den Dienst **`animieren()`** an. Experimentieren Sie mit diesem Dienst. Wenn Sie die Vorstellung beenden wollen, empfehlen wir das „Kontextmenü zur Theateraufführung":

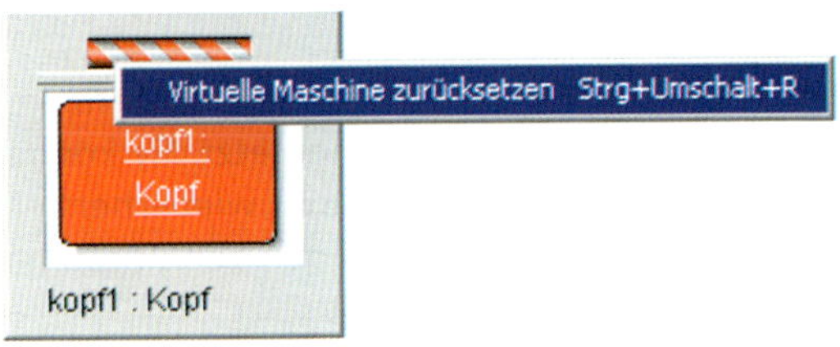

1 Ein Hutobjekt, das zwei Ellipsenobjekte und ein Rechteckobjekt enthält.

2 das ganze Gesicht

1.24 Gerüchteküche I

Arbeiten Sie in Gruppen!

a) Erstellen Sie ein fiktives Objektdiagramm Ihrer Klasse, und zwar folgendermaßen: Jedes Schülerobjekt wird durch ein Blatt Papier dargestellt, welches nur den Vor- und Nachnamen enthält. Heften Sie alle Blätter an eine Pinnwand oder Tafel. Stellen Sie mit Fäden oder Kreide fiktive „Gerüchtebeziehungen" dar. Dabei darf jeder Schüler höchstens zwei Mitschüler auswählen, denen er ein Gerücht weitererzählen würde. Die Richtung der Gerüchtebeziehungen soll eine Rolle spielen. Markieren Sie diese mit einem Knoten oder einem Pfeil.

b) In unserem fiktiven Objektdiagramm aus Aufgabe a) haben Schülerobjekte keinen, einen oder zwei Zuhörer. Wir stellen uns vor, dass alle bereits „infizierten" Schüler allen ihren Zuhörern das Gerücht während einer Zeiteinheit weitersagen. Ein Gerücht soll eine Lebensdauer haben. Lebensdauer 5 heißt, nach fünf Zeiteinheiten „versickert" das Gerücht, es wird nicht mehr weitererzählt.
Wählen Sie nun ein Schülerobjekt aus, welches das Gerücht „in die Welt" setzt und simulieren Sie mithilfe ihres Objektdiagramms die Ausbreitung eines Gerüchts. Achten Sie dabei auf die Richtung der jeweiligen Beziehung. Markieren Sie die „infizierten" Objektkarten mit einem farbigen Haftnotizzettel!

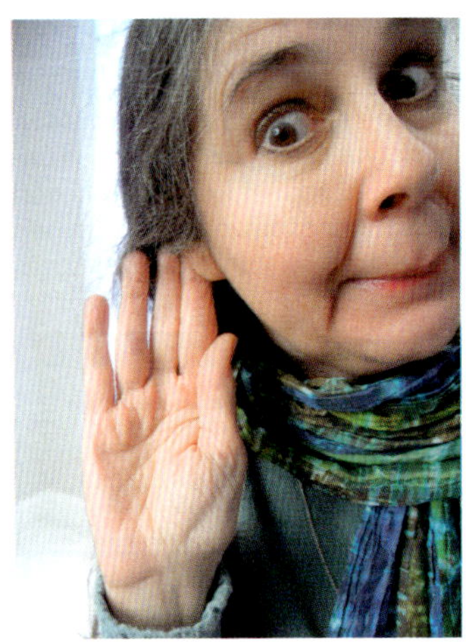

3 Ein Gerücht geht um.

c) Experimentieren Sie mit verschiedenen Lebensdauern! Wann sind 25 %, wann 50 % und wann 100 % der Klasse infiziert? Notieren Sie ihre Ergebnisse in einer Tabelle.

d) Wechseln Sie dann den anfänglichen Gerüchtegeber und experimentieren Sie erneut!

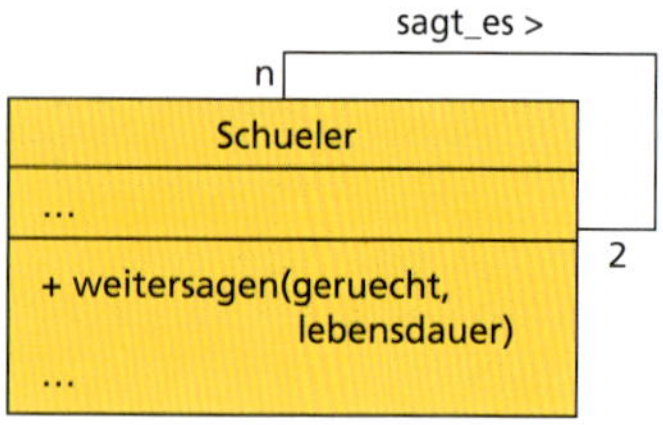

1 Klassendiagramm „Gerüchteküche“
Hinweis: 2 steht laut unserer (vereinfachenden) Festlegung für „keine, eine oder zwei“.

1.25 Gerüchteküche II (E)

Arbeiten Sie mit der vordefinierten Klasse `Schueler`. Objekte dieser Klasse bieten den Dienst `weitersagen(geruecht, lebensdauer)` an.

a) Bearbeiten Sie die Aufgabe Gerüchteküche I b) und c) analog mithilfe der gegebenen Klasse.
Wir haben uns für Sie schon ein fiktives Objektdiagramm mit nur zehn Schülern ausgedacht und umgesetzt. Sie können es via Kontextmenü der Klasse `Speicher` „wiederherstellen“ und sofort ein Objekt ihrer Wahl aus den zehn bestimmen, welches dann „ein Gerücht in die Welt setzt“.
Unsere einfache Simulation stellt aber keine Dienste zur Auswertung bereit. Die 10 Objektkarten, die Ihnen vorliegen, müssen Sie schon selbst studieren. Machen Sie sich geeignete Notizen!

b) **Zusatzaufgabe:**
In unserer Umsetzung können Sie ein Ausgabefenster betrachten, welches die einzelnen Personen nacheinander auflistet, denen das Gerücht erzählt wird. Versuchen Sie, ein System in der Abfolge der mitprotokollierten Schritte zu erkennen. Können Sie vorhersagen, wer genau als nächstes auf dem Ausgabefenster erscheinen wird?

Ein **Prototyp** setzt nur einige Anforderungen an das endgültige Produkt um. Bei der Softwareentwicklung werden Prototypen eingesetzt, weil frühzeitige Rückmeldungen für den Entwicklungsprozess entscheidend sind.

2 Ein möglicher Prototyp in Aktion.

1.26 Bankautomaten

Die kleine Infobank in Infoburg möchte Bankautomaten aufstellen. Zunächst soll ein einfacher Prototyp einer Software entwickelt werden. Beziehungen zwischen einigen Bankautomaten und einem Infobankobjekt sollen aufgebaut und Geldauszahlungen sollen simuliert werden können. Die Infobank entscheidet, dass alle ihre Bankautomaten schon im Prototyp ein Geldfach und einen Bildschirm bekommen sollen. Die Bankautomaten sollen Dienste wie `karteEinfuehren(kartennummer)`, `pinEingeben(nummer)` oder `betragAuswaehlen(euro)` anbieten.
Erstellen Sie ein geeignetes Klassendiagramm!
Stellen Sie die in Bild 2 angedeutete Situation in einem Objektdiagramm dar!

Auf den Punkt gebracht

Objekte nutzen

Objekte sind *Dienstleister.* Nutzer, die mit Objekten arbeiten, interessiert:

1. *Welche* öffentlichen Methoden bietet ein Objekt einer Klasse an?
2. *Wie* kann eine öffentliche Methode aufgerufen werden?
   Folgendes ist zu tun:
   - Auswahl des Objekts, welches die gewünschte Methode anbietet
   - Auswahl der Methode
   - ggf. passende Werte eingeben
   - ggf. Ausgabewert weiterverarbeiten

   Syntax eines Methodenaufrufs: `objektname.methodenname(wert1, wert2, ...)`

Objekt – Klasse

Klassen können mit Fabriken verglichen werden, die (viele) Objekte erzeugen können. Erzeugte Objekte bieten alle gewisse Dienste (öffentliche Methoden) an. In der Klassenkarte steht, welche Dienste angeboten werden.

Beispiel: Objektkarte und Klassenkarte „Stausimulation"

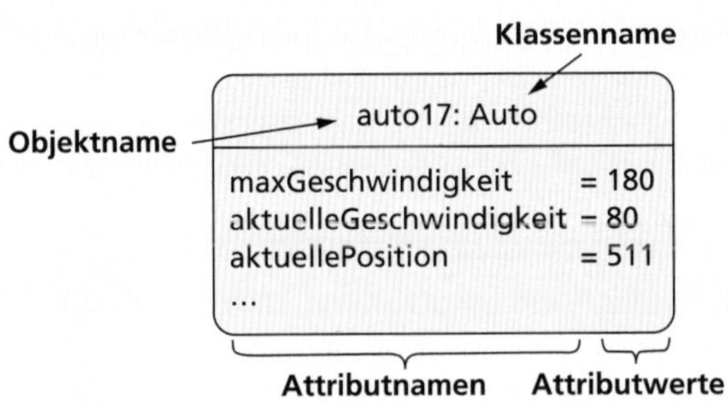

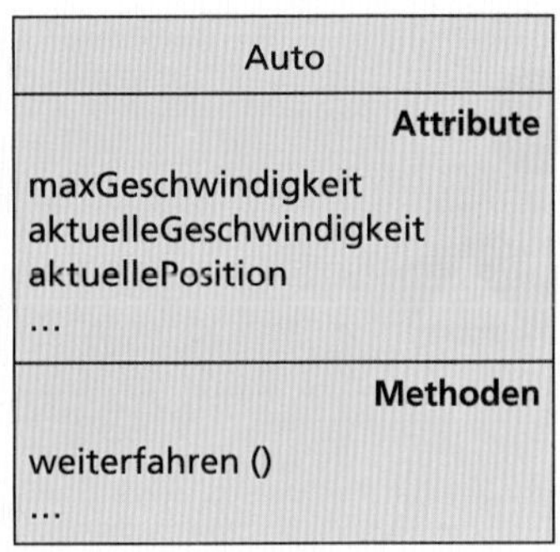

Beziehungen

Objekte gehen Beziehungen ein. So können Sie benötigte Dienste anderer Objekte nutzen. Einen Überblick über mögliche Beziehungen zwischen Objekten verschiedener Klassen gibt das Klassendiagramm. Dort wird auch die Kardinalität der jeweiligen Beziehung eingetragen.

Beispiel: Klassendiagramm „Geschäftsbeziehungen"

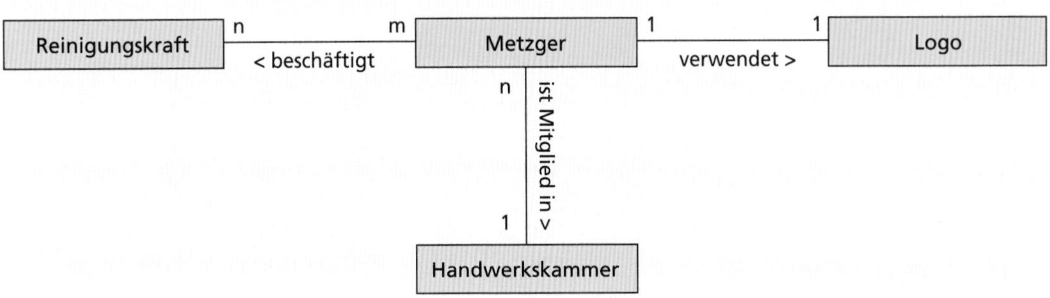

1.27 Texte

Welche Klassen kommen in Textdokumenten vor?

a) Erstellen Sie zwei Klassenkarten! Es genügt dabei, in jeder Klassenkarte drei Attribute und zwei Methoden anzugeben.
b) Geben Sie Objektkarten von vier Objekten an, die in Textdokumenten vorkommen!
c) Erzeugen Sie mithilfe eines Textverarbeitungsprogramms ein in b) beschriebenes Objekt!
Notieren Sie mindestens drei dazu nötige Methodenaufrufe in Punktnotation!
d) Erstellen Sie ein Klassendiagramm, das Beziehungen zwischen Klassen in Textdokumenten darstellt! Es genügt dabei, drei Klassenkarten (ohne Attribute und Methoden) zu verwenden.

1.28 Zeichnung eines Huhns (E)

1 Huhnobjekt

a) Erzeugen Sie ein Objekt `huhn1` der vordefinierten Klasse `Huhn`. Experimentieren Sie mit den Diensten, die ihr Huhnobjekt anbietet. Beschreiben Sie die vier Dienste `anzeigen()`, `verstecken()`, `eiLegen()`, `verschieben(deltaX, deltaY)` jeweils mit eigenen Worten!
b) Stellen Sie das Objekt `huhn1` zusammen mit allen seinen Teilobjekten in einem Objektdiagramm dar!
c) Zeichnen Sie das zugehörige Klassendiagramm! Vergessen Sie nicht, passende Kardinalitäten einzutragen.
d) Versuchen Sie, nur den Schnabel des Huhns `huhn1` zu verschieben. Schicken Sie dazu eine Textzeile der Art `huhn1.schnabel.verschieben(100,0);` ab! Notieren und interpretieren Sie Ihre Beobachtung!

1.29 Tennisturniere

In Vilshofen finden im Juni drei Tennisturniere statt. Die Sportlerinnen Anna und Simone nehmen an den ersten beiden Turnieren teil. Lena schafft es aus zeitlichen Gründen leider nur, am letzten teilzunehmen. Dagegen ist Mario wie immer bei allen Turnieren vertreten. Der Spieler Thorsten ist verletzt und kann deshalb bei keinem Turnier antreten.

a) Zeichnen Sie ein Objektdiagramm, das die Beziehungen zwischen den Sportlern und den Turnieren darstellt!
b) Erstellen Sie das zugehörige Klassendiagramm! Erläutern Sie die Kardinalität der Beziehung in eigenen Worten!

Zustandsmodelle 2

Ein Kaffeeautomat, ein MP3-Spieler, ein Präsentationsprogramm oder ein Eintrittskartenreservierungssystem haben eines gemeinsam: Wenn man von den Diensten dieser Systeme profitieren will, müssen bestimmte Tasten in einer bestimmten Reihenfolge gedrückt werden.
In diesem Kapitel lernen Sie, Abläufe von Systemen zu planen, zu analysieren und in objektorientierte Programme umzusetzen.

2.1 Zustandsdiagramme

Karten schaffen Überblick

Von der Magischen Insel aus die Kristallfähre nutzen	Von der Osterinsel aus die Kristallfähre nutzen
Von der Magischen Insel aus die Dukatenfähre nutzen	Von der Osterinsel aus die Dukatenfähre nutzen

1 Zwei von sechs Inseln des Spielbretts mit Ereigniskarten K und D

Bernd spielt das Brettspiel „Schatzsuche", welches ihm seine große Schwester Anne zum Geburtstag gebastelt hat. Auf dem Spielbrett sind sechs Inseln im Meer dargestellt. Jack Farrows Goldtruhen sind auf der Schatzinsel vergraben. Ziel des Spiels ist es, dorthin zu kommen. Laut Spielregel darf Bernd dabei aber nur Fährdienste nutzen, die ihm die Insulaner der Inselgruppe anbieten. Routenpläne der Fähren kann Bernd nicht einsehen.
Die Fährdienste sind im Spiel folgendermaßen umgesetzt: Ein Spieler findet auf jeder Insel (außer der Schatzinsel) zwei Karten vor (↗ Bild 1). Vertrauend auf eine glückliche Hand muss er eine Karte auswählen und umdrehen. Auf der Rückseite der Karte ist der nächste Halt des ausgewählten Fährdienstes notiert. Verdeckt wird die Karte an ihren Platz zurückgelegt und die Spielfigur zur angegebenen Insel bewegt. Dort kann erneut entweder die Kristallfähre oder die Dukatenfähre genutzt werden. Nur auf der Schatzinsel werden keine Fährdienste mehr angeboten, die Spielfigur ist am Ziel angekommen.
Jede Schatzsuche beginnt laut Spielregel auf der Insel Java. Bernd erkennt schnell, dass er sich während seiner Fahrt zwischen den Inseln Notizen machen sollte, um Irrwege nicht versehentlich doppelt und dreifach zu fahren. Er schreibt folgenden Fahrtverlauf von Java zur Schatzinsel auf einem Zettel mit:

Java —Dukatenfähre→ Pirateninsel —Kristallfähre→ Magische Insel
—Kristallfähre→ Magische Insel —Dukatenfähre→ Java —Kristallfähre→
Totenkopfinsel —Dukatenfähre→ Magische Insel —Dukatenfähre→
Java —Kristallfähre→ Totenkopfinsel —Kristallfähre→ Pirateninsel
—Dukatenfähre→ Osterinsel —Kristallfähre→ Schatzinsel

Mithilfe einer Skizze ordnet er seine Notizen, um sich einen besseren Überblick über seine Fahrt und über die Fährdienste der Insulaner zu verschaffen:

Java ist eine sehr weit verbreitete, objektorientierte Programmiersprache mit einem enormen Umfang an vordefinierten Klassen.
Es gibt aber auch eine Insel in Indonesien, die Java heißt.

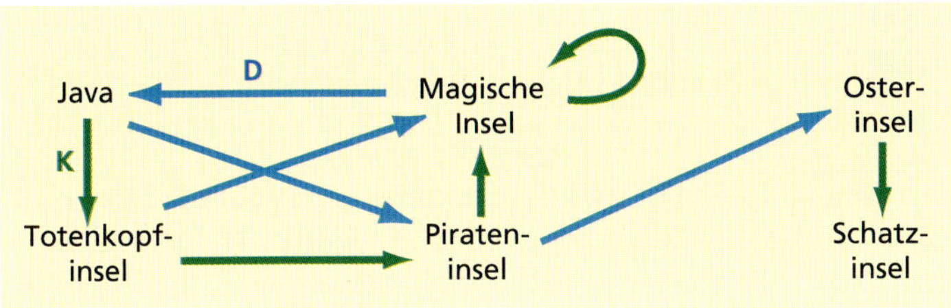

Aus der erstellten Skizze liest Bernd ab, dass es deutlich kürzere Wege zur Schatzinsel gibt, als den, den er gefahren ist.

2.1 Bernd hat trotz seiner recht langen Fahrt nicht alle Fährdienste erkundet, die die Insulaner auf den Inseln anbieten. Welcher fehlt noch? Versuchen Sie dazu die Notizen zu interpretieren und auszuwerten, die Anne während ihrer Fahrt von Java zur Schatzinsel gemacht hat! Anne hat folgendes notiert: KKDDDK.

2.2 Wie meidet man die Totenkopfinsel auf dem Weg von Java zur Schatzinsel? Gibt es auch einen Weg von Java zur Schatzinsel, der nicht an der Pirateninsel vorbeiführt?

2.3 Auf jeder Insel kann man sich entweder für die Dukatenfähre D oder die Kristallfähre K entscheiden. Welche Wege führen zum Ziel, wenn immer von der Insel Java aus gestartet wird?

a) KKDDKDDK b) KDKDKKDK
c) KKKDDKDKDKD

2.4 Geben Sie mithilfe der in Aufgabe 2.1 und 2.3 gezeigten Kurznotation drei verschiedene Wege an, die von Java zur Schatzinsel führen!

Während des Spiels fährt Bernd von einer *Insel* zur anderen, indem er *Fährdienste nutzt.* Informatiker sprechen statt von der Insel, auf der sich der Spieler gerade befindet, vom **Zustand** des Spielers. Statt „eine Karte wird aufgenommen" sagt der Informatiker: ein **Ereignis** tritt ein. Ein Ereignis (man sagt auch **auslösende Aktion**) kann eine Zustandsänderung erzwingen.

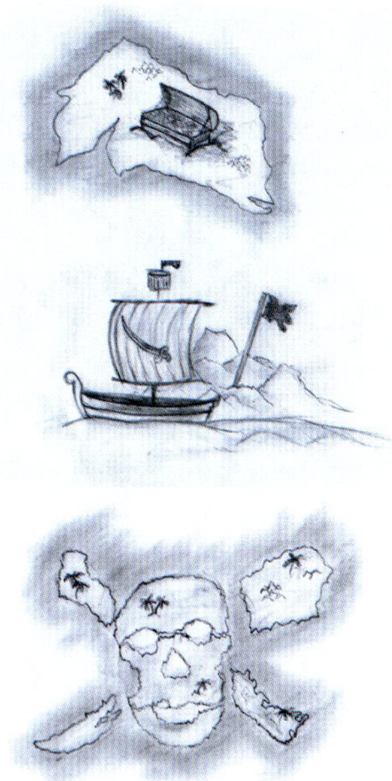

1 Schatzinsel, Pirateninsel und Totenkopfinsel

Artikelzustände wie „neu" oder „gebraucht" helfen Verkäufern und Käufern, Angebote zu beschreiben und zu beurteilen.

2.5 Wie wird der Begriff „Zustand" umgangssprachlich verwendet? Suchen Sie drei Beispiele!

In unserem Spiel gibt es zwei Ereignisse: `Dukatenfähre nutzen` und `Kristallfähre nutzen`. Durch Aufnahme einer Karte löst der Spieler einen **Zustandsübergang** aus. Abhängig von der Wahl der Karte und der aktuellen Insel wird eine Folgeinsel, also ein Folgezustand erreicht. Man sagt: Ein Zustandsübergang findet statt. Ein Zustandsübergang wird immer durch ein Ereignis ausgelöst:

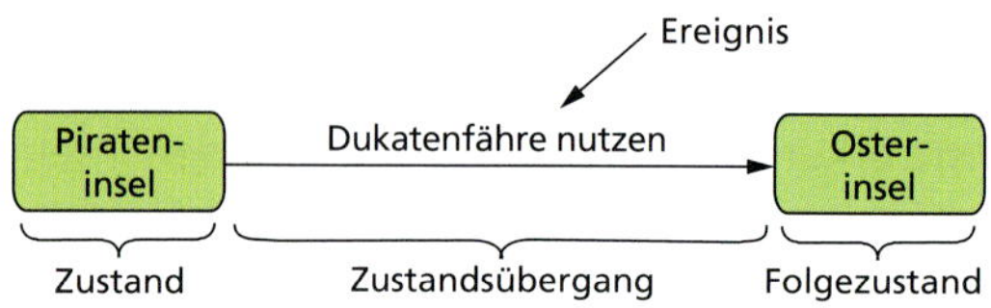

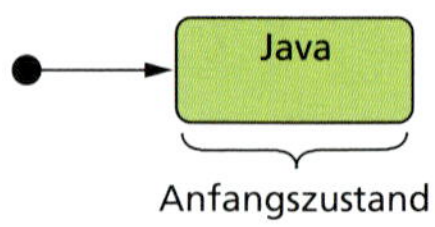

1 Anfangszustand

Jedes Spiel beginnt auf der Insel Java. Den entsprechenden Zustand nennen wir **Anfangszustand** und markieren ihn im Diagramm durch einen Pfeil mit rundem, ausgefülltem Pfeilfuss (↗ Bild 1). Erreicht der Spieler die Schatzinsel, ist das Ziel erreicht. Im Diagramm stellen wir den zugehörigen Zustand durch einen kleinen ausgefüllten Kreis mit einem umschließenden Ring dar und nennen ihn **Endzustand** (↗ Bild 2).

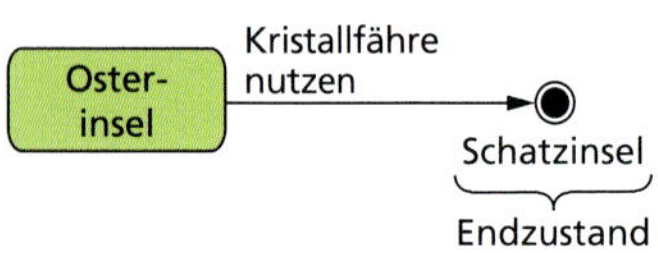

2 Endzustand

Der **Anfangszustand** kennzeichnet den Startpunkt aller Abläufe.
Endzustände kennzeichnen Endpunkte. Aus einem Endzustand führen keine Übergänge heraus.

Alle Zustände und Ereignisse, die für das „System Schatzsuche" relevant sind, zeigt das folgende Diagramm:

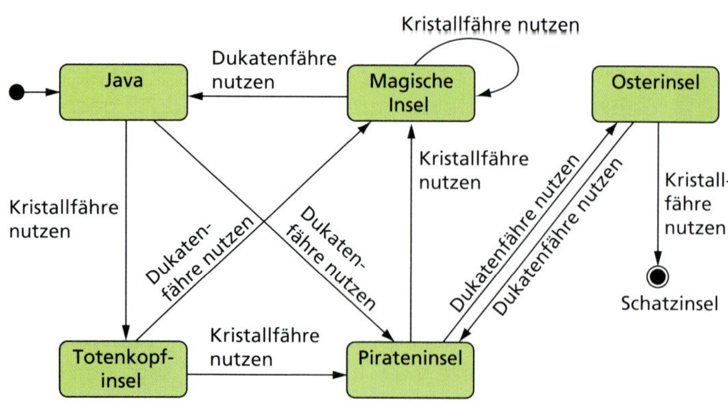

Man nennt es Zustandsübergangsdiagramm.

Die **U**nified **M**odeling **L**anguage **(UML)** legt einen einheitlichen Industriestandard für Modellierungstechniken fest.
Die gezeigten Notationen für Zustandsdiagramme lehnen sich an diesen Standard an.
Auch für die kennengelernten Klassen- und Objektdiagramme gibt es in diesem Standard Vereinbarungen.

Ein Zustandsübergangsdiagramm oder kurz **Zustandsdiagramm** besteht aus **Zuständen** und deren Übergängen. Es zeigt alle Abläufe, die für ein System möglich sind.
Ein **Zustandsübergang** verbindet zwei Zustände. Der Übergang wird durch einen Pfeil dargestellt und wird stets durch ein **Ereignis** ausgelöst. Dieses Ereignis notiert man direkt am zugehörigen Pfeil.
In einem Zustandsdiagramm gibt es genau einen **Anfangszustand.** Es sind kein, ein oder mehrere **Endzustände** möglich.

Hinweise:

- Ein Übergang kann nicht unterbrochen werden.
  Entsprechend kann in unserem Brettspiel ein Spieler nie „auf halbem Weg" zwischen zwei Inseln umdrehen oder eine Pause einlegen. „Es gibt kein Zurück". Hat der Spieler seinen nächsten Fährdienst einmal ausgewählt, muss er zur entsprechenden Insel ziehen.
- Ein Zustandsübergang muss den Zustand des Systems nicht unbedingt ändern. Beispielsweise gelangt man im Spiel von der Magischen Insel via Kristallfähre wieder zurück zur Magischen Insel.
- Ein Ereignis löst einen (oder keinen) Übergang aus, aber niemals mehrere. Entsprechend gibt es in unserem Spiel an einer Insel höchstens eine K- und eine D-Karte. Sobald sich der Spieler auf einer Insel für K oder D entschieden hat, steht die Folgeinsel fest. Der Informatiker spricht in diesem Zusammenhang auch von einem *deterministischen* Zustandsdiagramm.
- Zustandsnamen sind frei wählbar, sollten aber selbsterklärend sein. Es ist üblich, bei der Bezeichnung von Zuständen Substantive (z. B. Osterinsel, Musikwiedergabe), Partizipien (z. B. abgeholt, ausgeschaltet) oder Adjektive (z. B. neu, offen) zu verwenden.
- Ereignisnamen enthalten hingegen immer Verben. Verben weisen darauf hin, dass ein Ereignis häufig eine Veränderung auslöst (z. B. Taste drücken, Fähre nutzen).

In der Philosophie bezeichnet man mit **Determinismus** die Lehre von der Bestimmtheit allen Geschehens.

Beim Planen der Bedienungsabläufe von Bankautomaten, Mobiltelefonen oder MP3-Spielern entwerfen Ingenieure Zustandsdiagramme. Anstatt lange Beschreibungen der geplanten Funktionsweise des Geräts zu schreiben, werden alle Zustände, in denen sich das Gerät befinden kann, zusammen mit den möglichen Übergängen aufgezeichnet. Man erhält so eine kompakte Übersicht über alle möglichen Abläufe.

Das Diagramm in Bild 1 auf der folgenden Seite beschreibt das Verhalten eines MP3-Spielers. Je nachdem, in welchem Zustand

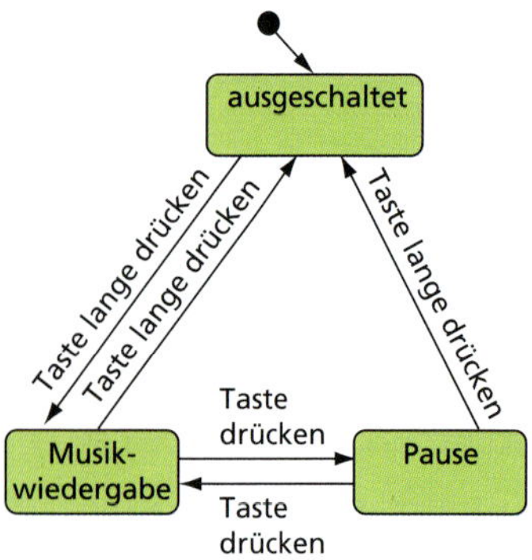

1 Zustandsdiagramm eines MP3-Spielers

2 Haupttaste und Vorspultaste eines MP3-Spielers

Hinweis zu Aufgabe 2.7:
Sie sollen in dieser Aufgabe kein vollständiges Zustandsdiagramm zeichnen. Es genügt, einige für die Arbeit mit Textverarbeitungsprogrammen relevante Zustandsübergänge anzugeben.

sich der MP3-Spieler befindet, reagiert er auf das Ereignis `Taste lange drücken` unterschiedlich.

2.6 MP3-Spieler

Analysieren und erweitern Sie das in Bild 1 gezeigte Zustandsdiagramm:

a) Beschreiben Sie zwei verschiedene Zustandsübergänge, die durch das Ereignis `Taste lange drücken` ausgelöst werden, mit jeweils einem Satz!

b) Der MP3-Spieler soll nun um eine Vorspultaste erweitert werden. Dabei sollen mindestens folgende Bedienungsabläufe berücksichtigt werden: Wird während der Musikwiedergabe die Vorspultaste kurz gedrückt, spielt die Musik schneller. Eine erneute Anwahl der Vorspultaste erhöht die Vorlaufgeschwindigkeit. Die Haupttaste des MP3-Spielers (↗Bild 2) erzwingt in beiden Fällen eine normale Musikwiedergabe.
Zeichnen Sie ein sinnvolles Zustandsdiagramm!

2.7 Der Zustand und die Maus

Öffnen Sie ein Textverarbeitungsprogramm Ihrer Wahl! Schreiben Sie einen netten Absatz! Fügen Sie ein Objekt der Klasse `Textfeld` ein! Bewegen Sie die Maus über Ihren Text, über den Rand Ihrer Seite, über das Textfeldobjekt. Wie verändert sich Ihr Mauszeiger? Experimentieren Sie mit den Ereignissen `linke Maustaste drücken` und `linke Maustaste zweimal schnell drücken` (engl: doubleclick). Zeichnen Sie dann einige Zustandsübergänge, die diese Ereignisse, abhängig von dem aktuellen Zustand Ihres Mauszeigers, auslösen! Wählen Sie aussagekräftige Namen für Folgezustände.

2.8 Schatzkarte – Partnerarbeit

Ein Partner, der Spielschöpfer, zeichnet analog zum „System Schatzsuche" (↗S. 28 unten) ein „geheimes" Zustandsdiagramm eines selbst entworfenen Schatzsuche-Spiels. Der andere Partner muss als Schatzsucher einen Weg zur Schatzinsel finden.
Der *Spielschöpfer*

- teilt dem Schatzsucher den Anfangszustand und die Namen der Ereigniskarten mit,
- hält den aktuellen Zustand des Schatzsuchers fest,
- reagiert auf die Wahl einer Ereigniskarte durch den Schatzsucher, indem er den Folgezustand aus seinem Zustandsdiagramm abliest und dem Schatzsucher mitteilt.

Der *Schatzsucher* erkundet sukzessive das ihm unbekannte Zustandsdiagramm, in dem er Ereigniskarten auswählt und Antworten des Spielschöpfers notiert.

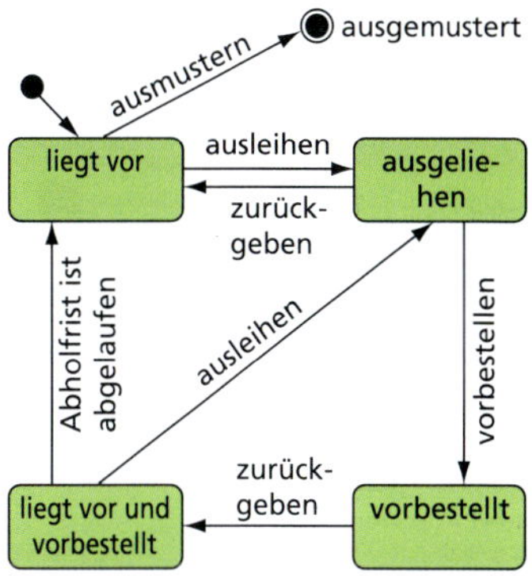

1 Zustandsdiagramm für die Ausleihe eines Buches

2.9 Bibliothek

Das nebenstehende Zustandsdiagramm beschreibt mögliche Abläufe bei der Ausleihe eines Buchs.

a) Schreiben Sie einen Text „Nutzungsbestimmungen der Bibliothek", der zu dem abgebildeten Diagramm passt!

b) Was könnte mit einem Buch passieren, welches die Bibliothek ausgemustert hat?

2.10 Digitale Armbanduhr stellen

Das Zustandsdiagramm in Bild 3 beschreibt mögliche Tastenfolgen, mit denen man die Zeit der in Bild 2 abgebildeten Uhr einstellen kann.

a) Das Diagramm lässt folgende Frage offen: Wie verändert Taste 2 die aktuell markierte Anzeige?
Wählen Sie eine sinnvolle Möglichkeit aus und ergänzen Sie das Diagramm um eine aussagekräftige Notiz in einigen Sätzen.

b) Schreiben Sie eine knappe Bedienungsanleitung für Benutzer dieser Digitaluhr!

c) Würden Sie eine Digitaluhr kaufen, bei der die Stunden plötzlich durch Blinken markiert werden, nur weil Sie versehentlich Taste 1 touchiert haben? Verbessern Sie das Zustandsdiagramm und begründen Sie Ihre Entscheidungen!

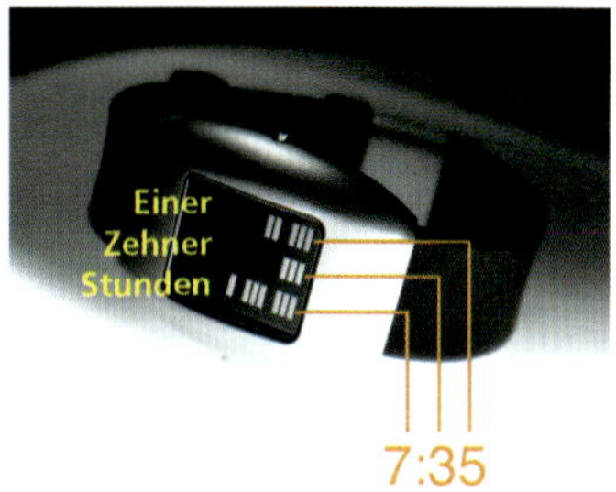

2 Uhr mit zwei Tasten T1 und T2

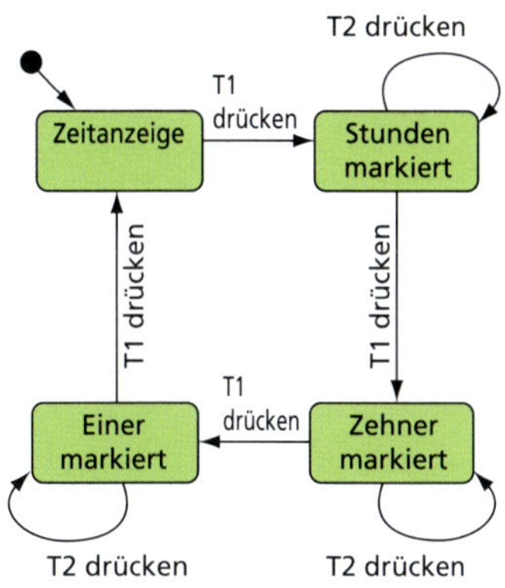

3 Zustandsdiagramm „Uhrzeit stellen" zu Aufgabe 2.10

2.11 Weckalarm

Planen Sie die Bedienungsabläufe beim Einstellen der Weckzeit einer digitalen Armbanduhr.

a) Zeichnen Sie dazu ein Zustandsdiagramm und verwenden Sie dabei auch die Zustände: `Alarm an`, `Alarm aus`! Wie viele Tastschalter planen Sie ein? Jeder Tastschalter kostet Geld und muss in das Design integriert werden. Andererseits verkauft sich eine intuitiv zu bedienende Uhr vielleicht besser. Begründen Sie Ihre Entwurfsentscheidungen!

b) Integrieren Sie in Ihr Zustandsdiagramm aus a) das in Bild 3 gezeigte Diagramm! Entwerfen Sie so eine vollständige Benutzerführung für eine Armbanduhr mit Weckfunktion! Wie könnten die Tastschalter der Uhr in einer Bedienungsanleitung aussagekräftig beschriftet werden?

2.2 Ein Zustandsmodell entsteht

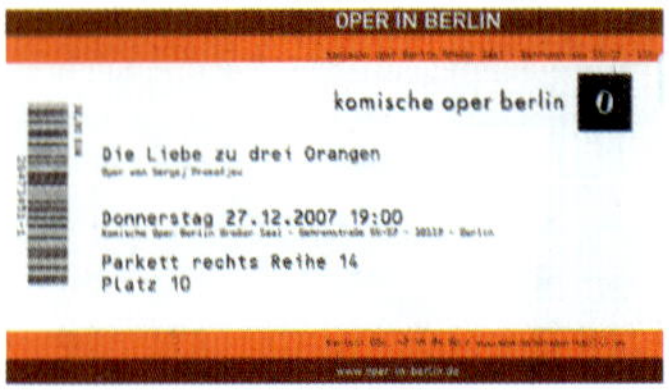

1 Eintrittskarte

Bei den Hintertupfingener Opernfestspielen sind die Eintrittskarten sehr begehrt. Musikliebhaber aus aller Welt reisen an, um eine Vorstellung zu besuchen. Deswegen ist es nötig, sich vorher eine Karte durch Reservierung zu sichern. Eine reservierte Karte kann entweder per Überweisung gezahlt und später abgeholt oder bar vor Ort bezahlt und gleich mitgenommen werden. Manchmal müssen Reservierungen rückgängig gemacht werden.

Der Verkauf einer Karte soll durch elektronische Datenverarbeitung unterstützt werden.
Der Software-Ingenieur Erwin wird beauftragt, ein Zustandsmodell für die Buchungsabläufe in Hintertupfingen zu entwerfen. Um den Problembereich zu erschließen, spricht er mit der Festspielleitung. Erwin klärt im Gespräch folgende Fragen und notiert die Antworten:

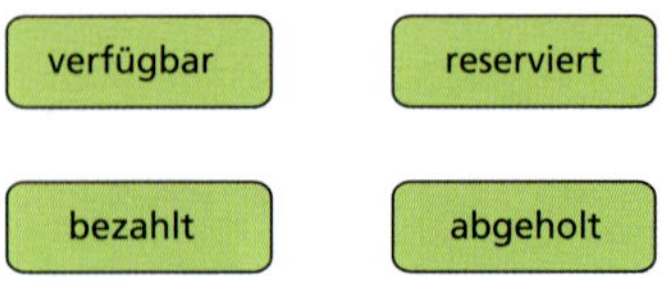

2 Bild zu Frage 1

1. Frage: Welche Zustände sind für die Buchung einer Eintrittskarte relevant?
Für eine Eintrittskarte sind die Zustände **verfügbar**, **reserviert**, **bezahlt** und **abgeholt** von Bedeutung.

3 Bild zu Frage 2

2. Frage: Welcher Zustand ist der Anfangszustand?
Zu Beginn der Verkaufsphase ist eine Karte im Zustand **verfügbar**.

3. Frage: Welche Ereignisse können eintreten?
Ein Musikliebhaber möchte
- eine Karte reservieren,
- eine Karte per Überweisung bezahlen
- eine Reservierung der Karte aufheben
- einen Überblick über alle Spieltage einer Oper anfordern
- eine Karte bar bezahlen und gleich mitnehmen
- eine Karte abholen
- ...

Weitere Ereignisse wären denkbar, aber nicht alle sind für den Problembereich „Zustandsmodell einer Eintrittskarte" relevant. Die Kunst des Modellierens besteht darin, Wesentliches einzubauen und Unwesentliches zu ignorieren.
Erwin nimmt die Ereignisse **reservieren**, **Reservierung aufheben**, **bezahlen durch Überweisung**, **abholen**, **bar bezahlen und abholen** in sein Zustandsmodell auf. Er ignoriert das Ereignis **Überblick über Spieltage anfordern**. Dieses Ereignis ordnet er dem Problembereich „Operndaten speichern" zu, um den sich seine Kollegin Christina kümmert.

4. Frage: Welche Zustandsübergänge können ausgelöst werden?

Eine Karte kann nur reserviert werden, wenn sie im Zustand `verfügbar` ist. Tritt in diesem Fall das Ereignis `reservieren` ein, wird ein Übergang zum Zustand `reserviert` ausgelöst.
Eine bereits reservierte, bezahlte oder abgeholte Karte kann dagegen nicht mehr reserviert werden.
Reservierungen können nur rückgängig gemacht werden, wenn sich die Karte im Zustand `reserviert` befindet.
Karten im Zustand `bezahlt` können abgeholt werden.
Karten im Zustand `reserviert` müssen bei Abholung noch bezahlt werden, erst dann wird ein Übergang in den Zustand `abgeholt` ausgelöst.

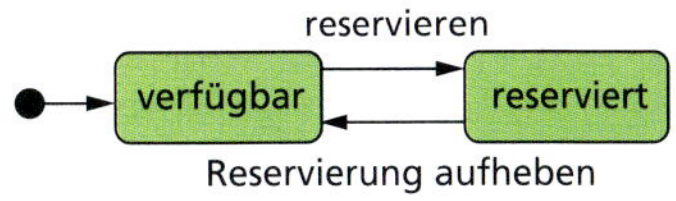

1 Erwin stellt zwei Zustandsübergänge grafisch dar.

5. Frage: Besitzt das Zustandsdiagramm Endzustände?

Der Verkaufsvorgang ist abgeschlossen, wenn eine Eintrittskarte abgeholt wird. Danach kann sich der Zustand der Karte nicht mehr ändern. Deswegen modelliert Erwin den Zustand `abgeholt` als Endzustand.
Erwin fasst die Ergebnisse dieses Gesprächs mit der Festspielleitung in einer graphischen Darstellung des Zustandsmodells „Eintrittskarte" zusammen:

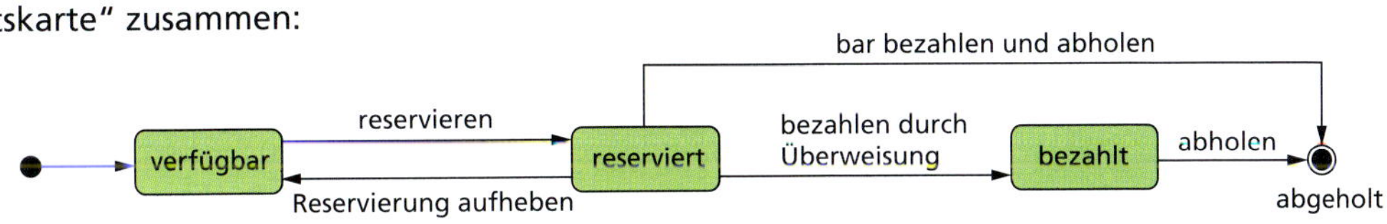

2 Zustandsdiagramm einer Eintrittskarte

Das Zustandsdiagramm zeigt, was in Hintertupfingen möglich ist, und was nicht. Eine Karte kann beispielsweise mehrfach reserviert und storniert werden. Eine bezahlte oder abgeholte Karte kann in Hintertupfingen jedoch nicht mehr zurückgegeben werden.
Der Informatiker sagt: Das Zustandsdiagramm zeigt alle „im Leben einer Eintrittskarte" möglichen Abläufe.

Folgende Fragen sind beim **Entwurf eines Zustandsmodells** für einen Problembereich zu klären:

- Welche Zustände sind relevant?
- Welcher Zustand ist der Anfangszustand?
- Welche Ereignisse sind relevant?
- Welche Zustandsübergänge können ausgelöst werden?
- Gibt es Endzustände?

Ein Zustandsmodell wird durch ein **Zustandsdiagramm** grafisch dargestellt.

Der Begriff „Karikatur" ist abgeleitet vom italienischen Wort „caricatura". Es bedeutet „Überladung, Übertreibung".

Hinweise:

- Ein Modell ist gut entworfen, wenn es die Anforderungen eines Problembereichs sinnvoll umsetzt. Wie die Karikatur andeutet, ist dies oft leichter gesagt als getan:

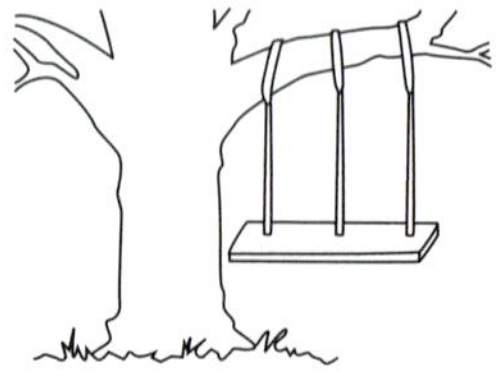

1 Anforderungen, die Auftraggeber (hier der Spielplatzbesitzer) im Gespräch darlegen: "Die Schaukel soll so aufgehängt sein, dass sie auch das Gewicht zweier Kinder aushält."

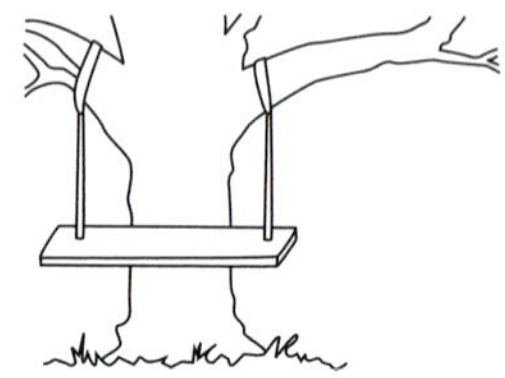

2 Was ein Ingenieur während des Gesprächs notiert (er schaukelt selbst nicht und hat keine Kinder) …

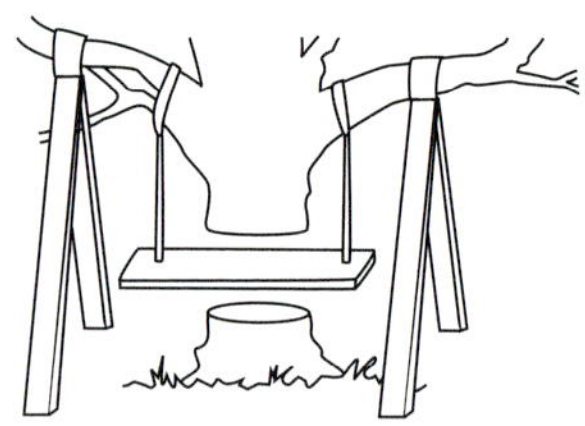

3 … und wie er seine Notizen dann im Schaukelmodell berücksichtigt.

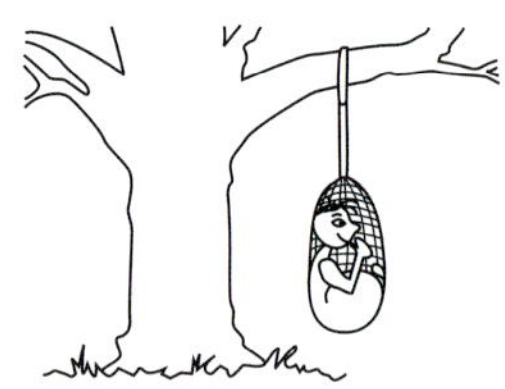

4 Anforderungen, die Benutzer (hier die Kinder) gestellt hätten. Leider wurden Sie nicht gefragt.

- Zustandsmodelle sind längst nicht für jeden Problembereich geeignet. Ob die Modellierung eines Problembereichs mit Zustandsmodellen hilfreich ist, muss für jeden Einzelfall neu entschieden werden.
- Zustandsmodelle können Überblick schaffen, wenn
  - Ereignisse in bestimmten Situationen ignoriert werden, in anderen Situationen aber Folgen haben (Beispiel Eintrittskarte).
  - ein Ereignis (wie z. B. „Taste lange drücken" beim MP3-Spieler) je nach Situation unterschiedliche Folgen nach sich zieht (eingeschaltet oder ausgeschaltet).

2.12 Parkschranke

Die Firma Schrankenwelten möchte ihre Produkte auf einer Industriemesse präsentieren.
Um Kunden anzusprechen, plant die Ingenieurin Sarah ein Modell für den Einsatz und die Funktionsweise einer Schranke anzufertigen. Sie wählt als Problembereich eine Parkhausausfahrt. Die Schranke öffnet sich, wenn der Autofahrer eine Parkmünze einwirft. Stellen Sie die Abläufe an der Parkhausausfahrt in einem Zustandsdiagramm dar!

2.13 Speiseaufzug

Ein einfacher Speiseaufzug in einem Restaurant wurde modelliert. Die Küche befindet sich im Keller. Der Aufzug kann nicht angefordert, sondern nur losgeschickt werden. Finden Sie die Fehler in nebenstehendem Zustandsdiagramm und erläutern Sie, warum so nicht modelliert werden kann! Zeichnen Sie ein sinnvolles Zustandsdiagramm „einfacher Speiseaufzug"!

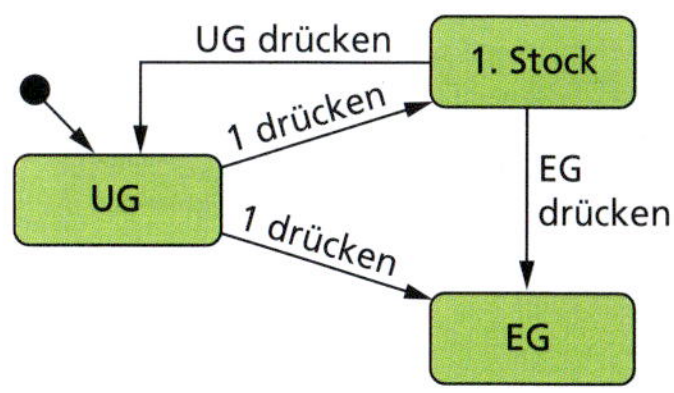

1 Fehlerhaftes Diagramm zu Aufgabe 2.13

2.14 Sinnvoll oder unsinnig?

Entscheiden Sie, ob die Zustandsdiagramme sinnvoll und korrekt entworfen wurden. Begründen Sie Ihre Entscheidung und zeichnen Sie gegebenenfalls ein verbessertes Zustandsdiagramm!

a) Zustandsdiagramm einer Schranke

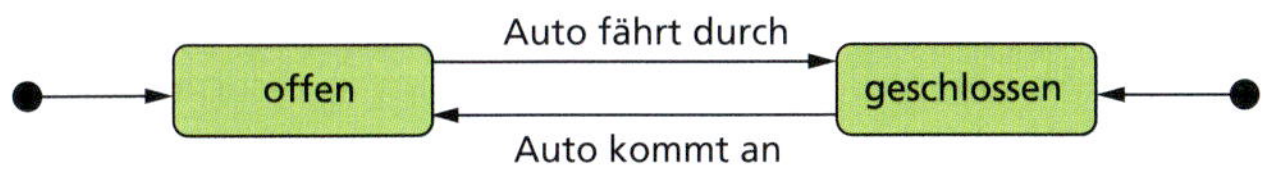

b) Zustandsdiagramm eines Kugelschreibers in einem Geschäft

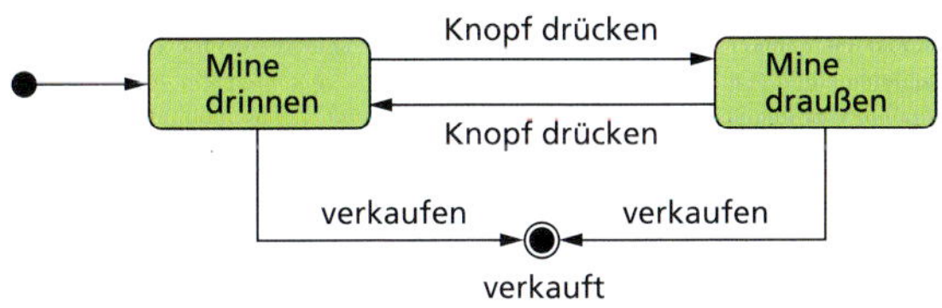

c) Zustandsdiagramm eines Radios

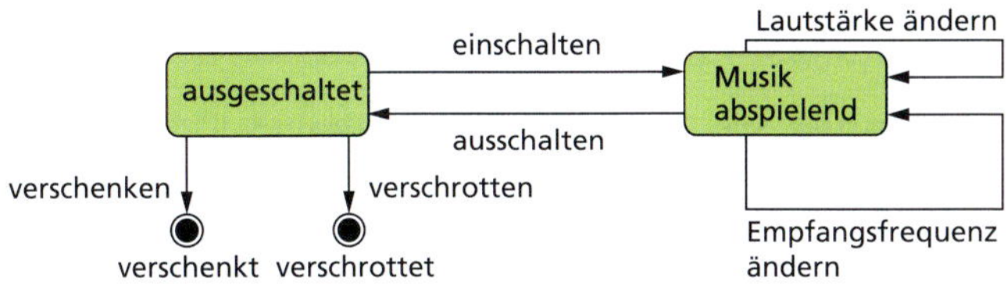

2.15 Quiz

Laden Sie die Internetseite
`www.fim.uni-passau.de/schulen/quiz.html`
mit einem Webbrowser Ihrer Wahl.
Welche Zustände sind für das Quiz relevant? Welche Ereignisse lösen Übergänge aus? Zeichnen Sie ein möglichst vollständiges Zustandsdiagramm!

1 Ausschnitt einer Backofenfront mit zwei Schaltern, die hier zum Aktivieren der Kindersicherung genutzt werden müssen. Der (blinkende) Pfeil unter dem Uhr-Symbol deutet an, dass der Backofen sich momentan im Zeiteinstellmodus befindet.

2.16 Kindersicherung

Einige Hersteller moderner Backöfen bauen in ihre Geräte Kindersicherungen ein.
Die Kindersicherung muss typischerweise über Dreh- und/oder Tastschalterfolgen aktiviert werden. Die Sicherung blockiert einfach jegliche Einschaltversuche und schützt spielende Kinder so vor Verbrennungen. (Oft können Zeit oder Weckfunktionen trotzdem genutzt werden, da von ihnen keine Gefahr für Kinder ausgeht.)
Entwerfen Sie ein Zustandsmodell, welches zeigt, wie Ihrer Meinung nach eine sinnvolle Kindersicherung eines Backofens aktiviert und deaktiviert werden sollte!
Sie sollten dabei möglichst nur die Schalter verwenden, die der Herd bei Ihnen zu Hause bereitstellt.
Denn zusätzliche Schalter kosten Geld und verändern das bisherige Design der Backofenfront, dies möchte Ihr Auftraggeber vermeiden.
Erläutern und verteidigen Sie Ihr Diagramm in einigen Sätzen!

2 Stoppuhr mit zwei Tasten

2.17 Stoppuhr

Welche Abläufe finden bei der Zeitmessung im Sportunterricht statt?

a) Eine einfache Stoppuhr besitzt nur einen Knopf. Mit diesem wird die Zeitmessung gestartet, angehalten und zurückgesetzt.
Zeichnen Sie ein Zustandsdiagramm!

b) Mit vielen Stoppuhren können Zwischenzeiten aufgenommen werden. Während der Anzeige einer Zwischenzeit kann die Stoppuhr entweder weiterlaufen oder angehalten werden.
Entwerfen Sie Ihr eigenes Zustandsmodell Stoppuhr und schreiben Sie eine verständliche Bedienungsanleitung zu Ihrer Stoppuhr!
Ihre Stoppuhr muss allerdings mit zwei Tasten auskommen, das ist die Vorgabe des Auftraggebers.

c) Analoge Stoppuhren mit Zwischenzeitfunktion besitzen drei Knöpfe, typischerweise in den Farben schwarz, rot und grün. Sie können jedoch nicht mehr als ihre digitalen Nachfahren (die in Aufgabe b beschrieben sind).
Zeichnen Sie ein realistisches Zustandsdiagramm einer analogen Stoppuhr!
Versuchen Sie herauszufinden, warum bei analogen Stoppuhren ein Knopf mehr verbaut wird! Es genügt, in einigen Sätzen eine Vermutung darzulegen.

2.3 Attributwerte beschreiben Zustände

1 Opernsaal

Der Ingenieur Erwin entwickelt eine Software, mit der der Verkauf der Eintrittskarten für die Hintertupfinger Opernfestspiele verwaltet werden kann. Nach ausgiebiger Planung und Klärung der Erfordernisse des Kartenvertriebs modelliert er Eintrittskarten als Objekte einer Klasse `Eintrittskarte` mit den Attributen `nummer` (Nummer des Platzes), `opernname` (Name der Oper) und `preis`. Um alle möglichen Abläufe beim Eintrittskartenverkauf zu beschreiben, entwirft er wie in Abschnitt 2.2 geschildert ein Zustandsdiagramm (↗ Bild 2).

Hinweis: Die aufgezählten Attribute sind nur exemplarisch. Natürlich sind je nach Problemstellung noch weitere – wie zum Beispiel das Datum oder der Name und die Adresse des reservierenden Opernfreundes – denkbar.

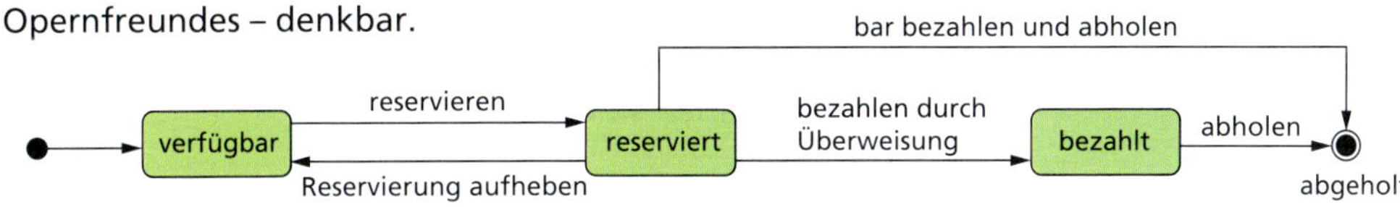

2 Zustandsdiagramm einer Eintrittskarte

Für den Vertrieb einer Eintrittskarte ist wesentlich, in welchem Zustand innerhalb des Diagramms sich eine Karte befindet. Deshalb beschreibt Erwin den aktuellen Zustand mithilfe eines Attributs, dem er den Namen `zustand` gibt. Diese Bezeichnung ist im Prinzip beliebig. Damit aber Modelle und Programme auch von anderen Software-Entwicklern leichter verstanden werden können, versucht man Attributen aussagekräftige Namen zu geben. Das Attribut `zustand` kann die Werte `"verfuegbar"`, `"reserviert"`, `"verkauft"` und `"abgeholt"` annehmen. Da diese Werte Zeichenketten sind, ist das Attribut vom Typ `String`.

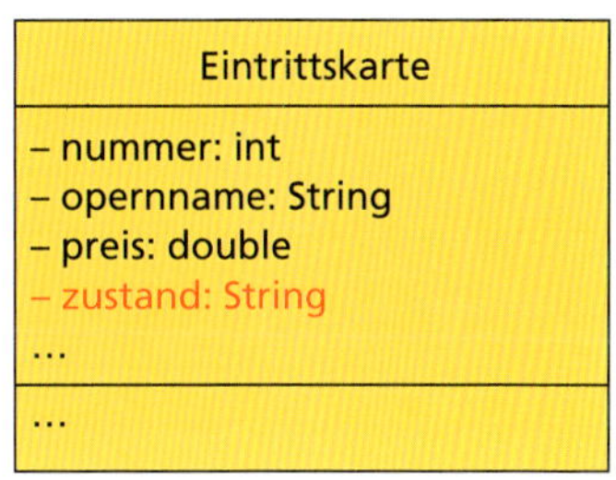

3 Klassenkarte `Eintrittskarte`

Attributwerte bestimmen die **Zustände** von Objekten.

In diesem und den beiden folgenden Kapiteln werden wir Erwins Modell nun Schritt für Schritt in ein objektorientiertes Programm umsetzen. Das heißt, wir werden die Klasse `Eintrittskarte` in einer für einen Computer verständlichen Sprache beschreiben. Eine solche Sprache nennt man Programmiersprache (↗ auch Abschnitt 3.5). Objektorientierte Modelle lassen sich mit sogenannten objektorientierten Programmiersprachen in Programme umsetzen. Es gibt mehrere solche Sprachen, zum Beispiel C++, Java, Eiffel oder Smalltalk. In diesem Buch werden wir alle Programme mithilfe der Entwicklungsumgebung BlueJ in der Programmiersprache Java schreiben.

Attributwerte eines Objekts können verändert werden. Der aktuelle Wert eines Attributs muss auf dem Rechner gespeichert werden. Dies geschieht mithilfe von **Variablen.**

Variablen sind Speicherplätze für veränderliche Werte. Jede Variable besitzt einen Namen (z. B. **`zustand`** oder **`nummer`**), unter dem ihr Wert gelesen oder geändert werden kann.

Typfestlegung in einer Datentabelle:

Spalte	Typ
ArtikelNr	int
Bezeichnung	varchar(30)
Preis	decimal(4,2)
Abteilung	varchar(20)

Der Speicher eines Rechners kann mit einem Schrank mit Schubkästen verglichen werden:

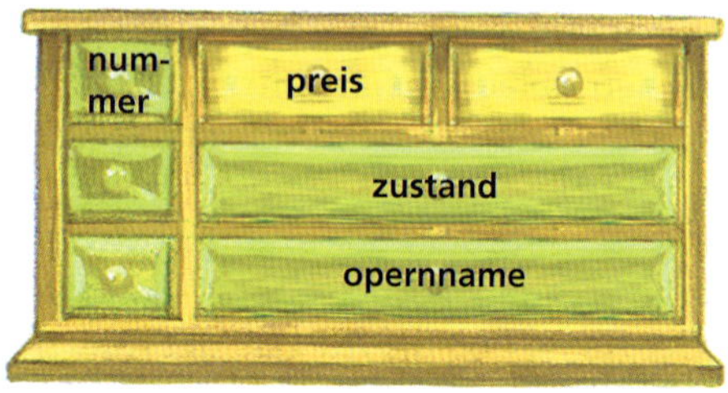

In Java:

```
String zustand;
String opernname;
int nummer;
double preis;
```

Neben Attributen werden Sie in Abschnitt 2.4 noch eine andere Art von Variablen kennenlernen.

Eine Variable kann nur Werte eines bestimmten Datentyps besitzen. So ist zum Beispiel der Wert **`"verfuegbar"`** für das Attribut **`nummer`** nicht sinnvoll. Wie auch die Typen der Spalten von Datentabellen muss der Typ einer Variablen in einem Programm festgelegt werden. Diese Festlegung nennt man Deklaration.

Umsetzung der Klasse Eintrittskarte:
Um die Klasse **`Eintrittskarte`** in Java umzusetzen, starten wir oben links in der Menuleiste unserer Entwicklungsumgebung ein neues Projekt:

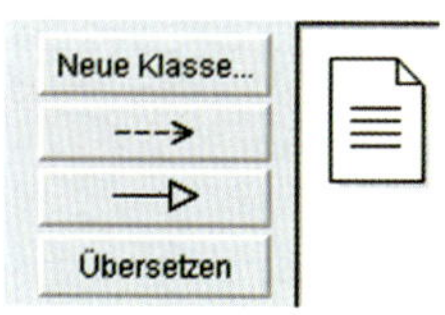

Dann klicken wir auf „Neue Klasse...". In einem Menufenster kann dann der Klassenname eingegeben werden. Das Klassensymbol erscheint auf der Entwicklungsumgebung. Nachdem wir dieses mit der rechten Maustaste angeklickt haben, sehen wir ein Menü:

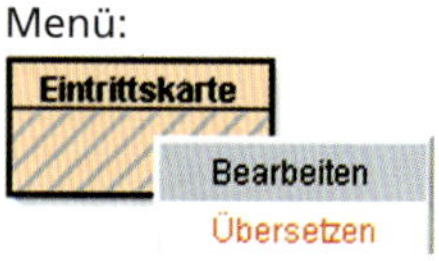

Wir wählen „Bearbeiten" und ein Fenster öffnet sich, in das der Programmcode für die Klasse **`Eintrittskarte`** eingegeben wird.

Bei der **Deklaration** einer Variablen werden ihr **Name** und ihr **Datentyp** (kurz: **Typ)** festgelegt.

Beispiel: Durch **`double zahl`** wird eine Variable mit dem Namen **`zahl`** vom Typ **`double`** deklariert.

Die Attribute der Klasse **`Eintrittskarte`** deklarieren wir in Java folgendermaßen:

```
public class Eintrittskarte{
        private         String    zustand;
        private         int       nummer;
        private         String    opernname;
        private         double    preis;
//      Zugriffsrecht   Typ       Attributname
        ...
}
```

Wozu benötigt man die Unterscheidung in **`private`** und **`public`**? Ein wichtiges Prinzip der objektorientierten Programmierung ist der Schutz der Attribute einer Klasse vor willkürlichen Veränderungen durch den Nutzer (↗ 4.4 Datenkapselung). Aus

diesem Grund ist es bei der Programmierung in Java üblich, bei der Deklaration eines Attributs das Wort **`private`** vor den Typbezeichner zu setzen. Man sagt, das Zugriffsrecht auf das Attribut ist privat. Werte von Attributen mit privatem Zugriffsrecht können vom Nutzer nicht direkt verändert werden. Zustandsänderungen eines Objekts, das heißt Veränderungen seiner Attributwerte, sollen nur durch dafür vom Anbieter angebotene Dienste (Methoden) erlaubt sein (↗Abschnitt 2.4). Damit kann zum Beispiel verhindert werden, dass ein Nutzer den Wert des Attributs **`zustand`** eines Objekts der Klasse **`Eintrittskarte`** von **`"abgeholt"`** auf **`"verfuegbar"`** oder auf einen unsinnigen Wert wie z. B. **`"aufgegessen"`** setzt. Zum Vergleich: Der Nutzer eines Autos darf den Zündschlüssel umdrehen, nicht aber den Wert der Zündspannung frei regulieren.
„**`public class`**" gibt an, dass die Klasse von Nutzern verwendet werden kann, um Objekte zu erzeugen (öffentliches Zugriffsrecht).

Syntax (formaler Aufbau) einer Klasse:

```
public class Klassenname{
  private typ1 attributname1;
  private typ2 attributname2;
  ...
  ... // Methoden
}
```

In Java werden am Ende jeder Deklaration und nach Anweisungen Strichpunkte gesetzt.

Hinweise:

- Bei der Deklaration einer Variablen wird ein dem Typ entsprechender Speicherbereich festgelegt, mit dem unter Verwendung des Variablennamens gearbeitet werden kann.
  Einige einfache Datentypen:

Datentyp	Beschreibung	Werte	Speicherbedarf
`boolean`	Wahrheitswert	**`true; false`**	1 Bit
`int`	ganze Zahl	`-3; 0; 5; ...`	32 Bit
`double`	Dezimalzahl	`3.27; ...`	64 Bit
`char`	einzelnes Zeichen	`'a'; '5'; ...`	16 Bit

- Programme sollten mithilfe der Symbole // (eine Zeile) oder /*... */ (mehrere Zeilen) durch Kommentare ergänzt werden, die bei der Ausführung des Programms ignoriert werden, aber den Programmcode für Software-Entwickler, die ihn lesen, verständlicher machen (↗Bild 1).
- Bevor wir Objekte der Klasse Eintrittskarte erzeugen können, muss der Programmcode der Programmiersprache Java in einen für den Prozessor lesbaren Code übersetzt werden (↗Bild 2 und Abschnitt 3.5).
- Typen wie **`boolean`**, **`int`**, **`double`** (Dezimalzahl) und **`char`**, deren Werte Wahrheitswerte, Zahlen oder einzelne Zeichen sind, heißen **einfache Datentypen (Typen).**
- In der Klasse **`Eintrittskarte`** ist das Attribut **`zustand`** vom Typ **`String`** und hat eine Zeichenkette, zum Beispiel **`"verfuegbar"`**, als Wert. Dieser wird aus mehreren Werten vom Datentyp **`char`** (Zeichen) zusammengesetzt. Man spricht von

```
/* Zustand der
Eintrittskarte*/
String zustand;
int nummer; // Kartennummer
```

1 Beispiele für Kommentare (in grauer Farbe)

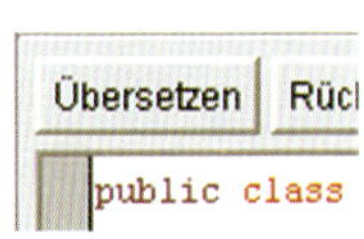

2 In unserer Entwicklungsumgebung wird der Programmcode durch Anklicken des Knopfs „Übersetzen" übersetzt.

`String` als zusammengesetzter Datentyp:
`'A' + 'n' + 'n' + 'a'` ergibt `"Anna"`.

einem **zusammengesetzten Datentyp (Typ)**. In Java sind zusammengesetzte Typen als Klassen umgesetzt, die neben Attributen für Daten auch Methoden bereitstellen, mit denen man mit diesen Daten arbeiten kann. Java stellt eine Klasse `String` zur Verfügung.

- Bei der Programmierung in Java werden große und kleine Buchstaben unterschieden. So sind zum Beispiel `opernName` und `opernname` zwei verschiedene Variablennamen.

Rechteck
– laenge: double – breite: double – farbe: String

1 Klassenkarte `Rechteck`

Klasse
– jahrgangsstufe: ??? – buchstabe: char – schuelerzahl: ??? – zweig: ???

2 Klassenkarte `Klasse`

Schueler
– name: ??? – vorname: ??? – jahrgangsstufe: ??? – durchschnittsnote: ??? – weiblich: boolean

3 Klassenkarte `Schueler`

2.18 Umsetzung einer Klasse in Java

Setzen Sie die nebenstehenden Klassen (Bild 1, 2 und 3) in ein Java-Programm um! Wählen Sie selbst einen sinnvollen Typ für die Attribute, bei denen keiner angegeben ist.

2.19 Sparkonto

Modellieren Sie ein Sparkonto als Klasse mit mindestens 4 Attributen! Geben Sie auch den Typ der Attribute in der Klassenkarte an!
Setzen Sie ihr Modell in Java um! (↗ Aufgabe 2.23)

2.20 Parkschranke

Erstellen Sie eine Klassenkarte (ohne Methoden) für die Parkschranke aus Aufgabe 2.12 und setzen Sie diese in Java um! (↗ auch Aufgabe 2.24)

2.21 Was ist hier falsch?

Bei der Umsetzung der folgenden Klassen sind Fehler gemacht worden. Finden und berichtigen Sie diese Fehler!

Kreis
– mx: double – my: double – radius: double

```
public Kreis{
    private mx double;
    private my double;
    private radius int;
}
```

Verein
– name: String – spiele: int – punkte: int

```
public class Verein{
}
    private string name;
    private int spiele;
    private int punkte;
```

2.4 Initialisierung von Objekten; Wertzuweisung

Klassen sind Fabriken, mit denen Objekte gebaut werden können. Ist eine Klasse geschrieben, existiert zunächst noch kein Objekt dieser Klasse. Erst muss die Fabrik in Gang gesetzt werden, um ein Objekt herzustellen.

Experiment: Als Nutzer einer solchen Fabrik erzeugen wir ein Objekt der Klasse `Eintrittskarte` (↗Bild 2). Bei der Inspektion seines Attributs `zustand` stellen wir aber fest, dass dieses leider nicht den gewünschten Anfangswert `"verfuegbar"`, sondern den Wert `null` besitzt.

Wie können wir erreichen, dass ein neues Objekt der Klasse `Eintrittskarte` gleich im Zustand `"verfuegbar"` ist?
Bei der Erzeugung des Objekts wird ein sogenannter **Konstruktor** aufgerufen, der Anweisungen enthalten kann, die für die Erzeugung von neuen Objekten von Bedeutung sind. Indem wir als Anbieter der Klasse diesen Konstruktor neu schreiben, können wir diesen Bauvorgang unseren Bedürfnissen entsprechend gestalten. Wir werden im Konstruktor die folgende Anweisung geben: `zustand = "verfuegbar".`
Dadurch wird der Wert des Attributs `zustand` auf `"verfuegbar"` gesetzt. Eine solche Anweisung heißt Wertzuweisung.

> Eine **Wertzuweisung** ersetzt den alten Wert einer Variablen durch den zugewiesenen Wert.

In verschiedenen Programmiersprachen werden für Wertzuweisungen unterschiedliche Symbole verwendet.
Zum Beispiel schreibt man `zustand <- "verfuegbar"` oder `zustand := "verfuegbar"`. Man spricht: „`zustand` wird zu `"verfuegbar"`" (↗Bild 3). Java benutzt das „="-Zeichen, auch wenn eine Wertzuweisung nichts mit einer Gleichung zu tun hat.

Umsetzung der Klasse `Eintrittskarte` mit dem neuen Konstruktor:

```
public class Eintrittskarte{
    private String zustand;
    ... //Deklaration der Attribute

    public Eintrittskarte(){  // Konstruktor
        /*Wert des Attributs zustand auf
         "verfuegbar" setzen*/
        zustand = "verfuegbar";
    }
    ...
}
```

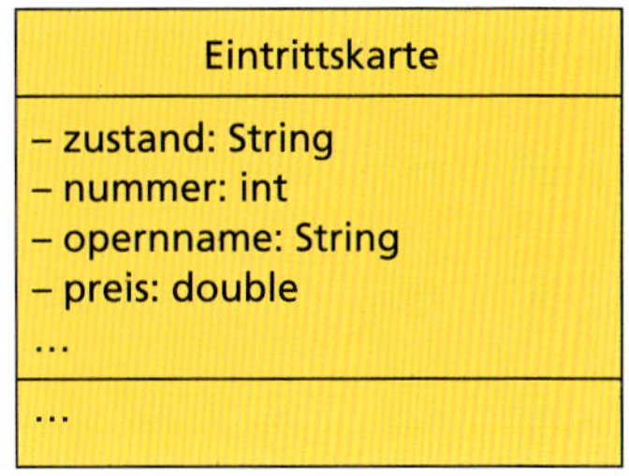

1 Klassenkarte `Eintrittskarte`

2 Ein Objekt der Klasse `Eintrittskarte` können wir erzeugen, indem wir mit der rechten Maustaste auf das Klassensymbol in unserer Entwicklungsumgebung klicken. Im darauf angebotenen Menü wählen wir „new Eintrittskarte()". Es entsteht ein Objekt mit dem Namen `eintritt1`.

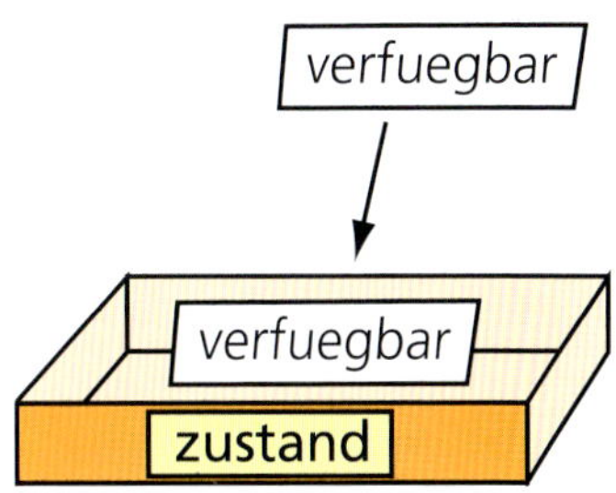

3 Wertzuweisung: Dem Attribut `zustand` wird der Wert `"verfuegbar"` zugewiesen.

Hinweis: Da **`String`** eine Klasse ist (↗Abschnitt 2.3), sind Variablen dieses Typs wie das Attribut **`zustand`** selbst Objekte (eigentlich Referenzen auf Objekte, ↗Abschnitt 4.2). Durch die Anweisung **`zustand = "verfuegbar";`** wird das Objekt **`zustand`** erst erzeugt, bevor ihm der Wert **`"verfuegbar"`** zugewiesen wird. Anstelle dieser Anweisung könnte man auch schreiben:

```
zustand = new String("verfuegbar");
```

Der Konstruktor **`Eintrittskarte()`** kann nun mit dem Aufruf new Eintrittskarte() gestartet werden.

Der Konstruktor baut selbstverständlich keine Eintrittskarten aus Papier, die man in die Tasche stecken kann und beim Besuch der Oper vorzeigt, sondern nur das Abbild einer Karte auf den Computern der Kartenvertreiber.

Bei der *Erzeugung* eines Objekts wird ein **Konstruktor** aufgerufen, mit dem Anfangswerte von Attributen festgelegt werden können. Man sagt, das Objekt wird **initialisiert.**

Hinweise:

- Der Name des Konstruktors ist immer der Klassenname und wird deshalb im Gegensatz zu den Namen von Attributen und Methoden groß geschrieben.
- Schreibt ein Programmierer keinen Konstruktor, wird von einer Java-Entwicklungsumgebung automatisch ein Konstruktor erstellt, der den Attributen sogenannte **Standardwerte (Default-Werte)** zuweist. Dieser Konstruktor ist im Programmcode nicht zu sehen. Standardwerte in Java:

Datentyp	**Standardwert**
`boolean`	`false`
`int`	`0`
`double`	`0.0`
`String` und andere Klassen	`null`

- Das Zugriffsrecht auf den Konstruktor ist in der Regel öffentlich (**`public`**), damit er von Nutzern aufgerufen werden kann.

Initialisierung mithilfe von Eingangsparametern

Jetzt soll auch das Attribut **`nummer`** gleich beim Aufruf des Konstruktors einen Wert zugewiesen bekommen.

Experiment:
Wir ändern den Konstruktor der Klasse **`Eintrittskarte`**, indem wir ihn durch die Anweisung **`nummer = 17`** ergänzen:

```
public Eintrittskarte(){
      zustand = "verfügbar";
      nummer = 17;
}
```

Nun erzeugen wir dreimal ein Objekt der Klasse **`Eintrittskarte`**, indem wir **`new Eintrittskarte()`** aufrufen. Wenn wir das Attribut **`nummer`** inspizieren, werden wir feststellen, dass es bei allen drei Karten den Wert `17` hat. Das kann Ärger geben, wenn drei Opernbesucher sich auf den gleichen Platz setzen wollen!

1 Drei Karten mit der Nummer 17.

Es sollte also möglich sein, Karten mit verschiedenen Nummern herzustellen. Der Nutzer muss die Nummer der Karte bestimmen können, wenn ein Objekt der Klasse **`Eintrittskarte`** neu erzeugt wird. Wenn wir als Entwickler der Klasse den Konstruktor schreiben, wissen wir natürlich nicht, welche das sein wird. Also benötigen wir eine Variable, die für den Wert steht, den der Nutzer eingeben wird: einen Eingangsparameter. Wir bezeichnen diesen mit **`neueNummer`**, da der Name **`nummer`** schon für das Attribut **`nummer`** vergeben ist.

```
public Eintrittskarte(int neueNummer){
     zustand = "verfuegbar";
     /* Das Attribut nummer wird auf den Wert
      des Eingangsparameters neueNummer
      gesetzt. */
     nummer = neueNummer;
}
```

Hinweis: Die Variable **`neueNummer`** ist nur innerhalb des Konstruktors bekannt und wird nach dessen Ausführung vernichtet.

Syntax eines Konstruktors in Java:

```
public Klassenname(typ1 parametername1,
                   typ2 parametername2, ...){
       ...// Anweisungen
}
```

Anfangswerte von Attributen können über Werte von **Eingangsparametern** festgelegt werden, die der Nutzer beim Aufruf des Konstruktors bestimmt.

Hinweis: Anfangswerte können auch schon bei der Deklaration einer Variablen gesetzt werden.
Ein Beispiel: `private int nummer = 38;`
Allerdings hat hier der Nutzer keinen Einfluss auf die Wahl des Anfangswerts.

Klickt man in unserer Entwicklungsumgebung mit der rechten Maustaste auf das Klassensymbol, erscheint die Zeile **`new Eintrittskarte(int neueNummer)`**.

Anschließend wird der Nutzer aufgefordert, die gewünschte Nummer über die Tastatur einzugeben.

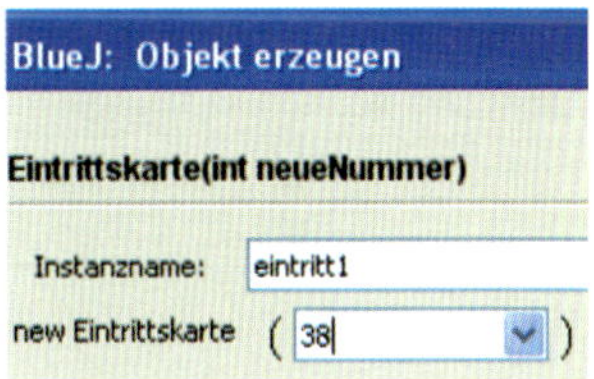

Nach Eingabe einer Zahl, z.B. 38, wird der Variablen **`neueNummer`** der Wert `38` zugewiesen und schließlich die Anweisung
`nummer = neueNummer`
ausgeführt, die auch das Attribut **`nummer`** auf den Wert `38` setzt.

Vergleich: Gleichung und Wertzuweisung

In der Mathematik steht $x=x+1$ bekanntlich für eine Gleichung, die für keinen reellen Zahlenwert von x eine wahre Aussage ergibt.

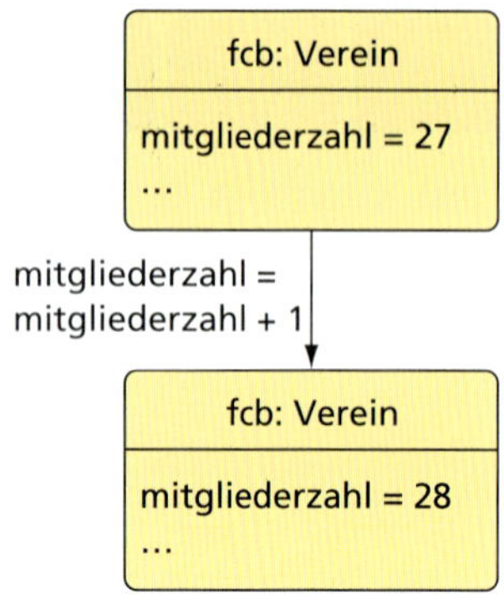

1 Wertzuweisungen verändern den Zustand eines Objekts.

Es gilt nämlich: Aus x=x+1 folgt 0=1, die Lösungsmenge ist die leere Menge.
Die Bedeutung des „="-Zeichens in der Programmiersprache Java ist eine ganz andere. Die Wertzuweisung
`mitgliederzahl = mitgliederzahl + 1`
zum Beispiel beinhaltet folgende Anweisung an den Rechner: „Lies den Wert der Variablen mit dem Namen `mitgliederzahl`, erhöhe ihn um `1` und speichere das Ergebnis wieder unter dem Variablennamen `mitgliederzahl`."
Dabei wird der alte Wert der Variablen gelöscht. Diese Anweisung könnte in einer Methode stehen, die aufgerufen wird, wenn ein neues Mitglied einem Verein beitritt.

2.22 Eintrittskarte

Ändern Sie den Konstruktor der Klasse `Eintrittskarte` so, dass der Nutzer bei Erzeugung eines Objekts neben der Kartennummer auch den Namen der Oper und den Preis einer Karte als Werte von Eingabeparametern übergeben kann!
(↗ auch Aufgabe 2.31)

2.23 Sparkonto

Schreiben Sie für die Klasse `Sparkonto`, deren Attribute Sie in Aufgabe 2.19 deklariert haben, einen Konstruktor, mit dem ein neues Konto eröffnet werden kann!
(↗ auch Aufgabe 2.35)

2.24 Parkschranke

Schreiben Sie einen Konstruktor für die Klasse Parkschranke aus den Aufgabe 2.20!
(↗ auch Aufgabe 2.32)

2.25 Wertzuweisungen

`kruemel` und `keks` sind zwei Variablen vom Typ `int`. `kruemel` hat den Anfangswert `1`, `keks` den Anfangswert `1000`. In einem Java-Programm steht die Zeile „`kruemel = keks`". Hans-Otto meint: „Genauso gut könnte man ‚`keks = kruemel`' schreiben".
Entscheiden Sie, ob er Recht hat und begründen Sie Ihre Entscheidung!

2.26 Vertauschen von Variablen

Rüdiger möchte in einem Programm die Werte der Variablen x und y vertauschen und schreibt:

```
x = y; // Setze x auf den Wert der Variablen y.
y = x; // Setze y auf den Wert der Variablen x.
```

Anfangs hat `x` den Wert `15` und `y` den Wert `27`. Welche Werte haben die Variablen nach den Wertzuweisungen? Was hat Rüdiger nicht beachtet? (↗ auch Aufgabe 3.15)

2.27 Eine Folge von Wertzuweisungen

Betrachten Sie die vier folgenden Wertzuweisungen:

(1) `a = 3.0;` (2) `a = a * a; // Multiplikation`

(3) `a = 1.0 + a;` (4) `a = 1.0 / a; // Division`

Die Variable `a` ist vom Typ `double`.

a) Welchen Wert hat `a`, nachdem die Wertzuweisungen nacheinander ausgeführt wurden?
b) Ersetzen Sie die Wertzuweisungen (2), (3) und (4) durch eine einzige!

2.28 Typen

Die Klasse `Test` besitzt Attribute mit den Namen `a`, `b`, `c` und `d`, sowie den folgenden Konstruktor:

```
public Test(){
   a = 9;
   b = "9";
   c = '9';
   d = 9.0;
}
```

Nennen Sie die Typen der vier Attribute!

2.29 Fehler

Das folgende Programm enthält mehrere Fehler. Finden und berichtigen Sie diese!

```
public class Artikel{
     private int artikelnummer;
     private String bezeichnung;
     private int preis;
     public Konstruktor(int nr, double p){
          artikelnummer = nr;
          bezeichnung = bez;
          preis = p;
}
```

2.5 Methoden und Zustandsübergänge

Sondierende Methoden

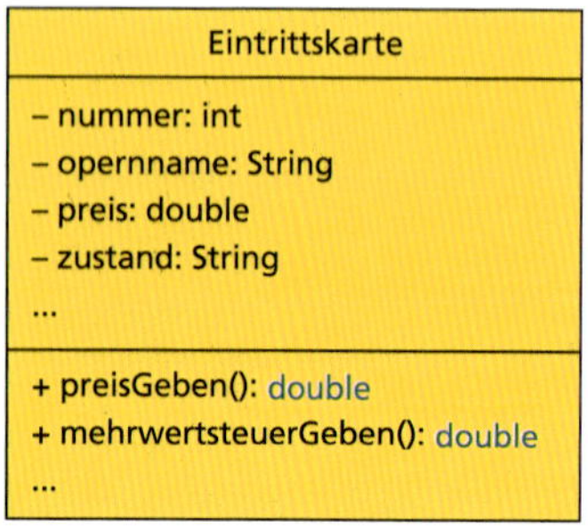

1 Klassenkarte `Eintrittskarte` mit sondierenden Methoden und deren Rückgabetyp.

Der Nutzer eines Objekts der Klasse `Eintrittskarte` soll die Möglichkeit haben, den Preis einer Karte und den Betrag der darin enthaltenen Mehrwertsteuer zu ermitteln. Dazu wollen wir ihm als Software-Entwickler geeignete Methoden zur Verfügung stellen: sogenannte **sondierende Methoden.** Eine solche Methode gibt eine angeforderte Information als Wert eines bestimmten Typs an den Nutzer aus. Der Typ des zurückgegebenen Werts (kurz: Rückgabetyp) kann in einer Klassenkarte festgehalten werden (↗Bild 1). Für die Klasse `Eintrittskarte` schreiben wir die Methoden `preisGeben()` und `mehrwertsteuerGeben()`, die beide einen Geldbetrag in Euro, also einen Wert vom Typ `double` zurückgeben.

Da die Ausgabe eines Werts zuerst vom Nutzer durch einen Methodenaufruf angefordert werden muss, sagt man in der Informatik statt „Ausgabe" auch **„Rückgabe"** des Werts.

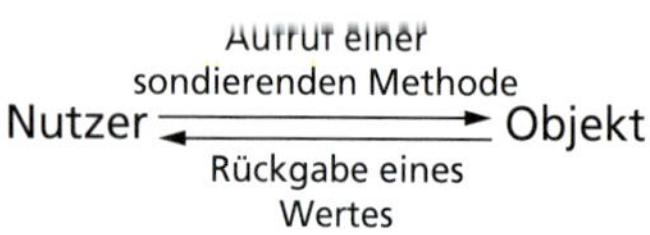

Zunächst setzen wir die Methode `preisGeben()` um. Da sie von Nutzern aufgerufen werden soll, ist das Zugriffsrecht auf sie öffentlich (`public`). Der Rückgabetyp `double` steht vor dem Methodennamen. Die Methode macht nichts weiter als den Wert des Attributs `preis` an den Nutzer zu geben. Dies geschieht durch `return preis`.

```
public double preisGeben(){  // Rückgabetyp double
     /* Der Rückgabewert ist der Wert des Attributs
     preis. */
     return preis;
}
```

Bevor wir die Methode `preisGeben()` testen, ergänzen wir die Anweisungen im Konstruktor durch zum Beispiel `preis = 15.00`, damit das Attribut `preis` einen sinnvollen Wert besitzt.

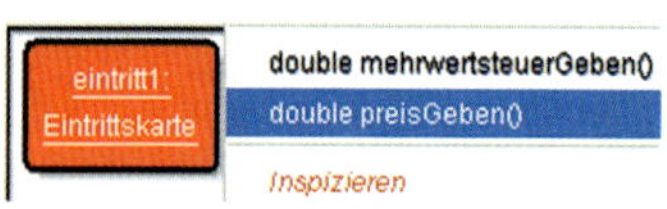

2 Methoden der Klasse `Eintrittskarte` mit öffentlichem Zugriffsrecht

2.30 Ersetzen Sie das Zugriffsrecht auf die Methode `preisGeben()` durch `private`! Erzeugen Sie ein Objekt der Klasse `Eintrittskarte` und versuchen Sie, die Methode aufzurufen! Was können Sie beobachten?

Die Umsetzung der Methode `mehrwertsteuerGeben()` ist etwas aufwendiger, da die im Preis enthaltene Mehrwertsteuer nicht als Attributwert verfügbar ist. Diese kann aber aus dem Bruttopreis berechnet werden. Das Ergebnis dieser Berechnung wird in einer Variablen `mehrwertsteuer` gespeichert und mit `return mehrwertsteuer` an den Nutzer gegeben. Da diese Variable innerhalb der Methode deklariert wird, ist ihr Name nur dort bekannt. Ein solche Variable nennt man **lokale Variable.**

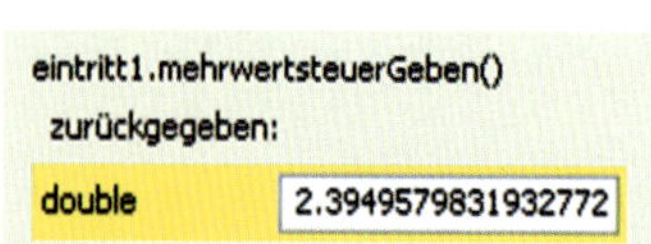

3 Im Preis (15,00 €) enthaltene Mehrwertsteuer in €.

```
public double mehrwertsteuerGeben(){
        double mehrwertsteuer; //lokale Variable
        /* Berechnung der Mehrwertsteuer aus dem
        Bruttopreis, der 119 % des Nettopreises
        entspricht */
        mehrwertsteuer = preis/119*19;
        return mehrwertsteuer;
}
```

Rechenzeichen (Operatoren):

Addition	+
Subtraktion	-
Multiplikation	*
Division	/

Variablen, die innerhalb von Methoden deklariert werden, heißen **lokale Variablen.** Sie stehen nur zur Verfügung, während die Methode ausgeführt wird, und werden anschließend vernichtet.

Attribut	**lokale Variable**
Sein Name ist innerhalb der Klasse bekannt.	Ihr Name ist nur innerhalb einer Methode bekannt.
Es existiert, solange das Objekt existiert.	Sie wird nach Ausführung der Methode vernichtet.
Bei Änderung des Wertes ändert sich der Zustand des Objekts.	Eine Änderung des Wertes hat keinen direkten Einfluss auf den Objektzustand.

Attribute und lokale Variablen:

```
public class Klassenname{
  private typ1 attribut;
  public rueckgabetyp
              methodenname(...){
      typ2 lokaleVariable;
      ...
  }
}
```

Nach einer weiteren Mehrwertsteuererhöhung wäre die Methode **`mehrwertsteuerGeben()`** unbrauchbar, da sie immer mit dem Mehrwertsteuersatz 19 % rechnet. Wir ändern die Methode **`mehrwertsteuerGeben()`** in eine Methode **`mehrwertsteuerGeben(double mwstsatz)`**, bei der der Nutzer den aktuellen Mehrwertsteuersatz mithilfe eines Eingangsparameters eingeben kann.

```
public double mehrwertsteuerGeben(double mwstsatz){
        double mehrwertsteuer;
        mehrwertsteuer = preis/(100+mwstsatz)*mwstsatz;
        return mehrwertsteuer;
}
```

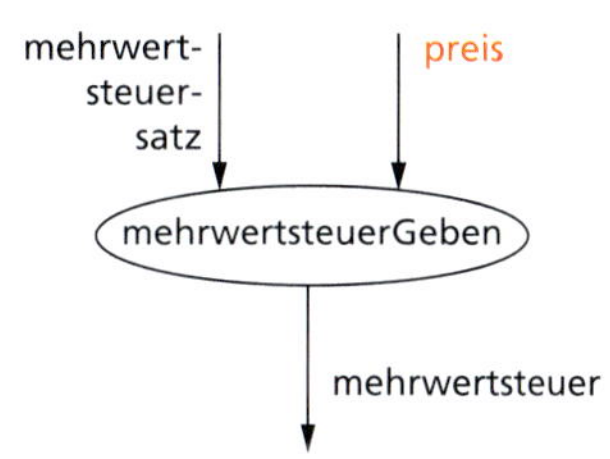

1 Datenflussdiagramm der Methode **`mehrwertsteuerGeben(...)`**

„Methoden, die an den Nutzer Informationen zurückgeben und dabei den Objektzustand nicht verändern, heißen **sondierende Methoden.**

Syntax sondierender Methoden:

```
public rueckgabetyp methodenname(typ1 parametername1,
                                 typ2 parametername2, ...){
         ...// Anweisungen
         return rueckgabewert;
}
```

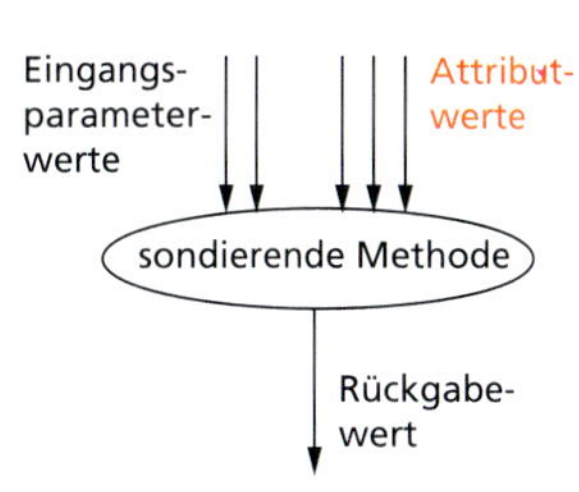

2 Datenflussdiagramm einer sondierenden Methode

Verändernde Methoden

Eintrittskarte
- preis: double ...
+ preisGeben(): double + mehrwertsteuerGeben(double): double + preisAendern(double): void ...

1 Klassenkarte `Eintrittskarte`

Nachdem der Kartenverkauf für die moderne Oper „Rotkäppchen in New York" nur schleppend angelaufen ist, sollen die verbliebenen Karten zum Sonderpreis von 10 € angeboten werden. Zu diesem Zweck soll die Änderung des Attributwerts von **`preis`** eines bereits erzeugten Objekts der Klasse **`Eintrittskarte`** durch den Nutzer mithilfe der Methode **`preisAendern(double)`** möglich sein. Dabei muss der neue Preis als Eingangsparameterwert übergeben werden.
Der Datentyp dieses Wertes (hier: **`double`**) wird im Klassendiagramm in den Klammern hinter dem Methodennamen vermerkt (↗Bild 1). Nach Aufruf der Methode **`preisAendern(...)`** wird das Attribut **`preis`** durch eine Wertzuweisung auf den neuen Wert gesetzt.

Umsetzung der Methode:

```
public void preisAendern(double neuerPreis){
     preis = neuerPreis;
}
```

void, engl.: leer

Da die Methode **`preisAendern(...)`** keinen Rückgabewert an den Nutzer liefern soll, schreibt man statt eines Rückgabetyps das Wort **`void`** vor den Methodennamen.
Die Anweisung **`return...`** ist überflüssig.

Syntax von Methoden ohne Rückgabewert:

```
public void methodenname(typ1 parametername1,
                              typ2 parametername2, ...){
     ...// Anweisungen
}
```

Im Gegensatz zu sondierenden Methoden, die nur Informationen über ein Objekt geben können, kann mithilfe der Methode **`preisAendern(...)`** ein Attributwert verändert werden.

Auch Methoden mit Rückgabewert sind verändernde Methoden, wenn sie den Objektzustand verändern.

Methoden, mit denen Attributwerte von Objekten verändert werden können, nennt man **verändernde Methoden.**

Ereignisse in Zustandsdiagrammen

Wie in Abschnitt 2.3 erläutert kann der Zustand eines Objekts der Klasse **`Eintrittskarte`** innerhalb des Zustandsdiagramms in Bild 2, S. 37 mithilfe des Attributs **`zustand`** beschrieben werden. Ist zum Beispiel der Wert dieses Attributs **`"verfuegbar"`** und tritt das Ereignis **`reservieren`** ein, muss er auf **`"reserviert"`** geändert werden. Den Eintritt dieses Ereignisses soll der Nutzer durch Aufruf einer verändernden Methode mit dem Namen **`reservieren()`** verursachen können. Analog werden für die anderen Ereignisse die Methoden **`reservierungAufheben()`**, **`durchUeberweisungBezahlen()`**, **`abholen()`** und **`barBezahlenAbholen()`** modelliert.

> **Ereignisse** in Zustandsdiagrammen können mithilfe von **verändernden Methoden** in ein objektorientiertes Programm umgesetzt werden.

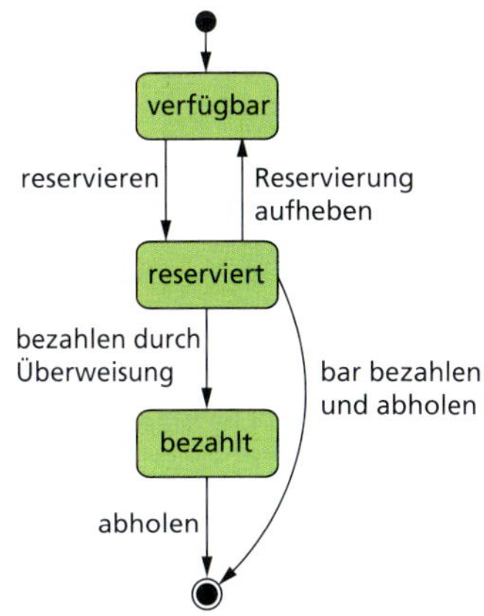

1 Zustandsdiagramm einer Eintrittskarte

Lothar behauptet, die Umsetzung des Zustandsdiagramms in Java sei ganz einfach und schreibt gleich die Methode **`reservieren()`**:

```
public void reservieren(){
     zustand = "reserviert";
}
```

Was hat er übersehen?
Dem Nutzer eines Objekts stehen zu jedem Zeitpunkt alle (öffentlichen) Methoden zur Verfügung. So kann er zum Beispiel die Methode **`reservieren()`** auch dann aufrufen, wenn sich das Objekt der Klasse **`Eintrittskarte`** schon im Zustand **`"bezahlt"`** befindet. Bei Lothars Umsetzung der Methode würde auch in diesem Fall der Zustand auf **`"reserviert"`** gesetzt werden können, was dem Zustandsdiagramm zufolge nicht möglich sein darf. Bedienungsfehler der Nutzer des Kartenvertriebsprogramms würden schwerwiegende Folgen haben und ein Opernfreund würde sich zu Recht beschweren, wenn er seine Karte mehrmals bezahlen soll.

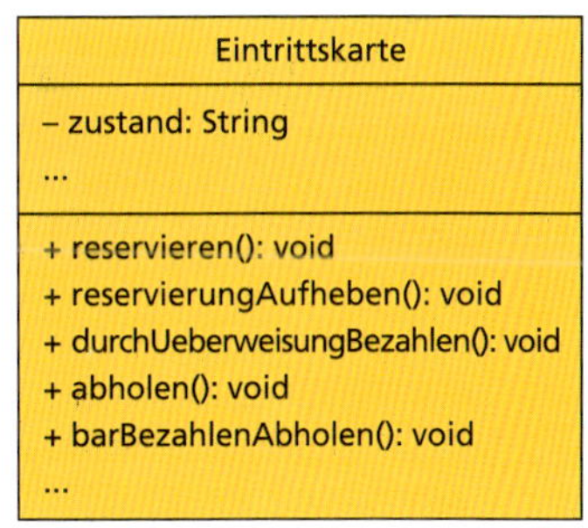

2 Klassenkarte **`Eintrittskarte`**

Es muss also sichergestellt werden, dass beim Aufruf der Methode **`reservieren()`** der Zustand nur unter der Bedingung auf **`"reserviert"`** gesetzt wird, wenn sich das Eintrittskartenobjekt im Zustand **`"verfuegbar"`** befindet.
Um zu überprüfen, ob diese Bedingung erfüllt ist, benötigen wir eine sondierende Methode, die in der Lage ist, den Wert des Attributs **`zustand`** mit der Zeichenkette **`"verfuegbar"`** zu vergleichen. Diese Methode kann dem Nutzer nur zwei mögliche Informationen geben: **`true`** (wahr, bei Gleichheit) oder **`false`** (falsch, sonst). Sie gibt also einen Wert vom Typ **`boolean`** zurück. Objekte der Java-Klasse **`String`** stellen eine solche Methode bereit: die Methode **`equals(...)`**. Sie kann über den Namen des **`String`**-Objekts mithilfe der Punktnotation aufgerufen werden: **`zustand.equals("verfuegbar")`**.

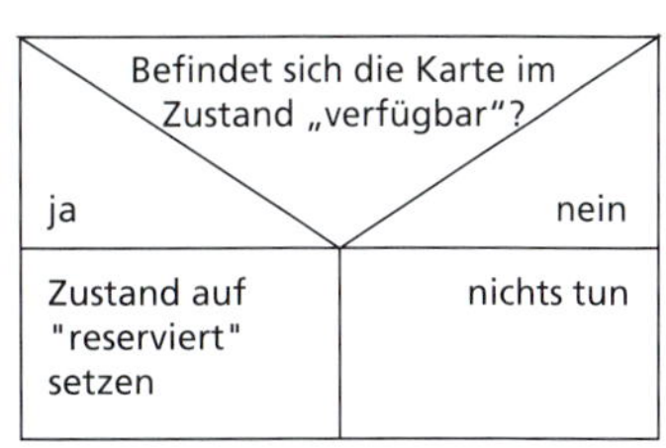

2 Struktogramm der Methode **`reservieren()`**

equals, engl.: gleicht, ist identisch mit

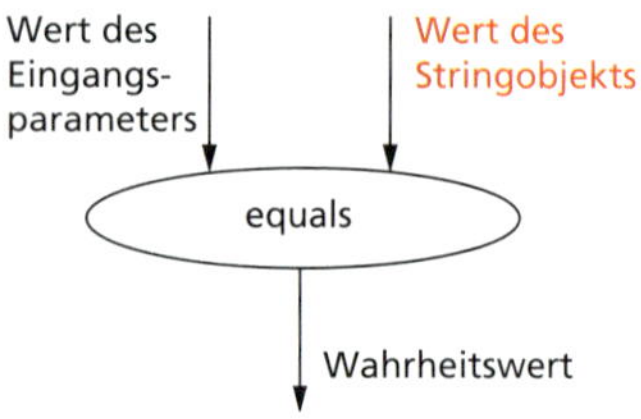

1 Datenflussdiagramm der Methode `eqals (...)`

Die Methode `equals (...)` gibt den Wert `true` zurück, wenn der Wert des `String`-Objekts (hier `zustand`) mit dem als Eingangsparameter in Klammern übergebenen Wert identisch ist. Nur in diesem Fall darf der Zustandsübergang auf `"reserviert"` durchgeführt werden. Diese Fallunterscheidung wird mit einer bedingten Anweisung umgesetzt. Dabei ist eine Bedingung ein Term, der die Werte `true` (wahr) oder `false` (falsch) annehmen kann (↗ auch S. 62). Syntax einer bedingten Anweisung:

```
if (Bedingung){
      Anweisung(en)
}
```

Die Anweisungen werden nur ausgeführt, wenn eine Überprüfung der Bedingung den Wert `true` liefert.
Umsetzung der Methode `reservieren()`:

```
public void reservieren(){
    /* Falls der Wert des Attributs zustand der
       Zeichenkette "verfuegbar" gleicht, setze
       zustand auf "reserviert". Sonst tue nichts. */
    if (zustand.equals("verfuegbar")){
       zustand = "reserviert";
    }
}
```

Beispiel einer bedingten Aneisung in der Entwicklungsumgebung Karol:

```
wenn istWand dann
    rechtsdrehen()
*wenn
```

Hinweise:

- Der Nutzer des Dienstes `equals (...)` des Objekts `zustand` ist hier nicht ein Nutzer der Entwicklungsumgebung, sondern ein Objekt der Klasse `Eintrittskarte`.
- Jede Klasse in Java besitzt eine Methode `public boolean equals (...)`, mit der ein Objekt dieser Klasse mit einem anderen Objekt verglichen werden kann.

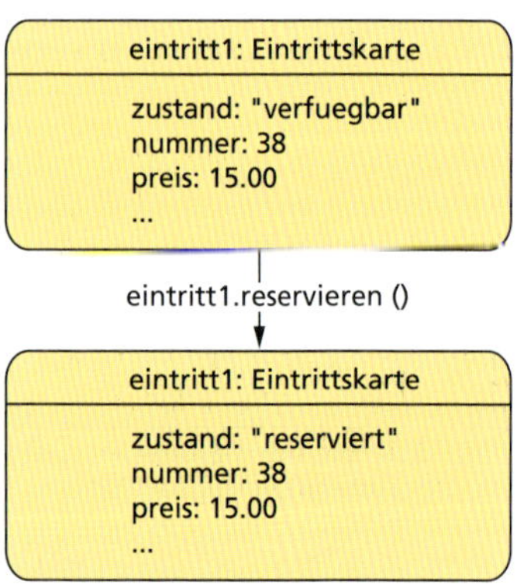

2 Zustandsänderung des Eintrittskarten-Objekts `eintritt1` bei Aufruf der Mehode `reservieren (...)`

2.31 Eintrittskarte

Setzen Sie auch die Methoden `reservierungAufheben()`, `durchUeberweisungBezahlen()`, `abholen()` und `barBezahlenAbholen()` in Java um!

2.32 Parkschranke

Setzen Sie das Zustandsdiagramm für eine Parkschranke aus Aufgabe 2.12 in ein Programm um!

2.33 Bibliothek

Setzen Sie das Zustandsdiagramm für ein Buch einer Bibliothek aus Aufgabe 2.9 (↗ S. 31, Bild 1) in ein Programm um!

2.34 Rechteck

Schreiben Sie eine Klasse **`Rechteck`** mit den Attributen **`laenge`** und **`breite`** und den sondierenden Methoden **`umfangGeben()`** und **`flaecheninhaltGeben()`**!

2.35 Sparkonto

Schreiben Sie für die Klasse **`Sparkonto`** (Aufgaben 2.19 und 2.23) die Methoden **`jahreszinsenGeben(double zinssatz)`** und **`einzahlen(double betrag)`**! Wird die Methode **`jahreszinsenGeben(...)`** aufgerufen, soll der Jahreszins in Euro zurückgegeben werden. Dabei wird angenommen, dass der Kontostand konstant bleibt.

2.36 Body-Mass-Index

Schreiben Sie eine Klasse **`Fitnesstest`** mit einer Methode **`bmiGeben(...)`**, mit der der Nutzer nach Eingabe seiner Größe und seiner Masse über Eingangsparameter seinen Body-Mass-Index (bmi = $\frac{\text{Masse in kg}}{(\text{Größe in m})^2}$) erfragen kann!

2.37 Fehlersuche

Die Methoden der Klasse **`Kreis`** im folgenden Programm enthalten grundlegende Fehler. Begründen Sie, was nicht korrekt ist!

```
public class Kreis{
   private double radius;
   private double flaecheninhalt;
   public Kreis(double neuerRadius){
        radius = neuerRadius;
   }
   public double umfangGeben(){
        double umfang;
        umfang = 2 * 3.1416 * radius;
   }
   public void flaecheninhaltBerechnen(){
        double inhalt;
        inhalt = 3.1416 * radius * radius;
        return inhalt;
   }
   public void umfangAendern(double neuerUmfang){
        umfang = neuerUmfang;
   }
}
```

2.6 Zustandsübergänge mit Bedingungen

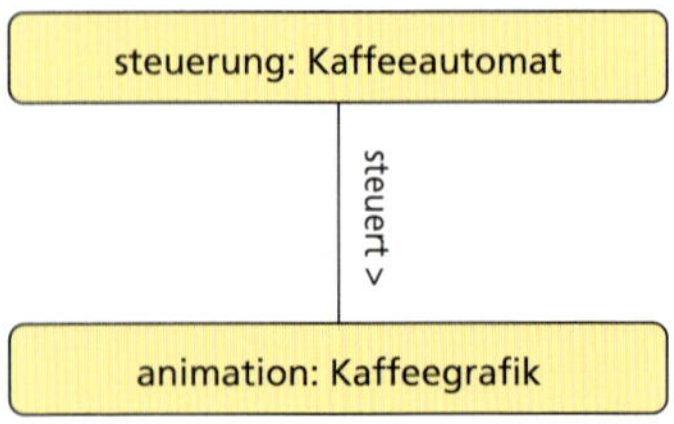

1 Die Objekte `steuerung` und `animation` gehen eine Beziehung ein. So kann eine Kaffeeautomaten-Simulation umgesetzt werden.

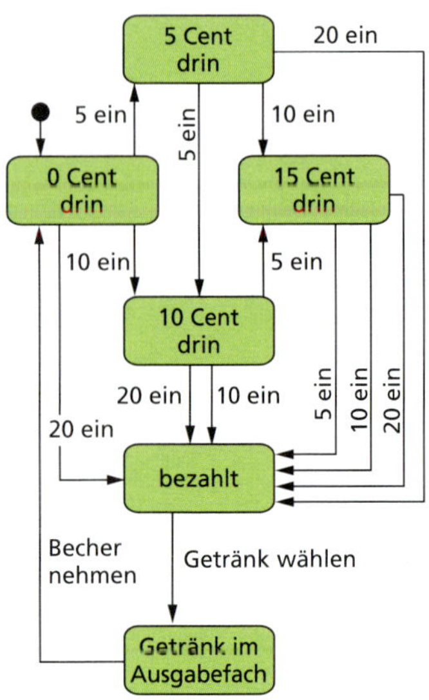

2 Mögliches Zustandsdiagramm eines Kaffeeautomaten ohne Bedingungen. Statt „5 Cent einwerfen" schreiben wir kurz „5 ein", usw. Der Kaffee wird hier zu einem unrentablen Selbstkostenpreis von 20 Cent angeboten. Weiter nimmt dieser Automat nur Münzen bis 20 Cent an. Besonders übersichtlich ist das Diagramm trotzdem nicht. Preiserhöhungen würden noch für deutlich mehr Wirrwarr sorgen.

Im Zusammenhang mit der Steuerung eines kleinen Roboters haben Sie in der Unterstufe bereits Bedingungen kennengelernt. Sie haben versucht, Kollisionen zu vermeiden und dabei mit Bedingungen wie `IstWand` oder `NichtIstWand` gearbeitet. In der 9. Klasse wurden in einem Rechenblatt je nach Wahrheitswert einer Bedingung passende Terme ausgewertet.
In diesem Kapitel lernen Sie, dass auch in ein Zustandsmodell Bedingungen integriert werden können.

Ein Kaffeeautomat bietet mehrere Getränke an: „Kaffee", „Kaffee mit Milch", „Tee", ... Jedes Getränk kostet gleichviel. Der Benutzer des Automaten muss solange Münzen (5 Cent, 10 Cent, 20 Cent, ...) einwerfen, bis die Summe der Münzwerte den Getränkepreis erreicht hat. Anschließend kann er ein Getränk wählen. Der Automat reagiert auf die Getränkewahl mit der Ausgabe eines entsprechend gefüllten Plastikbechers in einem Ausgabefach. Erst wenn der Becher aus dem Fach herausgenommen wird, kann ein neues Getränk geordert werden. Der Automat besitzt eine elektronische Anzeige, von der man während des Münzeinwurfs den bereits bezahlten Betrag ablesen kann. Wenn der Preis vollständig bezahlt ist, wird der Benutzer via Anzeige aufgefordert, ein Getränk zu wählen. Münzen werden nun nicht mehr angenommen. Auf die Integration einer Abbruchtaste und auf die Modellierung einer Wechselgeldrückgabe wollen wir an dieser Stelle verzichten.
Im Folgenden wird das Modell eines Kaffeeautomaten entworfen. Zusammen mit der aus Kapitel 1 bekannten Kaffeegrafik kann eine Simulation umgesetzt werden (↗ Bild 1).

Aufgrund der vielen möglichen Kombinationen eingeworfener Münzen könnte unser Kaffeeautomat mit sehr vielen verschiedenen Zuständen modelliert werden (zum Beispiel `5 Cent im Automaten` (kurz: `5 Cent drin`), `15 Cent im Automaten` (kurz: `15 Cent drin`) usw. (↗ Bild 2). Das ist in der Praxis weder sinnvoll noch übersichtlich. Würde sich der Preis für ein Getränk erhöhen, müsste man ein solches Modell nachträglich verändern, da entsprechend mehr Zustände benötigt würden.
Stattdessen versucht man, mehrere Zustände zu einem zusammenzufassen. Man überlegt dabei: Was haben einige Zustände gemeinsam? Sind die Detailaussagen dieser Zustände wirklich so wichtig, dass diese ein unübersichtliches und unhandliches Diagramm rechtfertigen?
Beim Entwurf eines Kaffeeautomaten interessiert vornehmlich, ob ein Benutzer sein Getränk schon vollständig bezahlt hat. In den Zuständen `0 Cent drin`, `5 Cent drin`, `10 Cent drin`

und `15 Cent drin` ist dies nicht der Fall. Man fasst diese zu einem einzigen Zustand `bereit` zusammen und knüpft die beiden Übergänge, die nun durch das Ereignis `Münze einwerfen` ausgelöst werden können, an Bedingungen: Das Ereignis `Münze einwerfen` löst nur dann einen Zustandsübergang von `bereit` nach `bezahlt` aus, wenn die Überprüfung der Bedingung `genug bezahlt` den Wert `wahr` liefert.
So hat man mehrere Zustände bequem und übersichtlich zu einem Zustand zusammengefasst (↗ Bild 1).

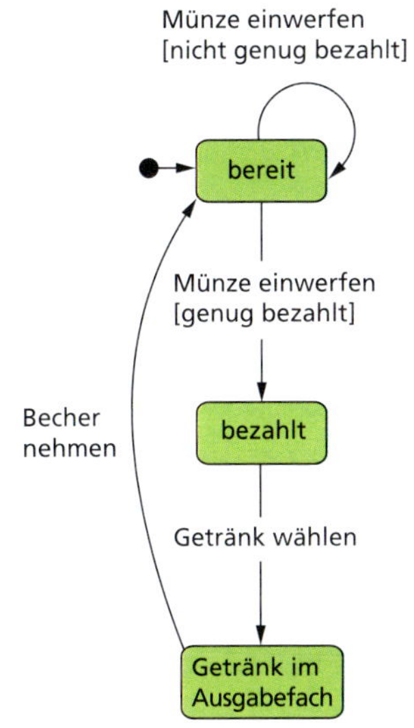

1 Zustandsdiagramm mit Bedingungen

Ereignisse können durch **Bedingungen** ergänzt werden.
Nutzer stoßen Ereignisse an. Der zu einem Ereignis gehörende Übergang findet jedoch nur dann statt, wenn eine Überprüfung der Bedingung den Wert `wahr` (engl.: `true`) liefert.
Mithilfe von **bedingten Zustandsübergängen** kann oft die Zahl der in einem Modell benötigten Zustände verringert werden.

Mit einem Zustandsübergang kann eine Aktion verbunden sein.
Unser Kaffeeautomat löst folgende Aktionen aus:
- Benutzeraufforderungen anzeigen
- Getränk ausgeben

Bild 2 zeigt, wie diese ausgelösten Aktionen an den Übergängen notiert werden können.

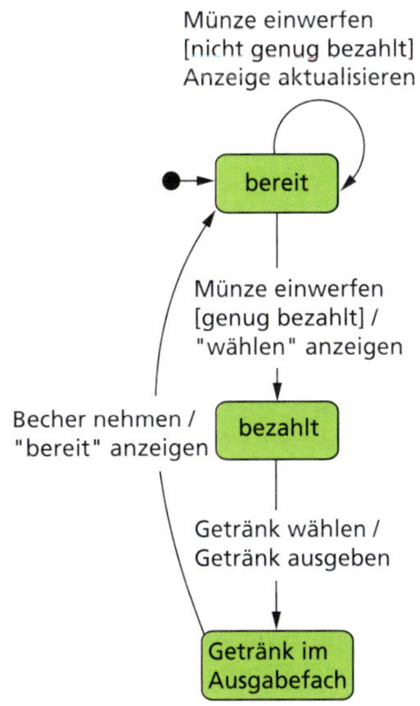

2 Zustandsdiagramm mit Bedingungen und ausgelösten Aktionen

Ein Zustandsübergang kann eine Aktion auslösen.

Hinweis: Im Zustandsdiagramm wird ein bedingter Übergang mit einem passenden Ereignisnamen beschriftet. Dieser wird an erster Stelle am Pfeil notiert.
Die Bedingung wird nach dem Ereignis in eckigen Klammern angegeben.
Falls bei einem Übergang eine Aktion ausgelöst wird, notiert man diese am Ende der Beschriftung und markiert sie durch einen Schrägstrich:

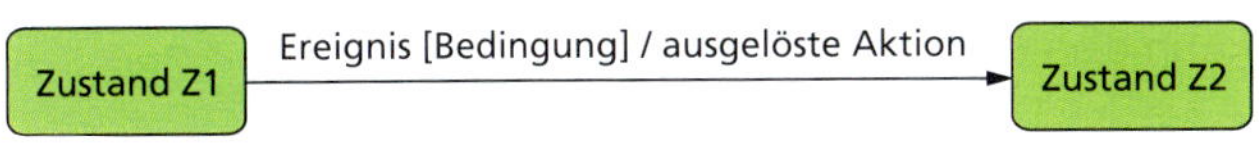

Die folgende Abbildung weist darauf hin, dass ein Übergang ohne Bedingung auch eine Aktion auslösen kann.

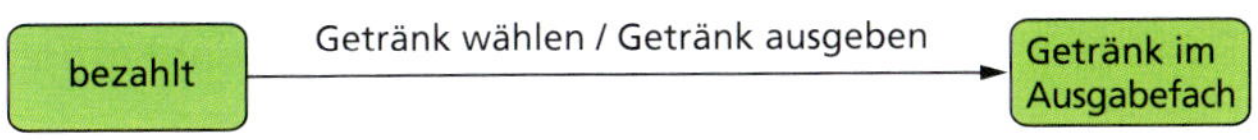

2.38 Berücksichtigen Sie im Zustandsmodell eines Kaffeeautomaten das Ereignis `abbrechen` in geeigneter Weise. Erweitern Sie dazu das Zustandsdiagramm von Bild 2, Seite 53!
(↗ auch Aufgaben 2.48, 2.49 und 2.50 im Abschnitt 2.8)

Hinweise:

- Benutzer können Ereignisse anstoßen, in dem sie z.B. eine Taste, einen Berührungssensor oder einen Lichtsensor aktivieren. Diese Sensorik modellieren wir nicht. Deshalb sprechen wir einfach vom Ereignis **`Münze einwerfen`** oder **`Becher nehmen`**.
- Objekte überprüfen Bedingungen selbstständig. So prüft unser Objekt **`steuerung`** nach jedem Münzeinwurf, ob schon genug bezahlt wurde. Dazu muss das Objekt **`steuerung`** die Getränkepreise kennen und es muss sich merken, wie viel Geld der Benutzer bereits eingeworfen hat. Abschnitt 2.8 und Kapitel 4 zeigen wie Objekte bei der Prüfung von Bedingungen im Detail vorgehen und woher sie ihre Informationen bekommen können.
- Aktionen werden von Objekten ausgelöst. Objekte nutzen dabei oft Dienste anderer Objekte. Das Objekt **`steuerung`** nutzt beispielsweise Dienste, die das Objekt **`animation`** der Klasse **`Kaffeegrafik`** anbietet. So wird u.a. die Ausgabe des Getränks simuliert.

Befindet sich unser Kaffeeautomat im Zustand **`bereit`**, wird je nachdem, welche Bedingung erfüllt ist, ein anderer Übergang durch das Ereignis **`Münze einwerfen`** ausgelöst: Hat man das Getränk noch nicht vollständig bezahlt, bleibt der Automat bei einem Münzeinwurf im Zustand **`bereit`**, ansonsten geht er in den Zustand **`bezahlt`** über.
Es findet also eine Fallunterscheidung in die folgenden zwei Fälle statt:

- 1. Fall: nicht genug bezahlt
- 2. Fall: genug bezahlt

Bei einer solchen Fallunterscheidung muss unbedingt darauf geachtet werden, dass sich die Fälle nicht überschneiden. Das ist bei unserer Modellierung gegeben. In der nebenstehend angedeuteten Variante überschneiden sich die beschriebenen Fälle, so kann also nicht modelliert werden.

> **i** Hätten wir im Zustand **`bereit`** beim Ereignis **`Münze einwerfen`** unterschieden in
> - weniger als 30 Cent bezahlt und
> - mehr als 20 Cent bezahlt,
>
> bekäme unser Objekt **`steuerung`** Probleme. Wie soll es reagieren, wenn ein Benutzer 25 Cent bezahlt hat?

2.39 **Tresor**
Im Bild 1 auf Seite 55 ist das Zustandsdiagramm eines Tresormodells abgebildet.

a) Schreiben Sie eine verständliche Bedienungsanleitung zu diesem Modell!

b) Udo denkt, die beiden blau markierten Wörter „Code falsch" im Bild 1 sind überflüssig. Erklären Sie Udo schlüssig, warum das nicht stimmt!
c) Ulrike merkt an, dass die blau markierten Wörter „Fehlversuche nicht überschritten" überflüssig sind. Erklären Sie schlüssig, warum Ulrike Recht hat!

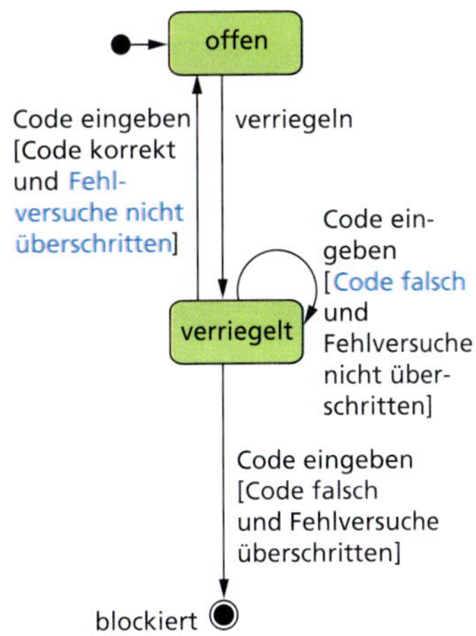

1 Zustandsdiagramm „Tresor"

2.40 Bankautomat

a) Modellieren Sie den im Folgenden beschriebenen vereinfachten Bankautomaten!
Änderungen der Bildschirmanzeige sollen Sie in Ihrer Modellierung nicht berücksichtigen. Setzen Sie in Ihrem Modell folgende Abläufe um:
- Führt der Kunde seine Karte ein, so wird er bei gültiger Karte aufgefordert, seine PIN einzugeben.
Wenn die Karte ungültig ist, wird sie sofort wieder ausgegeben. Der Kunde muss die Karte entnehmen.
- Auch bei falscher PIN-Eingabe gibt der Bankautomat die Karte zurück und der Kunde muss diese entnehmen. Mit der richtigen PIN kann sich ein Kunde authentifizieren und sodann einen Geldbetrag auswählen.
Der Einfachheit halber gebe es immer genügend Geld im Automaten.
- Ist der ausgewählte Geldbetrag zu groß, so muss solange erneut ein Betrag gewählt werden, bis die Auswahl „passt". Wurde ein erlaubter Betrag ausgewählt, dann gibt der Automat die Karte aus und bucht den entsprechenden Geldbetrag vom Konto ab. Erst wenn die Karte entnommen ist, wird das Geld ausgegeben.

b) Berücksichtigen Sie nun, dass ein Kunde maximal 3 Versuche hat, die PIN korrekt einzugeben. Beim dritten Fehlversuch wird die Karte vom Automaten einbehalten. Erweitern und verändern Sie Ihr Diagramm aus a) entsprechend!
Hinweis: Wenn Sie geeignete Bedingungen verwenden, bleibt Ihr Diagramm übersichtlich.
c) Authentifizierte Benutzer können üblicherweise neben dem Dienst „Geld abheben" auch den Dienst „Kontostand anzeigen" nutzen. Integrieren Sie diese Möglichkeit in sinnvoller Weise in Ihr Diagramm aus b)!
d) Informieren Sie sich bei einer Bank Ihrer Wahl darüber, wie eine PIN-Prüfung am Geldautomaten intern abläuft!
Woher bezieht der Automat die zur PIN-Prüfung nötigen Daten?

1 Version des Kaffeeautomaten für Deutschland (links) und für Italien (rechts)

2.41 Andere Länder, andere Kaffeeautomaten (E)
Die Firma Schluck möchte expandieren. Ihren deutschen Kaffeeautomaten kennen Sie bereits (↗Bild 1). Nun möchte Schluck Kaffeeautomaten an die Università di Siena verkaufen und schickt deshalb zusammen mit einem Angebot eine italienische Kaffeeautomaten-Simulation nach Siena.
Zu diesem Zweck hat Schluck zunächst eine Klasse `Espressografik` umgesetzt.

a) Experimentieren Sie mit den Diensten, die Ihnen von einem Objekt der Klasse `Espressografik` bereitgestellt werden! Vergleichen Sie diese mit den Diensten, die ein Objekt der Klasse `Kaffeegrafik` anbietet. Notieren Sie Ihre Beobachtungen in einigen Sätzen!
b) Schluck hat die Espressografik zu einer funktionsfähigen italienischen Kaffeeautomaten-Simulation ausgebaut. Zeichnen Sie ein Zustandsdiagramm zu dieser Umsetzung, indem Sie Dienste der italienischen Simulation der Firma Schluck in verschiedenen Reihenfolgen nutzen und jeweils Veränderungen untersuchen und notieren! Vergleichen Sie Ihr Diagramm sodann mit Bild 2, Seite 53!
c) In der Firma Schluck ist *Modularisierung* ein wichtiges Entwicklungskonzept. Informieren Sie sich über die Bedeutung des Begriffs in einem geeigneten Nachschlagewerk! Suchen Sie ein interessantes Beispiel, in dem Modularisierung eine wichtige Rolle spielt. Begründen Sie in einigen Sätzen, warum das so ist!

i Es gibt z.B. standardisierte Baugruppen in der Technik, vorgefertigte Bauteile in Architektur und Bauwesen, modularisierte Studiengänge, modulare Organisation von Unternehmen, …

2.7 Zustandsübergangstabellen*

Wer Tabellen lesen kann, kommt schnell an benötigte Informationen.

2.42 a) Betrachten Sie Bild 2! Welche Pollen stellen im Februar eine Belastung für Allergiker dar?
b) Beschreiben Sie, wie Informationen aus der Tabelle abgelesen werden können.

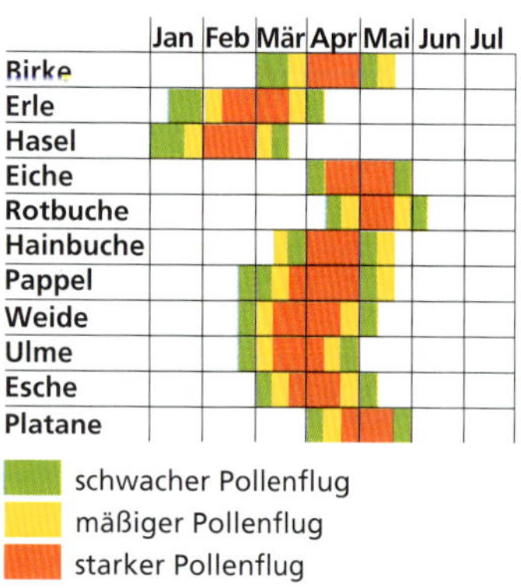

2 „Flugplan" der häufigsten Heuschnupfen-Auslöser

Im Alltag werden Tabellen oft verwendet. Eine Präsentation der Bundesligaergebnisse wäre ohne eine Tabelle undenkbar. In einem Ernährungsratgeber wird die Zusammensetzung einzelner Lebensmittel in einer Tabelle dargestellt. Um für das Abitur richtig vorbereitet zu sein, erstellen sich gut organisierte Schüler einen Lernplan. Dieser beschreibt, wann was gelernt werden soll.

Im Folgenden wird anhand der bereits bekannten Beispiele MP3-Spieler und Kaffeeautomat gezeigt, wie eine **Zustandsübergangstabelle** zu einem Zustandsmodell erstellt werden kann.
Dazu ist das Zustandsdiagramm unseres MP3-Spielers (↗ S. 30) nebenstehend erneut abgebildet. Der MP3-Spieler kann drei Zustände annehmen. Entsprechend entwerfen wir eine Tabelle mit Kopfzeile und drei weiteren Zeilen. In die erste Spalte werden die Zustandsnamen eingetragen. Der Anfangszustand wird immer zuerst aufgeführt. Die Anzahl der Ereignisse legt die Anzahl der weiteren Spalten fest. Als nächstes wird die Tabelle gefüllt. In der Zelle, in der sich Zustandszeile und Ereignisspalte schneiden, wird der Folgezustand notiert. Ist ein Ereignis in einem Zustand nicht relevant, dann bleibt die entsprechende Zelle leer. Es ergibt sich folgende Zustandsübergangstabelle:

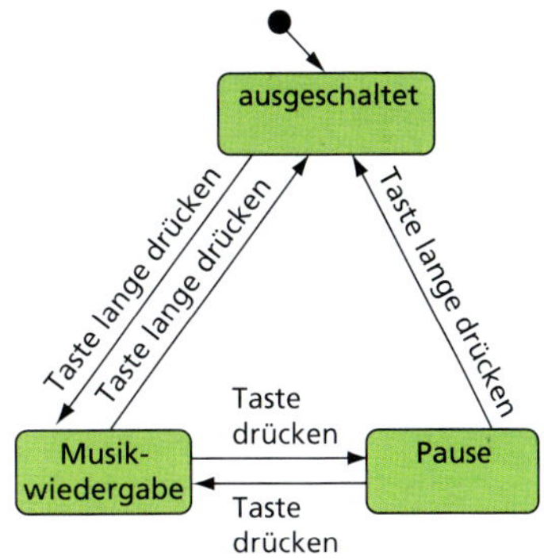

2 Zustandsdiagramm eines MP3-Spielers

	Taste drücken	**Taste lange drücken**
ausgeschaltet		Musikwiedergabe
Musikwiedergabe	Pause	ausgeschaltet
Pause	Musikwiedergabe	ausgeschaltet

In die hellgrün unterlegten Felder werden der Anfangszustand und alle weiteren Zustände eingetragen.
In die grau unterlegten Felder werden die Ereignisse eingetragen, die eintreten können.

In ähnlicher Weise kann ein Zustandsdiagramm mit bedingten Übergängen in eine Zustandsübergangstabelle umgewandelt werden. Wir zeigen dies am Beispiel des Zustandsdiagramms „Kaffeegrafik" aus Abschnitt 2.6 (↗ S. 53, Bild 2). Ereignisse werden zusammen mit den zugehörigen Bedingungen in der Kopfzeile der Tabelle notiert. Ausgelöste Aktionen und Folgezustand werden in die inneren Kästchen eingetragen und durch einen Strichpunkt getrennt. Dies ist die fertig ausgefüllte Zustandsübergangstabelle „Kaffeeautomat":

	Münze einwerfen [nicht genug bezahlt]	**Münze einwerfen [genug bezahlt]**	**Getränk wählen**	**Becher nehmen**
bereit	Anzeige aktualisieren ; bereit	„wählen" anzeigen ; bezahlt		
bezahlt			Getränk ausgeben ; Getränk im Ausgabefach	
Getränk im Ausgabefach				„bereit" anzeigen ; bereit

2.43 Wählen Sie zwei leere Zellen der Tabelle „Kaffeeautomat" aus und begründen Sie kurz, warum in diese Zellen keine ausgelösten Aktionen bzw. Folgezustände eingetragen worden sind.

Ein Zustandsmodell kann auch durch eine **Zustandsübergangstabelle** dargestellt werden. Zustandsübergangstabelle und entsprechendes Zustandsdiagramm enthalten die gleichen Informationen. Somit ist eine Umwandlung eines Diagramms in eine Tabelle und umgekehrt möglich.

Hinweis: Ein Zustandsdiagramm mit vielen Zuständen und einer Reihe von Ereignissen kann unübersichtlich sein. Große Tabellen können leichter systematisch Zeile für Zeile bzw. Spalte für Spalte betrachtet werden. Man erkennt mit ihrer Hilfe ggf. schneller, ob alle relevanten Übergänge tatsächlich berücksichtigt wurden.

2.44 Ordnung halten

Wie würden Sie Schritt für Schritt beim Erstellen einer Zustandsübergangstabelle zu einem vorgegeben Zustandsdiagramm vorgehen? Schreiben Sie eine sinnvolle Arbeitsanleitung!

2.45 Schatzkarte

Stellen Sie das Zustandsdiagramm „Schatzsuche" aus Abschnitt 2.1 (↗ S. 28) in einer Zustandsübergangstabelle dar!

2.46 Tresor

Wandeln Sie die folgende Tabelle in ein Zustandsdiagramm um! Woran erkennen Sie, dass es einen Endzustand gibt? Begründen Sie mit eigenen Worten, warum eine solche Umwandlung ohne Informationsverlust möglich ist!

	Code eingeben [Code korrekt]	**Code eingeben [Code falsch]**	**verriegeln**
offen			verriegelt, 3 Versuche
verriegelt, 3 Versuche	öffnen ; offen	verriegelt, 2 Versuche	
verriegelt, 2 Versuche	öffnen ; offen	verriegelt, 1 Versuch	
verriegelt, 1 Versuch	öffnen ; offen	blockiert	
blockiert			

2.47 Zwischenspeicher

Mithilfe eines Zwischenspeichers, auch Zwischenablage genannt, können Elemente zwischen Standardprogrammen leicht ausgetauscht werden.

Bild 1 zeigt zwei verschiedene Zustände eines Standardprogramms, die für den Problembereich „Einfügen, Kopieren und Ausschneiden von Elementen" relevant sind.

a) Wie viele weitere relevante Zustände gibt es?

b) Geben Sie zu dem beschriebenen Problembereich eine übersichtliche Zustandsübergangstabelle an! Berücksichtigen Sie dabei auch das Ereignis `Element markieren` in sinnvoller Weise!

c) Wandeln Sie Ihre Tabelle aus Aufgabe b) in ein Zustandsdiagramm um!

d) Schreiben Sie einen aussagekräftigen Hilfe-Text, der die Arbeit mit der Zwischenablage für Benutzer von Standardprogrammen kurz erläutert!

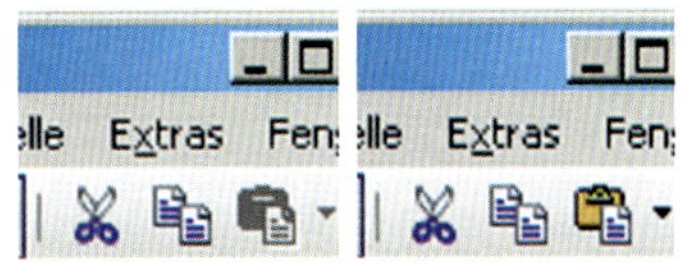

1 Zwei Ausschnitte aus der Symbolleiste einer Standardsoftware. Sie repräsentieren zwei Zustände des Programms.

2.8 Umsetzung eines Zustandsdiagramms in ein Programm

Bei der Planung für die Herstellung eines neuen Kaffeeautomaten entwickeln Software-Ingenieure die Klasse `Kaffeeautomat`. Über ein Objekt dieser Klasse soll der Automat gesteuert werden.

Der einheitliche Getränkepreis wird bei der Initialisierung dieses Objekts vom Nutzer (Automatenbesitzer) als Wert des Attributs `preis` festgelegt. Das in Abschnitt 2.6 entwickelte Zustandsdiagramm (↗ S. 53) stellt alle möglichen Abläufe beim Kauf eines Getränks dar. Wie gewohnt beschreibt der Wert eines Attributs mit dem Namen `zustand` den aktuellen Zustand des Kaffeeautomaten innerhalb des Diagramms. Die Ereignisse treten als Methodenaufrufe des Nutzers (jetzt durstiger Kunde) ein (↗ Klassenkarte in Bild 3).

Der durch das Ereignis „Münze einwerfen" ausgelöste Zustandsübergang von `"bereit"` auf `"bezahlt"` findet nur statt, wenn die Summe der eingeworfenen Münzwerte mindestens so groß ist wie der Getränkepreis. Damit das Kaffeeautomaten-Objekt diesen Sachverhalt überprüfen kann, muss der aktuell eingegebene Münzbetrag gespeichert werden. Dies geschieht durch ein weiteres Attribut mit dem Namen `betrag`. Mithilfe der Attribute `preis` und `betrag` können Bedingungen wie `nicht genug bezahlt` nun präziser formuliert werden:

`betrag + muenzwert < preis` (↗ Bild 2).

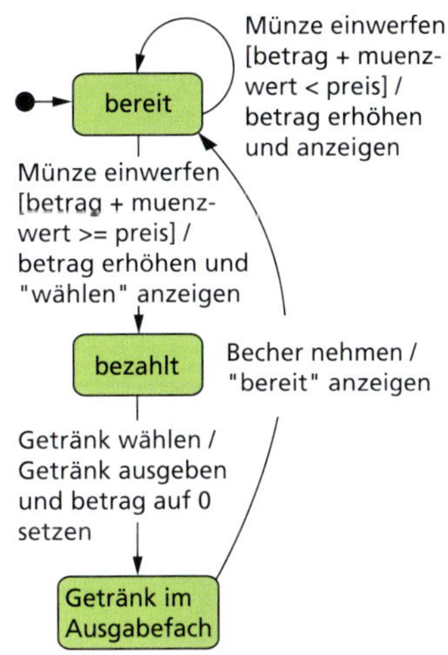

2 Zustandsdiagramm eines Kaffeeautomaten

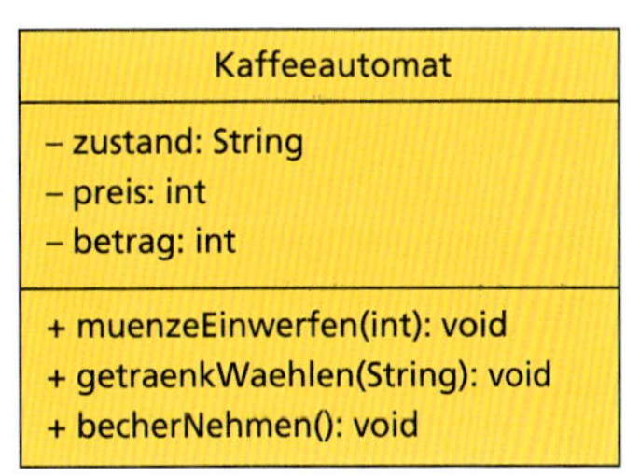

3 Klassenkarte `Kaffeeautomat`

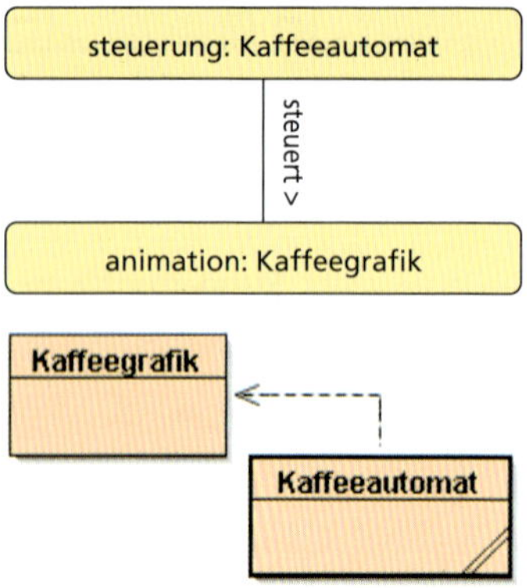

1 Wir nutzen Dienste der Klasse `Kaffeegrafik`.

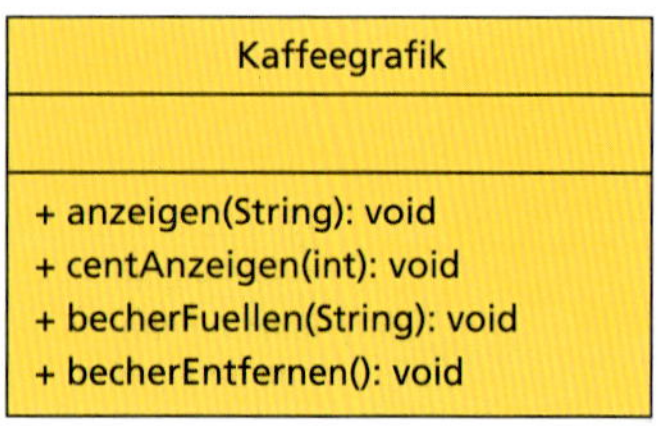

2 Klassenkarte `Kaffeegrafik`

3 Becher mit Kaffee im Ausgabefach

Umsetzung der Klasse **`Kaffeeautomat`** in Java: Der Wert des Attributs **`preis`** wird über einen Eingangsparameter im Konstruktor gesetzt. Auch bei der Methode **`muenzeEinwerfen(int muenzwert)`** übergibt der Nutzer den Wert der Münze in Cent mithilfe eines Eingangsparameters. Die Wahl des Getränks simulieren wir durch Eingabe des Getränkenamens über die Tastatur. Für die grafische Darstellung der elektronischen Anzeige und des Ausgabefachs nutzen wir die Dienste einer vordefinierten Klasse **`Kaffeegrafik`** (↗ Bild 1 und 2, ↗ auch Kapitel 4).

```
public class Kaffeeautomat{
   private String zustand;
   private int preis;    // Getraenkepreis in Cent
   private int betrag;   // eingeworfener Betrag
   /* Wir nutzen Dienste des Objekts animation, um
      die Simulation zu visualisieren.*/
   private Kaffeegrafik animation;

   public Kaffeeautomat(int neuerPreis){  //Konstruktor
       zustand = "bereit";
       preis = neuerPreis; // Festlegung des Preises
       betrag = 0;
       /* Wir erzeugen und initialisieren das Objekt
          animation. */
       animation = new Kaffeegrafik("bereit");
   }
   ... // Methoden
}
```

Die einfachste der drei Methoden **`becherNehmen()`** schreiben wir zuerst. Zu beachten ist, dass der Methodenaufruf nur etwas bewirken darf, wenn sich das Objekt im Zustand **`Getränk im Ausgabefach`** befindet, was wir mit einer bedingten Anweisung umsetzen. Die ausgelöste Aktion **`bereit anzeigen`** wird mit der Anweisung **`animation.anzeigen("bereit")`** umgesetzt.

```
public void becherNehmen(){
        if (zustand.equals("Getraenk im Ausgabefach")){
            animation.becherEntfernen();
            animation.anzeigen("bereit");
            zustand = "bereit";
        }
   }
```

Analog wird die Methode **`getraenkWaehlen(String getraenk)`** umgesetzt. Der Wert des Eingangsparameters wird für die grafische Darstellung des Getränks verwendet.

```
public void getraenkWaehlen(String getraenk){
       if (zustand.equals("bezahlt")){
           animation.becherFuellen(getraenk);
           betrag = 0;
           zustand = "Getraenk im Ausgabefach";
       }
}
```

2.48 Erläutern Sie genau, welches Problem bei der Benutzung des Automaten auftreten würde, wenn man die Zeile „`betrag = 0;`“ in der Methode `getraenkWaehlen(...)` wegließe!

Münzen werden nur angenommen, wenn sich der Kaffeeautomat im Zustand `"bereit"` befindet.
Nach Aufruf der Methode `muenzeEinwerfen(...)` findet nur dann ein Übergang vom Zustand `"bereit"` in den Zustand `"bezahlt"` statt, wenn die Summe aus dem Wert des Attributs `betrag` und dem Wert der eingeworfenen Münze mindestens so groß ist wie der Preis des Getränks.
In diesem Fall wird das Attribut `betrag` um den Münzwert erhöht. Dann wird der Benutzer über die elektronische Anzeige dazu aufgefordert, ein Getränk zu wählen, und schließlich wird der Zustand auf `"bezahlt"` gesetzt.
Andernfalls wird nur der Wert von `betrag` erhöht und die Anzeige wird entsprechend aktualisiert.
Da in beiden Fällen Anweisungen durchgeführt werden müssen, spricht man von einer **zweiseitigen bedingten Anweisung.**

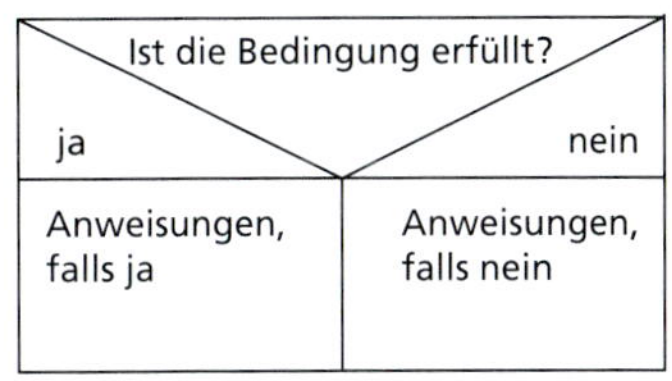

1 zweiseitige bedingte Anweisung

Syntax einer zweiseitigen bedingten Anweisung in Java:

```
if (Bedingung){
   Anweisungen, falls Bedingung erfüllt
}
else{
   Anweisungen, falls Bedingung nicht erfüllt
}
```

Zweiseitige bedingte Anweisung in Karol:

```
wenn nichtIstWand dann
    schritt()
sonst
    linksdrehen()
*wenn
```

Umsetzung der Methode `muenzeEinwerfen(...)`:

```
public void muenzeEinwerfen(int muenzwert){
   if (zustand.equals("bereit")){
      if(betrag + muenzwert >= preis){   //genug bezahlt
         // betrag um den Wert der Muenze erhoehen
         betrag = betrag + muenzwert;
         animation.anzeigen("waehlen");
         zustand = "bezahlt";
      }
      else{   // es wurde noch nicht genug bezahlt
         betrag = betrag + muenzwert;
         animation.centAnzeigen(betrag);
      }
   }
}
```

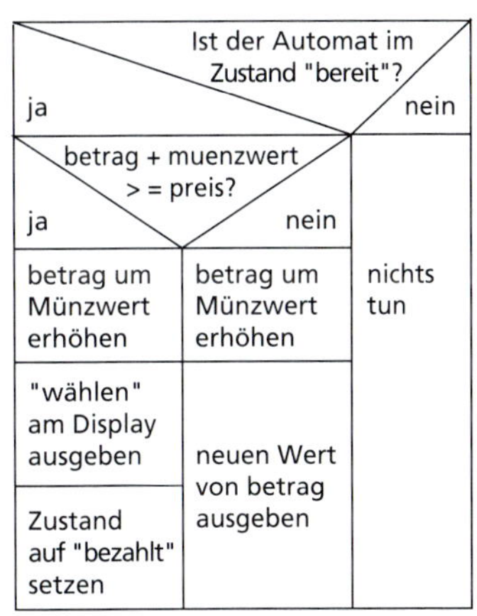

2 Struktogramm der Methode `muenzeEinwerfen(...)`

Bedingte Zustandsübergänge können mithilfe von **bedingten Anweisungen** umgesetzt werden.

Vergleich der Zahlenwerte a und b in Java:

Vergleich	true genau dann, wenn …
a < b	a kleiner als b
a <= b	a kleiner oder gleich b
a != b	a ungleich b
a == b	a gleich b

1 Der Zustand des Programmobjekts ändert sich, …

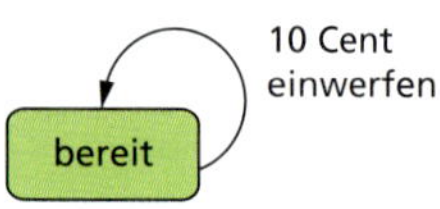

2 … der Zustand im Diagramm nicht.

Hinweise:

- Allgemein sind Bedingungen Ausdrücke, die wahr oder falsch sein, also die Wahrheitswerte `true` oder `false` annehmen können. So ein Ausdruck kann z. B. der Aufruf einer Methode mit dem Rückgabetyp `boolean` sein, wie `equals(...)`, oder der Vergleich von zwei Zahlenwerten (↗ Informationstext).
- Da in der Methode `muenzeEinwerfen(...)` die zweite bedingte Anweisung nur aufgerufen wird, wenn die Bedingung der ersten bedingten Anweisung erfüllt ist, spricht man von **verschachtelten bedingten Anweisungen**.
- Der Zustand eines Objekts einer in einem Programm umgesetzten Klasse (Programmobjekt) ist durch die Werte aller seiner Attribute festgelegt. Er ändert sich immer, wenn irgendein Attribut einen neuen Wert erhält, auch wenn der Zustand im Zustandsdiagramm gleich bleibt. Sind z. B. der Preis des Getränks 50 Cent und der bisher kassierte Betrag 20 Cent, ändert sich beim Einwerfen einer 10 Cent-Münze der Zustand des Programmobjekts der Klasse `Kaffeeautomat`, da der Attributwert von `betrag` erhöht wird (↗ Bild 1). Der Zustand im Diagramm aber ist immer noch `bereit` (↗ Bild 2) .
- Allgemein ist zu beachten, dass die im Modell und im Programm betrachteten Zustände nur einen Teil aller möglichen Zustände des realen Getränkeautomaten darstellen.

Wie setzen wir ausgelöste Aktionen in Übungsaufgaben um? Betrachten Sie zum Beispiel den Bankautomaten aus Aufgabe 2.51 und die ausgelöste Aktion `Karte ausgeben`. Da uns die Dienste eines realen Geldautomaten nicht zur Verfügung stehen, müssen wir die Ausgabe der Karte simulieren. Wir tun dies, indem wir stellvertretend für die reale Kartenausgabe mithilfe der Anweisung `System.out.println("Karte ausgeben")` den Text „`Karte ausgeben`" auf den Bildschirm schreiben (↗ auch Informationstext).

Die Anweisung `System.out.println(wert)` schreibt einen Wert `wert` vom Typ `boolean`, `char`, `int`, `double` oder `String` auf ein Bildschirmfenster.

Um **Bedingungen** formulieren zu können, benötigt man neben dem Attribut `zustand` oft noch weitere Attribute.

2.49 Kaffeeautomat: „Geht's nicht auch einfacher?"

a) Sophie hat die Methode `muenzeEinwerfen(...)` der Klasse `Kaffeeautomat` so wie folgt umgesetzt:

```
public void muenzeEinwerfen(int mw){
    if (betrag + mw >= preis){
        betrag = betrag + mw;
        animation.anzeigen("waehlen");
        zustand = "bezahlt";
    }
    else{
        betrag = betrag + mw;
        animation.anzeigen(betrag);
    }
}
```

Sie meint, das Programm funktioniere einwandfrei. Begründen Sie, warum ihre Umsetzung problematisch ist!

b) Julia betrachtet die Umsetzung der auf S. 61 dargestellten Methode **muenzeEinwerfen(int muenzwert)**. Sie hat eine gute Idee: Die Wertzuweisung „**betrag = betrag + muenzwert**" sollte *vor* die innere bedingte Anweisung gestellt werden. Dann müsste die Wertzuweisung nur einmal geschrieben werden. Allerdings wäre die Bedingung zu ändern. Setzen Sie die Methode **muenzeEinwerfen**(...) im Sinne von Julias Idee neu um!

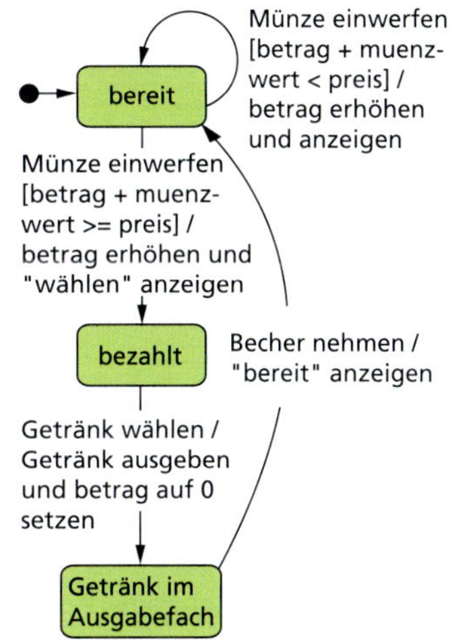

1 Zustandsdiagramm eines Kaffeeautomaten

2.50 Kaffeeautomat mit Abbruchtaste (E)

Erweitern Sie das Zustandsdiagramm für den Kaffeeautomaten aus Bild 1 durch das Ereignis **abbrechen**! Nach Eintritt dieses Ereignisses werden die eingeworfenen Münzen zurückgegeben, auf der elektronischen Anzeige wird „Abbruch" angezeigt. Setzen Sie das neue Modell in Java um! Verwenden Sie dazu die Anweisung **animation.anzeigen("Abbruch")**!
Die Rückgabe der Münzen muss nicht grafisch dargestellt werden. Beachten Sie aber den Wert des Attributs **betrag**!

2.51 Bankautomat

Setzen Sie das folgende Zustandsdiagramm eines Bankautomaten in ein objektorientiertes Programm um! Der Einfachheit halber soll die richtige PIN-Nummer als Wert eines Attributs **pin** gespeichert sein.

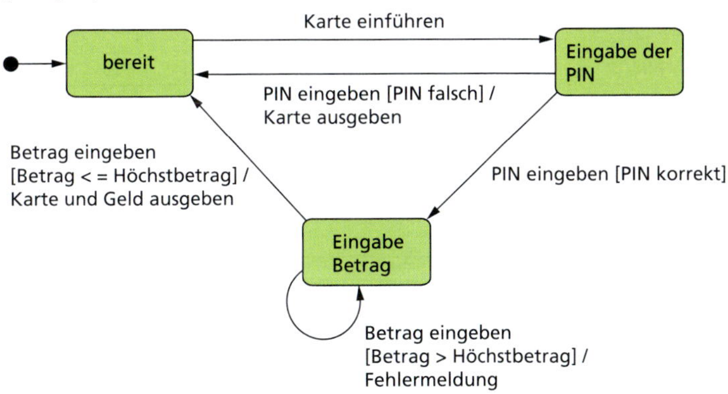

Hinweis: Da Variablen einfacher Datentypen keine Objekte sind und daher keine Methode **equals**(...) besitzen können, müssen sie mithilfe des Symbols „==" verglichen werden, zum Beispiel: **if(eingegebenePin == pin){...}**, wobei **eingegebenePin** und **pin** Variablen vom Typ **int** sind.

2.52 Parkhaus

Für einen Autofahrer auf Parkplatzsuche hat ein Parkhaus zwei interessante Zustände: „es sind noch Plätze frei" (`frei`) und „alle Plätze sind belegt" (`belegt`). Ob durch Hinein- oder Herausfahren eines Pkws der Zustand des Parkhauses geändert wird, hängt von der Zahl aller Parkplätze und der aktuellen Anzahl der Autos im Parkhaus ab.

Setzen Sie das folgende Zustandsdiagramm in ein Programm um!

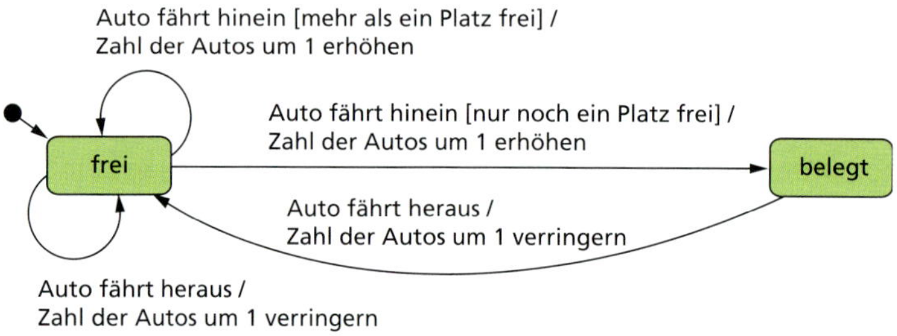

Hinweis zu Aufgabe 2.53 a: Der korrekte Code kann als Wert eines Attributs `code` gespeichert sein, der im Konstruktor gesetzt wird.

2.53 Tresor*

Betrachten Sie die Zustandsübergangstabelle für einen Tresor:

	Code eingeben [Code korrekt]	Code eingeben [Code falsch]	verriegeln
offen			verriegelt, 3 Versuche
verriegelt, 3 Versuche	öffnen ; offen	verriegelt, 2 Versuche	
verriegelt, 2 Versuche	öffnen ; offen	verriegelt, 1 Versuch	
verriegelt, 1 Versuch	öffnen ; offen	blockiert	
blockiert			

a) Setzen Sie die Tabelle in ein Programm um!

b) Bild 1 (↗ auch Abschnitt 2.6, Seite 55) zeigt, wie die Zahl der Zustände des Tresors mithilfe einer zusätzlichen Bedingung verringert werden kann.
Bei dem im Bild 1 gezeigten Tresormodell kann außerdem die Zahl der erlaubten Fehlversuche bei Erzeugung des Tresor-Objekts festgelegt werden.
Zeichnen Sie eine Zustandsübergangstabelle zu diesem Modell und setzen Sie es in ein Programm um!

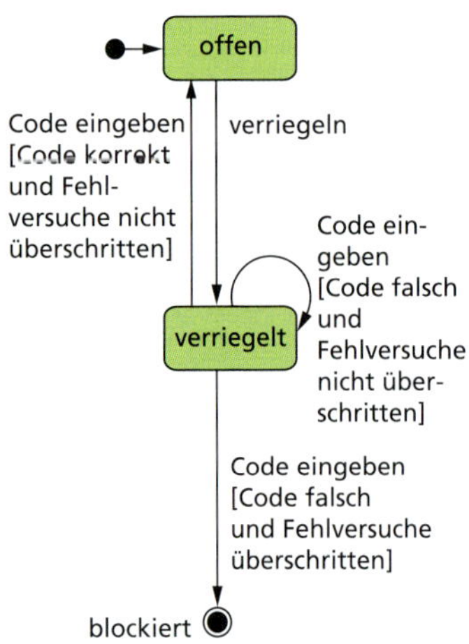

1 Zustandsdiagramm „Tresor"

2.9 Lebenszyklus von Objekten

Auch Objekte „leben" nicht ewig. Sie werden erzeugt, leisten Dienste und werden schließlich, wenn der Nutzer sie nicht mehr benötigt, wieder vernichtet.

An der Produktion eines Autos in einer Autofabrik sind mehrere Maschinen, wie zum Beispiel Fließbänder oder Roboter, beteiligt. Jede dieser Maschinen muss eine spezielle Aufgabe erfüllen, beispielsweise Schrauben, Lackieren oder Schweißen.

1 Industrieroboter bei der Autoproduktion

Anton und Barbara entwickeln eine Software, die Lackierroboter steuern soll. Die Problembereiche werden folgendermaßen aufgeteilt: Barbara kümmert sich um die Steuerung. Anton entwickelt eine Art Treiberklasse für die Roboter, diese Klasse nennen wir `Lackierroboter`.

Zunächst klären Anton und Barbara, welche Dienste ein `Lackierroboter` anbieten kann und soll. Sie skizzieren abschließend eine Klassenkarte.

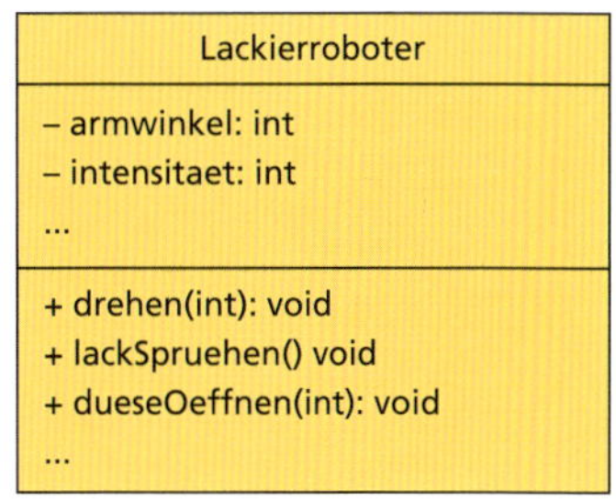

2 Klassenkarte `Lackierroboter`

Auf Basis dieser Klassenkarte fängt Barbara an, ihre Steuerung zu entwickeln. Dazu legt sie zunächst fest, für welchen Roboter-Typ ihre Steuerung ausgelegt sein wird. Dann reserviert Sie einen Namen, den Sie später intern für den Roboter verwenden möchte. Im Programm wird das in einer Zeile folgendermaßen notiert:

```
Lackierroboter lackierer;
```

Man sagt „`lackierer` ist vom Typ `Lackierroboter`" und nennt diese Festlegung (Typ-)**Deklaration**. Folgende Analogie ist hilfreich: Barbara knüpft den Namen `lackierer` sozusagen an eine Ausschreibung, die Anforderungen an den noch nicht „produzierten" Roboter beschreibt.

Barbara kann nach dieser Deklaration nun schon detailliert planen, in welcher Reihenfolge ihr Roboter was machen soll. Sie kann sich dabei darauf verlassen, dass `lackierer` später die Dienste `drehen`, `lackSpruehen` und `dueseOeffnen` auch tatsächlich zur Verfügung stellen wird.

declaratio, lat.: Kundmachung, Offenbarung

Um ihre Steuerung auszuprobieren besorgt Barbara sich anschließend von Anton die fertig geschriebene Klasse `Lackierroboter`. Mithilfe der Anweisung

```
lackierer = new Lackierroboter();
```

erzeugt sie dann ein Objekt der Klasse `Lackierroboter` (und weist ihm den Namen `lackierer` zu). Diesen Erzeugungsvorgang nennt man **Instanzierung**. Das „Leben" des Roboterobjekts beginnt.

Die Begriffe Instanz, Objekt und Exemplar werden in Informatikbüchern synonym verwendet (*instance,* engl.: Beispiel, Auftreten).
Objektorientierte Sprachen nehmen dem Programmierer die Aufgabe ab, bei der Instanzierung explizit Speicher (z. B. für die Attributwerte der Objekte) zuzuteilen.

Es ist sinnvoll, jedes Objekt möglichst frühzeitig zu initialisieren. Manche Programmiersprachen initialisieren Objekte automatisch mit festen Standardwerten, Java zählt zu diesen.
Gute Programmierer einer Klasse machen sich jedoch auch selbst Gedanken über passende Standardinitialisierungen. Sie schreiben einen Konstruktor ohne oder mit Eingangsparametern, der Anfangswerte nach ihren Vorstellungen setzt.

Vor „Inbetriebnahme des Roboterobjekts" in der Autofabrik muss nun noch die Anfangsposition seines Arms und ein Standardwert für die Öffnung seiner Sprühdüse festgesetzt werden. Das erstmalige Setzen der Attributwerte nennt man **Initialisierung** eines Objekts (↗ auch S. 42).

Instanzierung und Initialisierung können auch gemeinsam erfolgen (↗ Information in der Randspalte). Beispielsweise könnte Barbara die Initialisierung eines neu erzeugten Roboterobjekts wie folgt selbst beeinflussen:

```
lackierer = new Lackierroboter(150, 2);
```

Dies setzt natürlich voraus, das Anton einen entsprechenden Konstruktor mit Eingangsparametern `standardArmwinkel` und `standardIntensitaet` in der Klasse `Lackierroboter` geschrieben hat.

Jetzt kann endlich mit dem Objekt gearbeitet werden, **Dienste** des Objekts wie `drehen(...)` oder `lackSpruehen()` können genutzt werden.

Der Speicher eines Rechners ist begrenzt. Es können nicht beliebig viele Objekte darin gehalten werden. Objekte, die man nicht mehr benötigt, sollten also entfernt werden. Bei einigen Programmiersprachen muss der Programmierer selbst das Objekt löschen, also den durch das Objekt belegten Speicher freigeben. Bei anderen kümmert sich das System automatisch um die Freigabe. Verwendet man die Sprache Java, erfolgt die Speicherbereinigung (garbage collection, engl.: Müllabfuhr) automatisch.

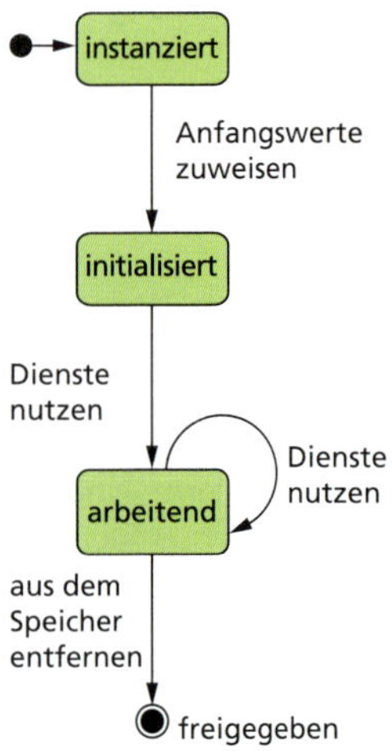

1 Lebenszyklus eines Objekts

Der **Lebenszyklus von Objekten** ist in 4 Phasen unterteilt:

1. Instanzierung:
   Ein Objekt wird erzeugt.
2. Initialisierung:
   Den Attributen werden Anfangswerte zugewiesen.
3. Arbeitsphase:
   Nutzer nehmen Dienstleistungen des Objekts in Anspruch.
4. Freigabe:
   Das Objekt wird aus dem Speicher entfernt, der entsprechende Speicherplatz steht wieder zur Verfügung.

Vor der Instanzierung kann mithilfe einer (Typ-)**Deklaration** bereits detailliert geplant werden, wie ein Objekt verwendet werden soll. Tatsächlich nutzen kann man die Dienste eines Objekts jedoch erst, nachdem es erzeugt wurde.

2.54 Einfache Grafik (E)

Arbeiten Sie ausschließlich mit einer Direkteingabe Ihrer Entwicklungsumgebung. Diese ermöglicht es, einzelne Anweisungen abzuschicken und deren Wirkung zu beobachten. Instanzieren und initialisieren Sie ein Objekt `rechteck1` der Klasse `Rechteck` mithilfe der Direkteingabe. Nutzen Sie dann einige Dienste, die Ihnen Ihr Rechteckobjekt anbietet. Protokollieren Sie Ihre Anweisungen schriftlich und ordnen Sie jeder Zeile Ihres Protokolls eine passende Phase im Lebenszyklus des Objekts `rechteck1` zu!

(↗ auch Aufgabe 1.10 bis 1.13, S. 13–15)

Wenn Sie den Dienst `anzeigen` eines Rechteck- oder Ellipsenobjekts nutzen, werden „im Hintergrund" weitere Hilfs-Objekte erzeugt. Diese „unterstützen" Ihr Rechteck- oder Ellipsenobjekt, indem sie einen passenden „Malprozess" auf dem Zeichenfenster vorbereiten und ausführen.

2.55 Fehlersuche (E)

Christian experimentiert mit den Diensten, die Objekte der Klasse `Rechteck` (↗ Bild 1) und `Ellipse` (↗ Bild 2) anbieten. Beide Klassen stellen einen Konstruktor ohne Eingangsparameter zur Verfügung.

Christian hat alle Anweisungen protokolliert, die er abgeschickt hat. Offensichtlich hat er jedoch einiges durcheinandergebracht:

```
Rechteck raum;
tisch1 = Ellipse();
raum.farbeSetzen(5);
Rechteck stuhl1;
stuhl1.verschieben(24, 0);
stuhl1 = new Rechteck;
stuhl1.verschieben(2, 4);
stuhl2.verschieben(20, 40);
Rechteck tisch2;
Rechteck stuhl3;
stuhl4;
tisch2 = new Rechteck();
tisch2.farbeSetzen("magenta");
stuhl3 = new Ellipse();
stuhl4 = new Ellipse();
```

a) Schreiben Sie für Christian eine vollständige Verbesserung! Ihre Lösung sollte eventuell nötige zusätzliche Zeilen und die oben stehenden 15 Zeilen in einer möglichen korrekten Reihenfolge zeigen. Außerdem müssen Sie Christians Notationsfehler verbessern!

b) Ordnen Sie jeder Zeile Ihrer Lösung der Teilaufgabe a) eine passende Phase im Lebenszyklus des entsprechenden Objekts zu!

c) Warum kann die Phase „Freigabe" keiner Zeile zugeordnet werden?

```
Rechteck
---------------------------
– xPosition: int
– yPosition: int
– farbe: String
...
---------------------------
+ anzeigen(): void
+ farbeSetzen(String) void
+ verschieben(int, int): void
+ verstecken(): void
...
```

1 Klassenkarte `Rechteck`

```
Ellipse
---------------------------
– xPosition: int
– yPosition: int
– farbe: String
...
---------------------------
+ anzeigen(): void
+ farbeSetzen(String) void
+ verschieben(int, int): void
+ verstecken(): void
...
```

2 Klassenkarte `Ellipse`

Auf den Punkt gebracht

Modell

Klassenkarte

Kaffeeautomat
Attribute – betrag: int – preis: int – zustand: String ...
Methoden + restbetragBerechnen(): int + muenzeEinwerfen(int): void ...

In der Klassenkarte können Informationen über Typen auch weggelassen und Namen von Parametern aufgenommen werden (↗ Kapitel 1)

Zustandsübergang

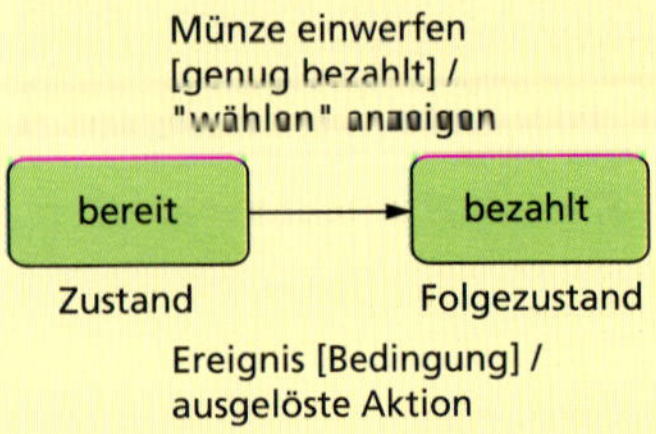

Bedingungen liefern die Wahrheitswerte „wahr“ oder „falsch“.

Umsetzung in eine Klassendefinition – Java

```
public class Kaffeeautomat {
   /*--------------Attribute---*/
//private typ attributname;
  private int betrag; // bisher eingeworfener Betrag
  private int preis; // Getraenkepreis in Cent
  private String zustand;
  // hier stehen ggf. weitere Deklarationen von Attributen

  /*--------------Konstruktor-*/
  public Kaffeeautomat(...) {
    // Attributen sinnvolle Anfangswerte zuweisen
  }

  /*--------------Methoden----*/
//Sondierende Methode, hier ohne Parameter
//zugriffsrecht rueckgabetyp methodenname()
  public double nettopreisBerechnen() {
  //typ lokaleVariable;
    double netto; // Deklaration der lokalen Variable netto
    netto = preis * (1 - 19.0/119.0); // Anteil zuweisen
    return netto; // Wert zurueckgeben, hat den Typ double
  }
//Veraendernde Methode, die nichts zurueckgibt
//zugriffsrecht void methodenname(typ parametername)
  public void muenzeEinwerfen(int wert) {
    if (zustand.equals("bereit")) { // im Zustand bereit (*)
      if (betrag + wert >= preis) { // genug bezahlt (**)
        betrag = betrag + wert; // erhoehten Betrag zuweisen
        ... // weitere Anweisungen, die die Aktion auslösen
        zustand = "bezahlt"; // Folgezustand zuweisen
      } ...
    }
  }
  ...
}
```

Bedingungen können

- durch Aufrufe von Methoden mit Rückgabetyp `boolean` (↗ *)
- oder durch Vergleiche von zwei Werten (↗ **)

umgesetzt werden (↗ verweist auf die Klassendefinition).

Durch Aufruf eines **Konstruktors** mit **new** wird ein Objekt erzeugt und initialisiert. Im Laufe eines Objektlebens werden Dienste (öffentliche Methoden) des Objekts genutzt. Dies kann den Zustand des Objekts verändern.

Der Zustand eines (Programm-)Objekts ist durch die Werte aller seiner Attribute festgelegt. Im Modell fasst man jedoch oft mehrere dieser Zustände zusammen. Ein **Zustandsmodell** soll Überblick schaffen und zwar über

- die hinsichtlich der Aufgaben- bzw. Problemstellung relevanten **Zustände** und
- die möglichen **Übergänge** zwischen diesen Zuständen.

Typischerweise modelliert man auch die Übergänge nicht bis ins letzte Detail.

Computer und andere programmierbare Maschinen können im Laufe ihres Lebens sehr viele Zustände annehmen. Nur wenn bekannt ist, in welchem Zustand sich eine Maschine gerade befindet, kann man ihr Verhalten beherrschen und vorhersagen.

2.56 Grundbegriffe

Erklären Sie die folgenden Begriffe!

a) Ereignis, Bedingung und ausgelöste Aktion
b) sondierende und verändernde Methode
c) Attribut und lokale Variable
d) Gleichung und Wertzuweisung
e) Deklaration, Instanzierung und Initialisierung

2.57 Andere Länder, andere Ampeln

a) Entwerfen Sie ein Zustandsdiagramm zu einer einfachen Ampel (Bild 1)! Relevant sei einzig das Ereignis `umschalten`. Die Dauer der Ampelphasen soll nicht modelliert werden. Die Ampel kann zu Testzwecken manuell durchgeschaltet werden.
b) Setzen Sie Ihr Zustandsdiagramm in ein Programm um!
c) Informieren Sie sich über österreichische und italienische Ampelphasen! Modellieren Sie dann eine österreichische und eine italienische Ampel!

1 Verkehrsampel

2.58 Parkgebühr

In Parkhäusern erhält man bei der Einfahrt eine Parkkarte. Auf dieser ist vermerkt, wann man in das Parkhaus eingefahren ist. Will man das Parkhaus wieder verlassen, muss zunächst an einem Parkautomaten die Parkgebühr entrichtet werden. Führt man am Automaten eine gültige Karte ein, wird der zu zahlende Betrag angezeigt. Wenn genügend Geld eingeworfen wurde, dann bekommt man eine freigeschaltete Karte und eventuell Restgeld zurück.
Entwerfen Sie ein Zustandsdiagramm, welches einen Überblick über mögliche Abläufe am Parkautomaten gibt!

2.59 Getränkeautomat

Arbeiten Sie mit dem Zustandsdiagramm eines Getränkeautomaten aus Bild 2.

a) Beschreiben Sie die Bedienungsabläufe in Worten, die nötig sind, um an diesem Automaten ein Getränk zu kaufen!
b)* Zeichnen Sie eine Zustandsübergangstabelle zu diesem Automaten!
c) Schreiben Sie eine Klasse `Getraenkeautomat`, mit der Sie alle in Bild 2 dargestellten Abläufe simulieren können!

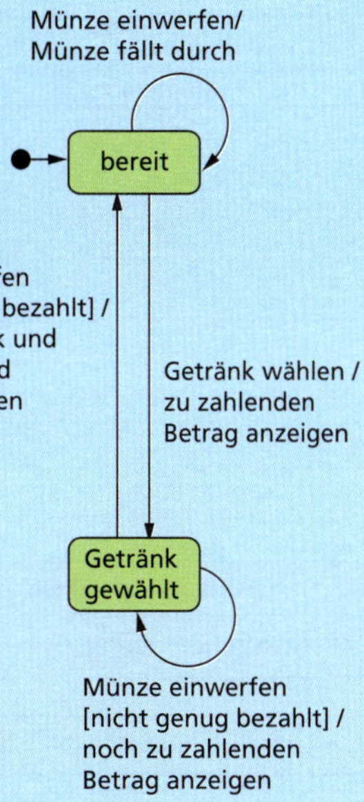

2 Zustandsdiagramm eines Getränkeautomaten

2.60 Eisautomat (E)

An einem einfachen Eisautomat können Kunden für 80 Cent ein Eis am Stiel kaufen. Der Automat akzeptiert nur 20-Cent-Münzen. Er bietet die Eissorten **`"Aloe Vera"`**, **`"Ananas"`** und **`"Apfelsine"`** an.

Lösen Sie die folgenden Aufgaben, indem Sie mit einer gegebenen Umsetzung des Eisautomaten experimentieren! Bild 1 zeigt die zur Umsetzung gehörende Klassenkarte.

Eisautomat
– anzahlDerMuenzen: int – eissorte: String
+ muenzeEinwerfen(): void + eisWaehlen(String): void

1 Klassenkarte `Eisautomat`

a) Jede leere Zelle der unten dargestellten Tabelle repräsentiert einen Zustand, in dem sich der Eisautomat möglicherweise irgendwann einmal befinden kann. Versuchen Sie, möglichst viele dieser Zustände zu erreichen, in dem Sie mit einem Objekt der gegebenen Klasse **`Eisautomat`** experimentieren und Dienste dieses Objekts nutzen! Gibt es Zellen, die nie erreicht werden können? Zeichnen Sie ein Zustandsdiagramm ohne Bedingungen!

`anzahlDerMuenzen` / `eissorte`	**0**	**1**	**2**	**3**	**4**	**mehr als 4**
`"nicht gewählt"`						
`"Aloe Vera"`						
`"Ananas"`						
`"Apfelsine"`						

b) Versuchen Sie, jeweils mehrere Zustände zu einem zusammenzufassen. Geben Sie den so entstehenden Zuständen aussagekräftige Namen und zeichnen Sie ein Zustandsdiagramm mit Bedingungen!

2.61 Fliesen

In einem Baumarkt werden quadratische Fliesen verschiedener Qualität angeboten.

Der Verkauf soll durch eine spezielle Software unterstützt werden, bei der eine bestimmte Fliesenart als Objekt der Klasse QuadratischeFliese umgesetzt ist (↗ Bild 2).

Die Seitenlänge (in m) und der Preis einer Fliese werden bei der Erzeugung eines Objekts vom Nutzer übergeben und als Attributwerte gespeichert. Durch Aufruf der Methode **`kostenSchaetzen(...)`** kann der Nutzer nach Eingabe der zu fliesenden Fläche (in m^2) den voraussichtlichen Preis für die benötigten Fliesen erhalten.

Erstellen Sie ein Datenflussdiagramm zur sondierenden Methode **`kostenSchaetzen(...)`**! Setzen Sie dann die Klasse **`QuadratischeFliese`** in ein Programm um!

QuadratischeFliese
– seitenlaenge: double – preis: double
+ kostenSchaetzen(double): double

2 Klassenkarte `QuadratischeFliese`

Algorithmische Beschreibung von Abläufen

3

1 Fabrikroboter

In der industriellen Fertigung sind in den letzten Jahrzehnten immer mehr Aufgaben von menschlichen Arbeitern auf Maschinen wie Roboter übertragen worden. Diese erledigen auch unangenehme und gefährliche Aufträge klaglos und meist schneller und kostengünstiger als Menschen. Auch bei Dienstleistungen, wie zum Beispiel der Auszahlung eines Geldbetrags an einen Bankkunden, kann inzwischen auf menschliche Mitarbeiter verzichtet werden. Allerdings benötigt man die Intelligenz menschlicher Software-Entwickler, um den Maschinen „beizubringen", wann sie welchen Arbeitsschritt zu erledigen haben.

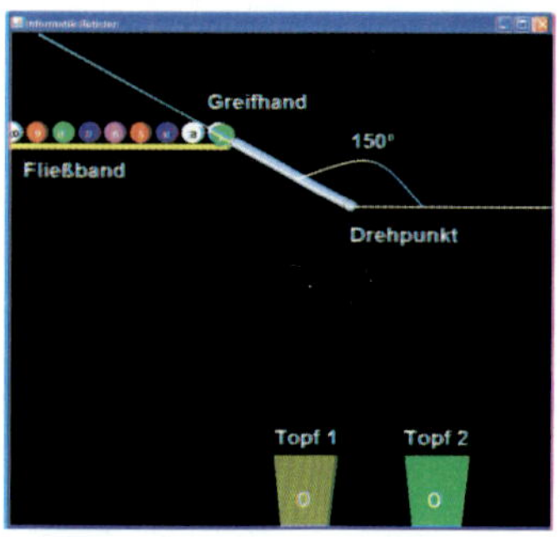

2 Robotersimulation

3.1 Folgen von Zustandsübergängen; Algorithmus

Roboter

Im Gegensatz zu Robotern in Science-Fiction-Filmen können Fabrik-Roboter selten sprechen oder laufen, sondern bestehen meist aus einem Roboterarm, der über Drehgelenke bewegt werden kann. Am Ende des Armes befindet sich oft ein Werkzeug, mit dem der Roboter bestimmte Aufgaben (wie z. B. Schweißen, Schrauben, Lackieren, ...) erfüllt. Woher weiß aber ein solcher Roboter, was er zu tun hat?

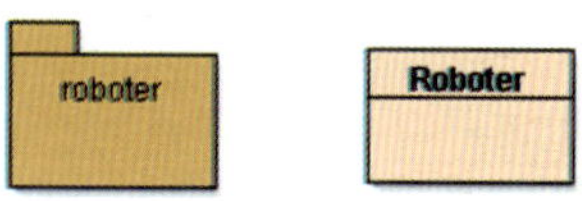

3 vorgegebene Klasse `Roboter`

Wir wollen mit einem einfachen Modell eines solchen Roboters, das mithilfe unserer Entwicklungsumgebung simuliert und grafisch dargestellt wird, experimentieren. Unser Robotermodell besitzt einen an einem Drehgelenk beweglichen Arm und eine Hand, mit der er Kugeln umgreifen und wieder loslassen kann. Außerdem stehen ihm ein Fließband, das nummerierte Kugeln transportiert, und zwei Töpfe, in die die Kugeln sortiert werden können, zur Verfügung.

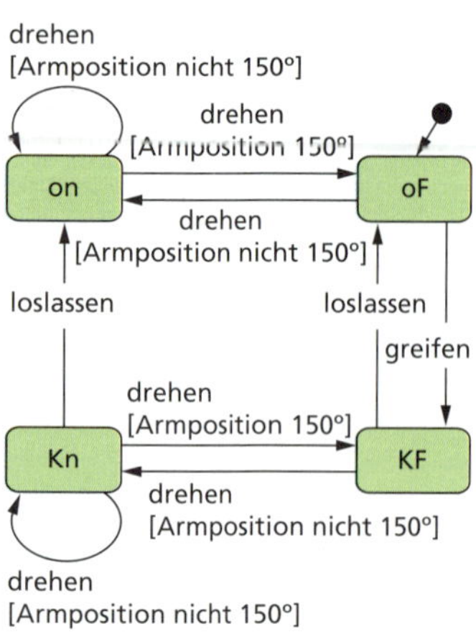

4 Zustandsdiagramm eines Roboters

Betrachten wir den Arm des Roboters. Dieser kann aufgrund der vielen möglichen Armstellungen (360 ganzzahlige Winkelwerte) sehr viele Zustände besitzen. Wichtig für den Transport der Kugeln ist aber vor allem, ob sich die Roboterhand am Fließband befindet.
Mit dieser Überlegung lässt sich in einem Modell für Arm und Greifhand die Zahl der Zustände auf vier reduzieren:
- on: Greifhand offen, nicht am Fließband
- oF: Greifhand offen, am Fließband
- Kn: Kugel in der Greifhand, nicht am Fließband
- KF: Kugel in der Greifhand, am Fließband

Der Anfangszustand ist „oF". Das heißt, nach der Erzeugung des Roboterobjekts ist die Greifhand offen und befindet sich am

Fließband. Die Position des Roboterarms befindet sich im 150°-Winkel zur Horizontalen rechts vom Drehpunkt (↗ Bild 2, Seite 72)

Experiment

Wir setzen den Roboter nicht selbst in Java um, sondern nutzen eine vorgegebene Klasse `Roboter` mit einer grafischen Darstellung des Roboters in unserer Entwicklungsumgebung. Nach der Erzeugung eines Roboterobjekts können wir es für uns arbeiten lassen, indem wir seine Dienstmethoden aufrufen (↗ Bild 1).
Soll der Roboter beispielsweise eine Kugel vom Fließband nehmen, in den ersten Topf werfen und den Arm zurück zum Fließband drehen, müssen die folgenden Schritte durchgeführt werden (↗ auch Bild 2):

Kugel greifen
Arm um 100° im Gegenuhrzeigersinn drehen
Kugel loslassen
Arm um 100° im Uhrzeigersinn drehen

Der Wert 100° beschreibt dabei den „Drehweg", also Winkeländerung relativ zur aktuellen Position des Roboters (zu Beginn 150°, dann 250°).

Eine derartige Verarbeitungsvorschrift nennt man in der Informatik **Algorithmus**.
Der Roboterarm durchläuft nacheinander alle vier Zustände des Diagramms. Die Anweisungen für diese Folge von Zustandsänderungen müssen tatsächlich ausführbar sein und so präzise formuliert werden, dass sie auch von einer Maschine eindeutig zu verstehen sind.
Zur Ausführung solcher Anweisungen stellen Objekte Methoden zur Verfügung. Wenn wie in unserem Beispiel eine Folge von Anweisungen nacheinander abgearbeitet wird, spricht man von einer **Sequenz.**

> Ein **Algorithmus** ist eine Verarbeitungsvorschrift, die aus **endlich** vielen, **eindeutig ausführbaren** Anweisungen besteht.
> Eine Folge von Anweisungen, die nacheinander abgearbeitet werden, heißt **Sequenz.**

Natürlich ist es nicht zweckmäßig, dem Roboter die Anweisungen einzeln „mit der Hand" zu geben.
Wir entwerfen die Klasse `Robotersteuerung`, um ihn von einem Programm steuern zu lassen. Objekte dieser Klasse sind in der Lage, einem Roboter die obigen Anweisungen automatisch zu geben, wenn man die Methode `kugelTransportieren()` aufruft.

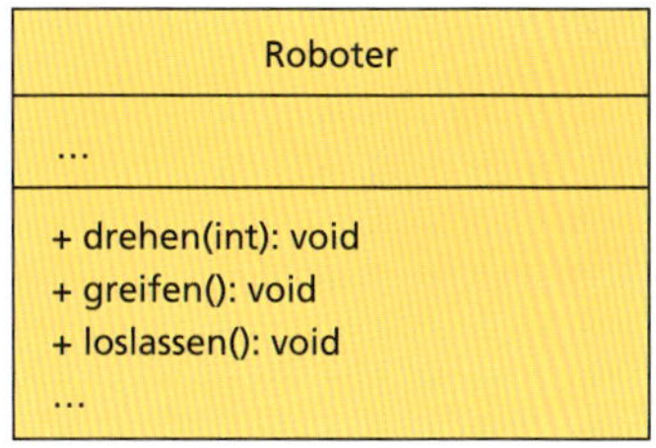

1 Klassenkarte `Roboter`

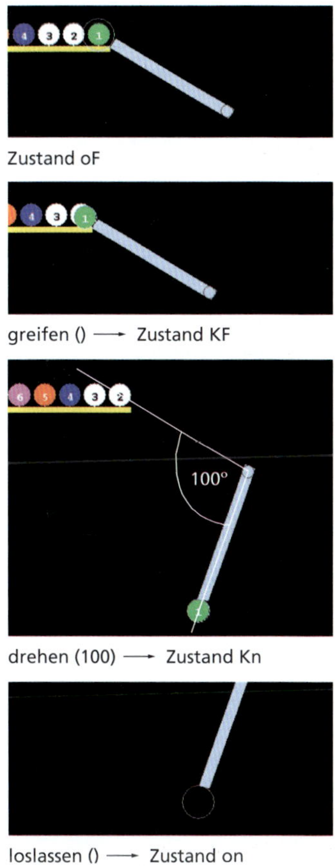

2 Zustände und Zustandsübergänge

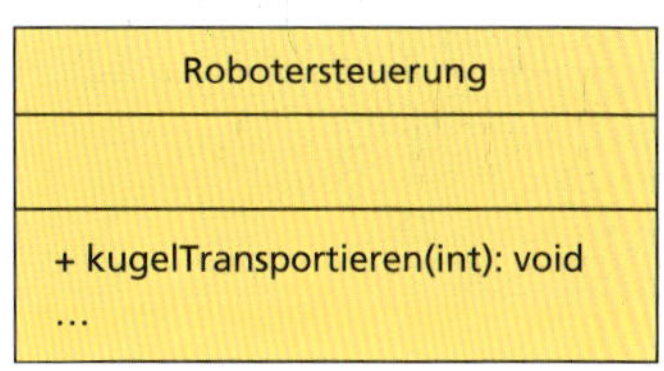

3 Klassenkarte `Robotersteuerung`

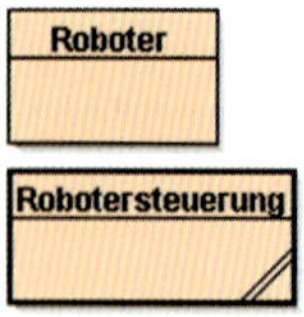

1 Die Klassen `Roboter` und `Robotersteuerung` in der Entwicklungsumgebung

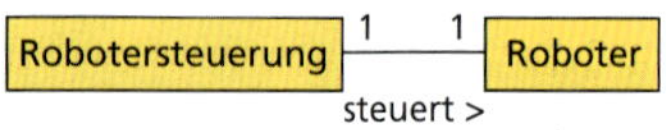

2 Beziehung zwischen den Klassen `Roboter` und `Robotersteuerung`

Der Nutzer von Diensten des Roboterobjekts, wie zum Beispiel `greifen()`, ist hier kein menschlicher Nutzer der Entwicklungsumgebung sondern ein Objekt der Klasse `Robotersteuerung`.

Bei der Erzeugung eines Objekts der Klasse `Robotersteuerung` legt der Nutzer im Konstruktor über einen Eingangsparameter vom Typ `Roboter` fest, welches Objekt der Klasse `Roboter` gesteuert werden soll.
Diese Information wird mithilfe des Attributs `robo` gespeichert. Wie auch Attribute vom Typ `String` (`String` ist eine Klasse) hat das Attribut `robo` keinen Wert einfachen Typs, sondern verweist auf ein Objekt, dessen Dienste das Objekt der Klasse `Robotersteuerung` nun nutzen kann.
Es besteht eine Beziehung zwischen den beiden Objekten (↗ Bild 2 und Abschnitt 1.2; mehr zu diesem Thema ist im Kapitel 4 zu finden).

Umsetzung in Java

Die Anweisungen in der Methode `kugelTransportieren()` werden dem Roboterobjekt mithilfe der Punktnotation erteilt, zum Beispiel `robo.drehen(100)`.

```
public class Robotersteuerung{
      Roboter robo;

      // Konstruktor
      public Robotersteuerung(Roboter r){
            /* Dem Attribut robo wird das vom
             Nutzer übergebene Objekt zugewiesen.*/
            robo = r;
      }

      public void kugelTransportieren(){
            robo.greifen();
            robo.drehen(100);
            robo.loslassen();
            robo.drehen(-100);
      }
}
```

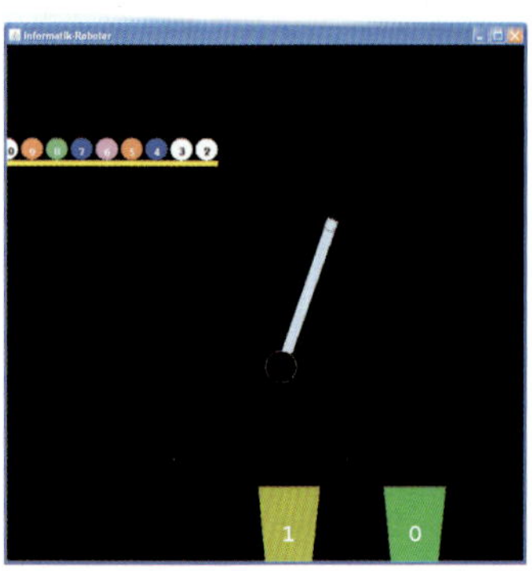

3 Eine Kugel wurde in Topf 1 transportiert

3.1 (E) Erzeugen Sie nun ein Objekt der Klasse `Roboter` in Ihrer Entwicklungsumgebung, zum Beispiel mit dem Namen `robo1`!
Um dann ein Objekt der Klasse `Robotersteuerung` herzustellen, das dieses Roboterobjekt steuern kann, müssen Sie beim Aufruf des Konstruktors `robo1` als Eingangsparameterwert übergeben. Rufen Sie dann die Methode `kugelTransportieren()` auf!

Dass das gewählte Roboterobjekt den Algorithmus auch tatsächlich ausgeführt hat, sehen Sie in der grafischen Darstellung daran, dass die Kugeln auf dem Fließband weitertransportiert wurden und die auf dem ersten Topf angegebene Zahl um 1 erhöht wurde.

3.2 Algorithmen im Alltag?

Bild 1 enthält Ausschnitte eines Kochrezepts und einer Bedienungsanleitung für eine digitale Videokamera. Die Beschreibungen ähneln Algorithmen. Warum sind es keine Algorithmen im Sinne der Informatik?

3.3 Rechnen mit Algorithmen

Im 9. Jahrhundert n. Chr. schrieb der persisch-arabische Mathematiker ABU DSCHA'FAR MUHAMMED IBN MUSA AL-CHWARAZMI (787–um 850; lateinischer Name „ALGORITMI") ein damals sehr einflussreiches Lehrbuch mit dem Titel „Über die indischen Zahlen". Der nach ihm benannte Begriff **Algorithmus** wurde ursprünglich zur Beschreibung der Durchführung der Grundrechenarten verwendet.
Formulieren Sie eindeutig durchführbare Anweisungen (Produkte einstelliger Zahlen und Summen) zur schriftlichen Multiplikation zweier zweistelliger Zahlen!

3.4 Kaffeeautomat

Formulieren Sie eine Folge von Anweisungen, mit denen
a) ein Becher Kaffee und ein Becher Tee (Preis je 50 Cent) aus dem Kaffeeautomaten (↗ Abschnitt 2.8) geholt werden können!
b) vier Becher Kaffee aus dem Automaten geholt werden können!

3.5 Schreibersteuerung (E)

Ein Objekt der Klasse `Schreiber` (↗Aufgabe 1.16) soll einen Namen und eine Adresse ausgeben und in einer Textdatei speichern, die dann zum Beispiel mit einem Textverarbeitungs- oder Tabellenkalkulationsprogramm geöffnet werden kann. Schreiben Sie eine Klasse `Schreibersteuerung` mit der Methode `adresseSpeichern(String name, String strasse, String ort)`, die einem Objekt der Klasse `Schreiber` die dafür benötigten Anweisungen gibt! (↗auch Aufgabe 3.10)

... Bohnensuppe salzen, pfeffern, falls nötig, noch etwas Wasser angießen. Suppe aufkochen. Makkaroni dazugeben, in 8–10 Minuten bissfest kochen. Tomaten einrühren. Suppe neben dem Herd noch 3 Minuten ziehen lassen und mit je 1 Klecks Pesto pro Teller servieren.

...
1. Drücken Sie die Multifunktionstaste, bis das Symbol **1** angezeigt wird.
2. Drücken Sie die Multifunktionstaste unten, um das Soft-Skin-Symbol auszuwählen.
...

1 Ausschnitte aus einem Kochrezept (oben) und einer Bedienungsanleitung (unten)

2 AL-CHWARAZMI

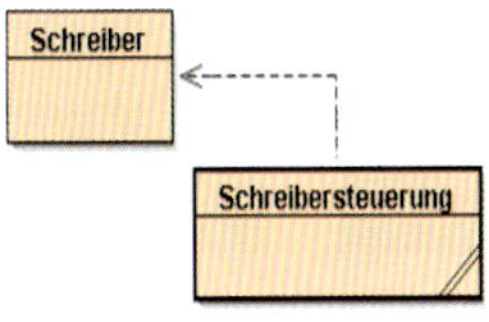

3 Schreibersteuerung

Roboter
...
+ drehen(int): void + greifen(int): void + loslassen(int): void ...

1 Klassenkarte `Roboter`

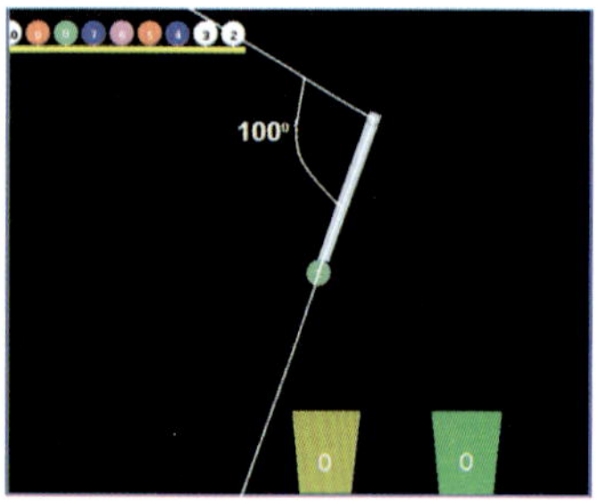

2 Robotersimulation

```
wiederhole 4 mal
    schritt ()
*wiederhole
```

3 Wiederholung mit fester Anzahl in der Entwicklungsumgebung Karol

Robotersteuerung
+ kugelTransportieren(int): void + nKugelnTransportieren(int): void ...

4 Klassenkarte `Robotersteuerung`

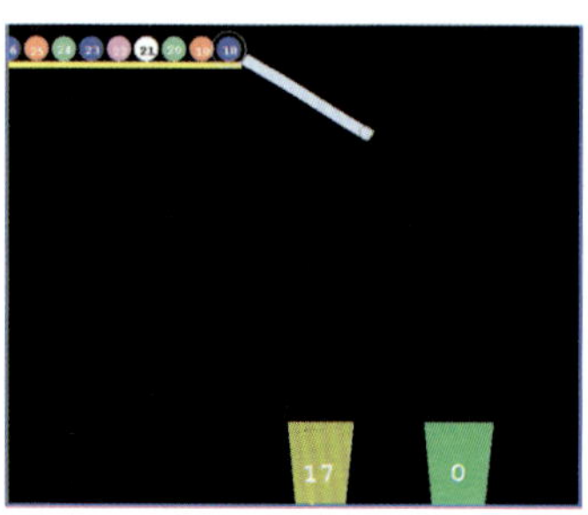

5 17 Kugeln wurden in Topf 1 transportiert

3.2 Wiederholung und Auswahl

Aus dem Informatikunterricht der 7. Jahrgangsstufe kennen Sie bereits die Grundbausteine von Algorithmen. In diesem Kapitel werden diese Grundbausteine wiederholt. Außerdem wird erklärt, wie wir mit ihrer Hilfe objektorientierte Programme schreiben können.

Wiederholung mit fester Anzahl

Wir betrachten wieder die Simulation eines einfachen Fabrikroboters aus dem letzten Kapitel. Als Fließbandarbeiter soll der Roboter nun nicht mehr nur eine einzige Kugel in den Topf fallen lassen, sondern mehrere hintereinander, z. B. 17. Würde man den zugehörigen Algorithmus mithilfe einer **Sequenz,** also einer Folge von Anweisungen (↗Abschnitt 3.1), beschreiben, müsste man 17 mal die Arbeitsschritte

Kugel greifen
Arm um 100° im Gegenuhrzeigersinn drehen
Kugel loslassen
Arm um 100° im Uhrzeigersinn drehen

formulieren. Der Algorithmus würde aus 68 Anweisungen bestehen. Deutlich weniger umständlich ist die Darstellung mithilfe einer Wiederholungsanweisung:

Wiederhole 17 mal	
	Kugel greifen
	Arm um 100° im Gegenuhrzeigersinn drehen
	Kugel loslassen
	Arm um 100° im Uhrzeigersinn drehen

Das heißt, die unterhalb der Anweisung „Wiederhole 17 mal" nach rechts eingerückte Sequenz soll 17 mal ausgeführt werden.

> Wenn von Anfang an bekannt ist, wie viele Wiederholungen stattfinden werden, spricht man von einer **Wiederholung mit fester Anzahl.**

Als Entwickler der Klasse `Robotersteuerung` wollen wir eine Methode schreiben, die diesen Algorithmus umsetzt: die Methode `nKugelnTransportieren(int)`. Mithilfe eines Eingangsparameters kann der Nutzer die Zahl der zu transportierenden Kugeln, in unserem Fall 17, bestimmen.

In Java kann eine Wiederholung mit fester Anzahl mit der Anweisung `for` (...) {...} umgesetzt werden.

```
public void nKugelnTransportieren(int n){
        // wiederhole n mal
        for (int i = 0; i < n; i = i + 1){
                robo.greifen();
                robo.drehen(100);
                robo.loslassen();
                robo.drehen(-100);
        }
}
```

Was bedeutet „`int i = 0; i < n; i = i + 1`"?
Mit einem Index, hier `i`, wird gezählt, wie oft die Anweisungen innerhalb der geschweiften Klammern bereits wiederholt wurden. Der Index ist eine lokale Variable, die nur während des Wiederholungsvorgangs bekannt ist. Anschließend wird sie gelöscht. Mit „`int i = 0`" wird der Index deklariert und auf einen Anfangswert, hier `0`, gesetzt. Solange die Bedingung „`i < n`" erfüllt ist, wird weiter wiederholt. Nach jeder Wiederholung wird der Wert des Indexes um 1 erhöht: „`i = i + 1`".

Ein n-maliges Wiederholen von Anweisungen kann erreicht werden, indem man einen Index von `0` bis `n-1` zählt und für jeden Indexwert die Anweisungen je einmal ausführt, kurz:

Zähle den Index `i` von `0` bis `n-1` und wiederhole	
	Anweisungen

Wiederhole n mal	
	eine Kugel transportieren

1 Algorithmus `nKugelnTransportieren()`

Der Algorithmus für die Methode `nKugelnTransportieren(...)` kann noch kürzer formuliert werden, wenn wir die Methode `kugelTransportieren()` verwenden, die wir bereits geschrieben haben (↗ S. 74):

```
public void nKugelnTransportieren(int n){
        for (int i = 0; i < n; i = i + 1){
                kugelTransportieren();
        }
}
```

Die Methoden funktionieren nur wie gewünscht, wenn der Roboter sich im Anfangszustand oF, „am Fließband ohne Kugel in der Greifhand", befindet.

Mit der Anweisung `kugelTransportieren()` ruft das Objekt der Klasse `Robotersteuerung` seine eigene Methode auf. Allgemein kann mit der Anweisung `methodenname(...)` innerhalb einer Methode eines Objekts eine andere Methode des gleichen Objekts mit dem Namen `methodenname` aufgerufen werden.

Speichern eines Rückgabewertes

In unserem nächsten Beispiel soll der Roboter eine weiße Kugel finden. Dazu benötigt die Robotersteuerung Informationen über die Farbe der Kugel in der Greifhand des Roboters. Die Klasse `Roboter` besitzt die sondierende Methode `kugelfarbeGeben()`, die diese Farbe in Form einer Zeichenkette, zum Beispiel `"blau"` zurückgibt. Hält die Greifhand keine Kugel, wird `""` zurückgegeben. Ein menschlicher Nutzer kann den Rückgabewert vom Bildschirm ablesen (↗ Bild 1, S. 78) und ihn in seinem Gedächtnis speichern, um diese Information für weitere Arbeitsschritte verwenden zu können. Wenn ein Objekt der Klasse `Robotersteuerung` die Methode `kugelfarbeGeben()` nutzt, kann eine lokale Variable `farbe` vom Typ `String` als „Gedächtnis" dienen. Der Rückgabewert wird durch eine Wertzuweisung in dieser Variablen gespeichert.

Roboter
...
+ drehen(int): void + greifen(): void + loslassen(): void + kugelfarbeGeben(): String ...

2 Klassenkarte `Roboter`

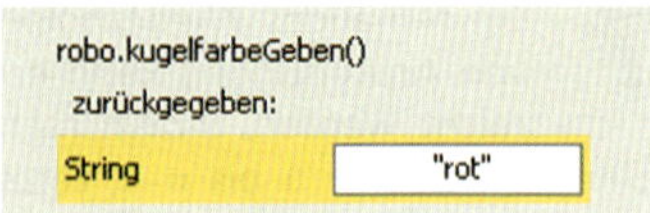

1 Ein menschlicher Nutzer erhält einen Rückgabewert und kann ihn in seinem Gedächtnis speichern.

Ein Objekt erhält einen Rückgabewert und speichert ihn in einer lokalen Variablen `farbe`.

```
String farbe;
farbe = robo.kugelfarbeGeben()
```

In Java schreibt man: `farbe = robo.kugelfarbeGeben()`. Diese Anweisung ist von rechts nach links zu lesen: „Ermittle erst die Kugelfarbe und weise dann der Variablen `farbe` den erhaltenen Wert zu."

Wird in einem Programm eine Methode aufgerufen, die einen Wert zurückgibt, kann dieser mithilfe einer Wertzuweisung in einer Variablen geeigneten Typs gespeichert werden: **`variablenname = (objektname.)methodenname(...)`**

Bedingte Wiederholung

Eine weiße Kugel wird benötigt. Der Roboter soll so lange Kugeln vom Band nehmen und in Topf 1 ablegen, bis er eine weiße Kugel in seiner Greifhand hält.

3.6 Warum kann der Algorithmus zur Lösung dieser Aufgabe nicht mit einer Wiederholung mit fester Anzahl formuliert werden?

```
wiederhole solange nichtIstWand
    hinlegen ()
    schritt ()
*wiederhole
```

2 Bedingte Wiederholung in der Entwicklungsumgebung Karol

Zunächst nimmt der Roboter eine Kugel vom Fließband und prüft ihre Farbe. Solange die Bedingung „der Roboter hält eine weiße Kugel in der Greifhand" noch nicht erfüllt ist, wirft der Roboter immer wieder seine aktuell gegriffene Kugel in Topf 1, nimmt eine neue Kugel vom Fließband und ermittelt deren Farbe. Wird bei der Prüfung der Bedingung festgestellt, dass gleich die erste Kugel weiß ist, muss nichts mehr getan werden. Struktogramm:

Kugel greifen	
Kugelfarbe ermitteln	
Wiederhole, solange die Farbe der Kugel nicht weiß ist	
	Arm um 100° im Gegenuhrzeigersinn drehen
	Kugel loslassen
	Arm um 100° im Uhrzeigersinn drehen
	Kugel greifen
	Kugelfarbe ermitteln

Werden Anweisungen wiederholt, solange eine bestimmte Bedingung erfüllt ist, spricht man von einer **bedingten Wiederholung.**

Robotersteuerung
+ weisseKugelFinden(): void ...

3 Klassenkarte `Robotersteuerung`

Wir erweitern die Klasse `Robotersteuerung` um eine neue Methode `weisseKugelFinden()`, mit der dieser Algorithmus durchgeführt werden soll.

In Java können bedingte Wiederholungen mit der Anweisung `while(...){...}` umgesetzt werden. Da die Bedingung „Farbe nicht weiß" lautet, benötigen wir ein Symbol für die Verneinung „nicht": in Java verwendet man dafür das Ausrufezeichen „`!`".

```
public void weisseKugelFinden(){
        String farbe;
        robo.greifen();
        // Farbe der Kugel ermitteln und speichern
        farbe = robo.kugelfarbeGeben();
        // transportieren, solange noch keine weisse
        // gefunden wurde
        while(!farbe.equals("weiß")){
                robo.drehen(100);
                robo.loslassen();
                robo.drehen(-100);
                robo.greifen();
                farbe = robo.kugelfarbeGeben();
        }
}
```

Bedingte Wiederholung in Java

```
while(Bedingung){
   Anweisungen, die
   wiederholt werden,
   solange die Bedingung
   erfüllt ist
}
```

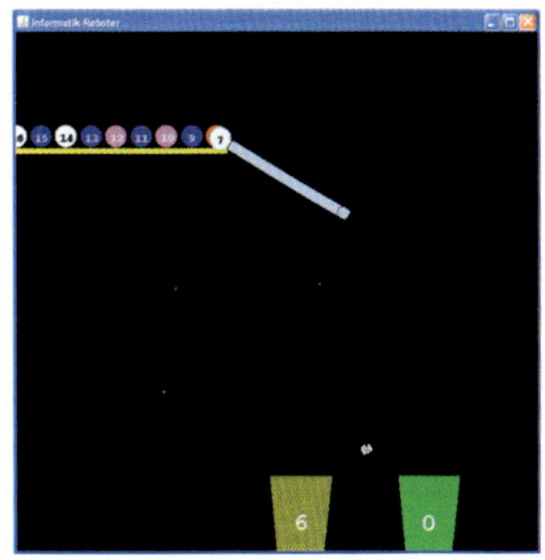

1 Der Roboter hat im 7. Versuch endlich eine weiße Kugel gefunden.

Auswahl

Eine rote Kugel ist etwas Besonderes. Sie wird in den linken Topf (Topf 1) sortiert, Kugeln anderer Farbe landen im rechten (Topf 2). Diese Aufgabe soll wieder von einem Roboter durchgeführt werden, der von einer Methode `rotSortieren()` der Klasse `Robotersteuerung` gelenkt wird. Nachdem der Roboter eine Kugel gegriffen hat, muss sich der Roboterarm um einen bestimmten Winkel drehen, die Kugel loslassen und sich um den gleichen Winkel zurückdrehen. Ist die Kugel rot, beträgt dieser Drehwinkel 100°, sonst 160°. Es handelt sich also um eine zweiseitige Auswahl (↗ Kapitel 2.8). Zunächst soll nur eine Kugel in den richtigen Topf sortiert werden.

Die Fallunterscheidung setzen wir wieder mit der bedingten Anweisung `if-else` um. Der Drehwinkel wird in einer lokalen Variablen `drehwinkel` gespeichert, deren Wert dann der Methode `drehen(int)` über einen Eingangsparameter übergeben wird.

```
public void rotSortieren(){
        String farbe;   //lokale Variablen
        int drehwinkel;
        robo.greifen();
        farbe = robo.kugelfarbeGeben();
        if (farbe.equals("rot")){
                drehwinkel = 100;  //Drehwinkel zu Topf1
        }
        else{
                drehwinkel = 160;  //Drehwinkel zu Topf2
        }
        robo.drehen(drehwinkel); // um Drehwinkel drehen
        robo.loslassen(); // Kugel in Topf fallen lassen
        robo.drehen(-drehwinkel); // zurück zum Fließband
}
```

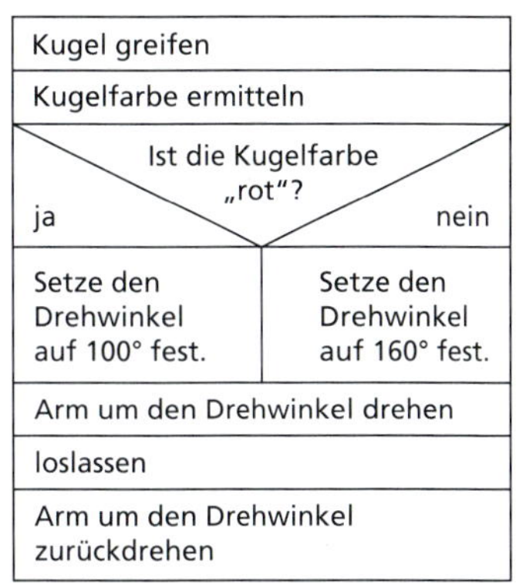

2 Algorithmus `rotSortieren()`

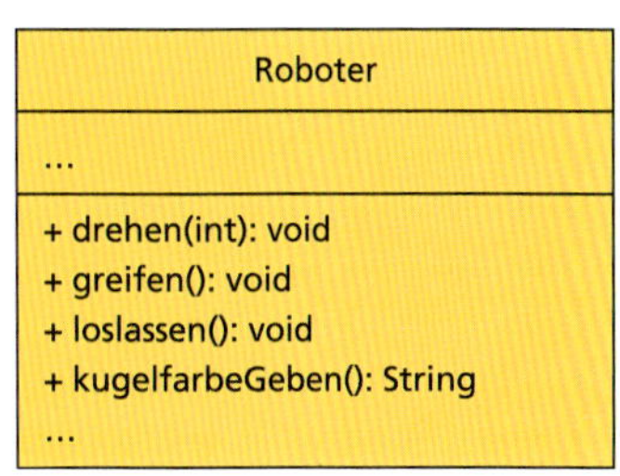

3 Klassenkarte `Roboter`

Sequenz, Auswahl und **Wiederholung** sind die Grundbausteine von Algorithmen.

3.7 Kürzerer Code für das Sortieren (E)

Nach Aufruf der Methode `transportieren(...)` der Klasse `Robotersteuerung` soll der Roboter den Arm um einen vom Nutzer übergebenen Winkel drehen, loslassen und den Arm um den gleichen Winkel zurückdrehen.

a) Setzen Sie diese Methode in Java um!

b) Wie kann man mithilfe dieser Methode den Programmcode von `rotSortieren(...)` kürzer schreiben? Setzen Sie Ihre Idee in Java um!

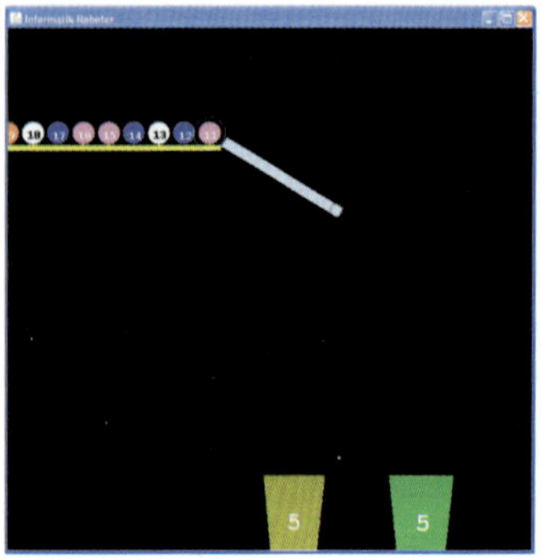

1 Zu Aufgabe 3.8: Ein Roboter nach dem Sortieren von 10 Kugeln

3.8 Wiederholtes Sortieren roter Kugeln (E)

Formulieren Sie einen Algorithmus für eine Methode der Klasse `Robotersteuerung`, die n Kugeln nach ihrer Farbe sortiert: rote Kugeln in Topf 1, Kugeln anderer Farben in Topf 2. Die natürliche Zahl n soll dabei vom Nutzer als Eingangsparameterwert übergeben werden. Setzen Sie ihren Algorithmus in Java um!

3.9 Robotersteuerung für Könner (E)

Formulieren Sie einen Algorithmus für eine Methode der Klasse `Robotersteuerung`, die Folgendes leistet: Der Roboter transportiert so lange Kugeln in Topf 1, bis eine Kugel die Farbe ihres Vorgängers besitzt. Die gemeinsame Farbe dieses Kugelpaares gibt er an den Nutzer zurück. Setzen Sie diese Methode in Java um!

Hilfe: Nutzen Sie eine lokale Variable `letzteFarbe`, in der die Farbe der zuletzt transportierten Kugel gespeichert ist. Mit dem Wert dieser Variablen kann die Farbe der Kugel, die der Roboter gerade im Griff hält, verglichen werden.

Hinweis zu Aufgabe 3.10: Zur Berechnung der Quadrate kann der Index `i` der `for`-Anweisung verwendet werden, zum Beispiel:

```
quadrat = i * i;
```

(`quadrat` ist eine Variable vom Typ `int`)

Der Wert von `i` ändert sich nach jeder Wiederholung, sodass nacheinander mehrere verschiedene Quadratzahlen berechnet werden können.

3.10 Schreibersteuerung (E)

Ergänzen Sie die Klasse `Schreibersteuerung` (↗ Aufgaben 1.16 und 3.5) durch eine Methode `quadrateSpeichern(int n)`, die alle Quadrate der Zahlen von 1 bis zu einer vom Nutzer übergebenen Zahl n in einer Textdatei speichert! Lassen Sie ein Objekt der Klasse `Schreibersteuerung` die Methode ausführen, öffnen Sie die Textdatei mit einem Tabellenkalkulationsprogramm und stellen Sie mit diesem die Quadratzahlen in einer Grafik dar!

3.11 Würfelautomat (E)

Die Klasse `Wuerfelautomat` nutzt die Dienste eines Objekts der (vorgegebenen) Klasse `Wuerfel` (↗ Bild 1), dessen Methode `werfen()` eine Zufallszahl zwischen 1 und 6 zurückgibt. Setzen Sie für die Klasse `Wuerfelautomat` die folgenden Methoden in Java um!

a) Die Methode `nMalWuerfeln(...)` simuliert so viele Würfe wie vom Nutzer gewünscht.

b) Die Methode `wuerfelnBis6()` „würfelt" so lange, bis zum ersten Mal die Augenzahl 6 gefallen ist.

Beide Methoden geben die geworfenen Augenzahlen auf den Bildschirm aus (z. B. mit `System.out.println(...)`).
(↗ auch Aufgabe 3.28)

Wuerfel
...
+ werfen(): int

1 Klassenkarte `Wuerfel`

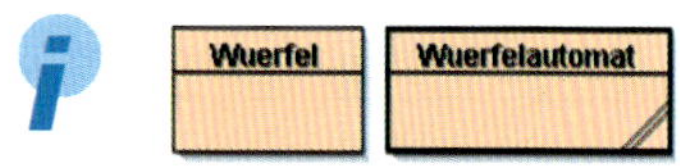


```
public class Wuerfelautomat{
  private Wuerfel wuerfel;
  ...
  public Wuerfelautomat(){
    wuerfel = new Wuerfel();
  }
  ... // Methoden
}
```

3.12 Umwandlung in eine bedingte Wiederholung

Zeigen Sie durch Umformulierung des Algorithmus in Bild 2, dass man die 10 Jogurts auch mit einer bedingten Wiederholung einkaufen kann! Verwenden Sie dazu eine Variable `zaehler`, die zu Beginn den Wert `0` hat und deren Wert in der Bedingung geprüft wird!

Wiederhole 10 mal
Jogurt aus dem Regal nehmen und in den Einkaufswagen legen

2 Algorithmus Jogurt kaufen

3.3 Anspruchsvolle Methoden

Bankautomaten „denken" bei der Geldausgabe mit. Sie geben zum Beispiel 190 € in Form von drei 50-€-Scheinen und zwei 20-€-Scheinen aus und nicht in neunzehn 10-€-Scheinen. Woher „weiß" ein Bankautomat, welche Scheine er wählen muss?
Wir wollen das Geldfach eines solchen Automaten in einem Programm simulieren. Uns interessieren nicht die Eingabe der PIN-Nummer oder das Einführen der Karte. Das fällt nicht in den Aufgabenbereich des Geldfachs. Die Informationen, wann und wie viel Geld benötigt wird, bekommt das Geldfach vom Bankautomaten, der mit dem Bankkunden interagiert. Das Geldfach enthält lediglich drei verschiedene Geldscheintypen: 10 €, 20 € und 50 €. Daher darf der Bankkunde als Nutzer nur Beträge anfordern, die ganzzahlige Vielfache von 10 € sind (zum Beispiel 230 €, nicht aber 237 €). Es sollen so wenige Scheine wie möglich ausgegeben werden.

Beispiel: Betrag 80 € ⟶ Ausgabe: 50 € 20 € 10 €
Betrag 170 € ⟶ Ausgabe: 50 € 50 € 50 € 20 €

Ein Geldfach ist kein Goldesel. Nach Ausgabe eines Scheins enthält es einen solchen weniger, hat also seinen Zustand verändert.

Geldfach
– anzahl50: int – anzahl20: int – anzahl10: int
+ geldAusgeben(int): void

3 Klassenkarte `Geldfach`

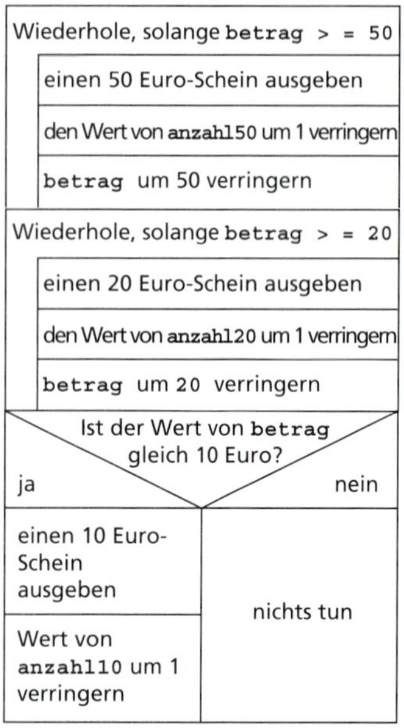

1 Algorithmus der Methode `geldAusgeben(...)`

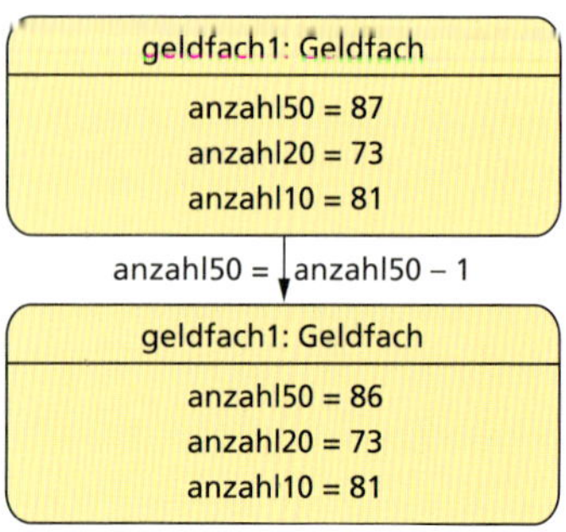

2 Zustandsänderung des Programmobjekts

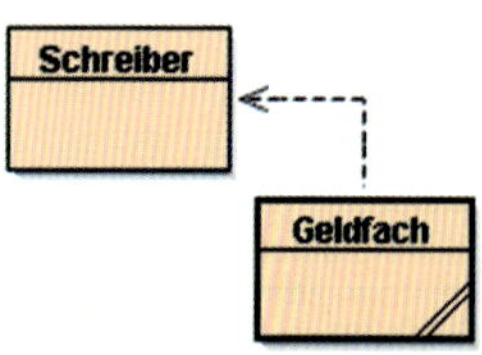

3 Wir nutzen die Dienste der Klasse `Schreiber`.

Wir modellieren das Geldfach als ein Objekt einer Klasse **`Geldfach`**.

Der Zustand eines Geldfach-Objekts ist durch die Werte der Attribute **`anzahl50`**, **`anzahl20`** und **`anzahl10`** bestimmt, die die Anzahlen seiner 50-€-, 20-€- und 10-€-Scheine enthalten. Verlässt zum Beispiel ein 50-€-Schein das Fach, wird der Wert des Attributs **`anzahl50`** um 1 reduziert.

Durch die Methode **`geldAusgeben`**(...) ist ein Objekt der Klasse **`Geldfach`** in der Lage, einen vom Nutzer als Eingangsparameterwert übergebenen Betrag auszuzahlen. Ein Nutzer der Methode könnte zum Beispiel ein Bankautomat sein, der nach Interaktion mit einem Bankkunden auf die Dienste des Geldfachs zugreift.

Bevor wir die Klasse in ein Programm umsetzen, müssen wir eine Strategie entwickeln, wie die Ausgabe der kleinstmöglichen Anzahl von Scheinen erreicht werden kann, einen Algorithmus: Es werden so lange 50-€-Scheine ausgegeben, bis der auszuzahlende Restbetrag kleiner als 50 € ist, anschließend 20-€-Scheine, bis der Restbetrag kleiner als 20 € ist.

Falls dieser Betrag 10 € ist, werden noch 10 € ausgegeben, andernfalls nichts mehr. Der Algorithmus, der die Funktionsweise der Methode **`geldAusgeben`**(...) beschreibt, ist in Bild 1 übersichtlich in einem Struktogramm dargestellt.

3.13 Warum wird für die Ausgabe der 10 €-Scheine keine Wiederholungsanweisung benötigt?

Umsetzung in Java:

Die Anfangswerte der Attribute werden bei Erzeugung des Objekts mithilfe eines Konstruktors über Eingangsparameter festgelegt. Wir simulieren die Ausgabe eines Scheins am Bildschirm mithilfe eines Objekts der Klasse **`Schreiber`** (↗Abschnitt 1.1, Aufgabe 1.16) mit dem Namen **`ausgabe`**. Diese Klasse besitzt die Methode **`schreiben`**(...), die den durch einen Eingangsparameter übergebenen Wert in ein kleines Fenster schreibt.

```
public class Geldfach{
     private int anzahl50;
     private int anzahl20;
     private int anzahl10;
     /* Ein Objekt der Klasse Schreiber für die Simula-
      tion der Geldausgabe wird deklariert und erzeugt.*/
     private Schreiber ausgabe;

     // Konstruktor
     public Geldfach(int a50, int a20, int a10){
          anzahl50 = a50; // Anfangswerte über
          anzahl20 = a20; // Eingangsparameter
          anzahl10 = a10; // setzen
```

```
        // Erzeugung des Schreiberobjekts
        ausgabe = new Schreiber();
    }
    public void geldAusgeben(int betrag){
        while(betrag >= 50){
            // "50 €" ausgeben
            ausgabe.schreiben("50 €");
            // ein Schein weniger im Fach
            anzahl50 = anzahl50 - 1;
            // Restbetrag um 50 € reduzieren
            betrag = betrag - 50;
        }
        while(betrag >= 20){
            ausgabe.schreiben("20 €");
            anzahl20 = anzahl20 - 1;
            betrag = betrag - 20;
        }
        if(betrag == 10){  // falls 10 € Restbetrag
            ausgabe.schreiben("10 €");
            anzahl10 = anzahl10 - 1;
        }
}
```

Hinweis:
Variablen einfacher Typen sind in Java keine Objekte, können also keine Methode „`equals(...)`" besitzen. Stattdessen schreibt man für den Vergleich der Variablen `betrag` mit dem Wert `10` „`betrag == 10`". (Das einfache „`=`"-Zeichen wird ja schon für Wertzuweisungen benutzt.)

Problem:
Nehmen wir an, ein reales Geldfach, das von einem Programm-Objekt der Klasse **`Geldfach`** modelliert wird, enthält keinen Geldschein mehr. Während das reale Geldfach seinen Zustand beibehält, wenn die Methode **`geldAusgeben(...)`** aufgerufen wird (leer bleibt leer), kann sich der Zustand des Programmobjekts weiter ändern. Der Wert des Attributs **`anzahl50`** zum Beispiel könnte negativ werden, wenn die Anweisung **`anzahl50 = anzahl50 - 1`** zu oft ausgeführt wird. Die angeforderten Beträge würden von den Konten der Kunden abgebucht werden, ohne dass tatsächlich Geld ausgezahlt wird. Das würde der Bank viel Ärger bereiten!
Der Nutzer des Geldfachs muss also informiert werden können, ob die benötigten Scheine im Fach sind. Sollen zum Beispiel 30 € abgehoben werden und ist kein 10-€-Schein mehr vorhanden, muss der Vorgang abgebrochen werden. Als Entwickler entwerfen wir eine Methode **`vorratPruefen(...)`** der Klasse **`Geldfach`**, die prüft, ob für die Auszahlung eines bestimmten Betrags noch die entsprechenden Geldscheine vorhanden sind. Die Methode gibt an den Nutzer **`true`** oder **`false`**, also einen Wert vom Typ **`boolean`**, zurück. Ihre Funktionsweise beschreiben wir wieder durch einen Algorithmus.

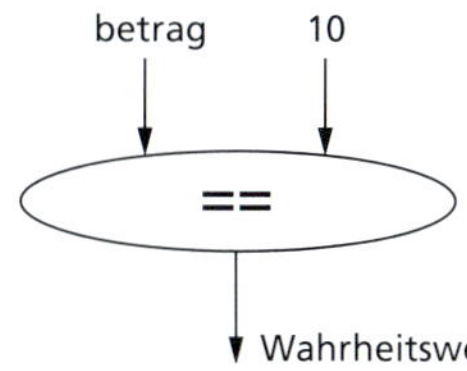

1 Vergleich von Werten eines einfachen Datentyps

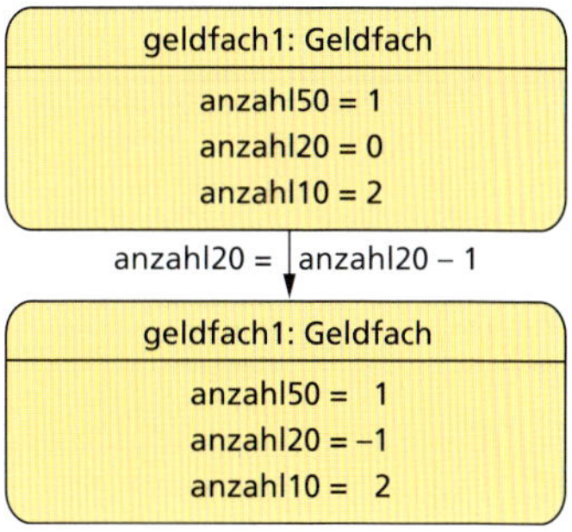

2 Das Geldfach enthält zuwenig Scheine

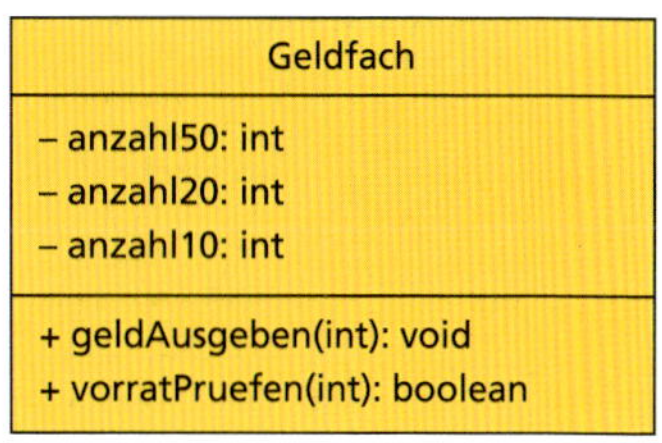

3 Klassenkarte `Geldfach`

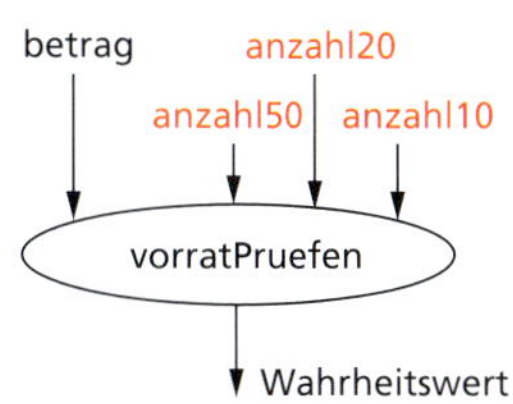

4 Datenflussdiagramm `vorratPruefen(...)`

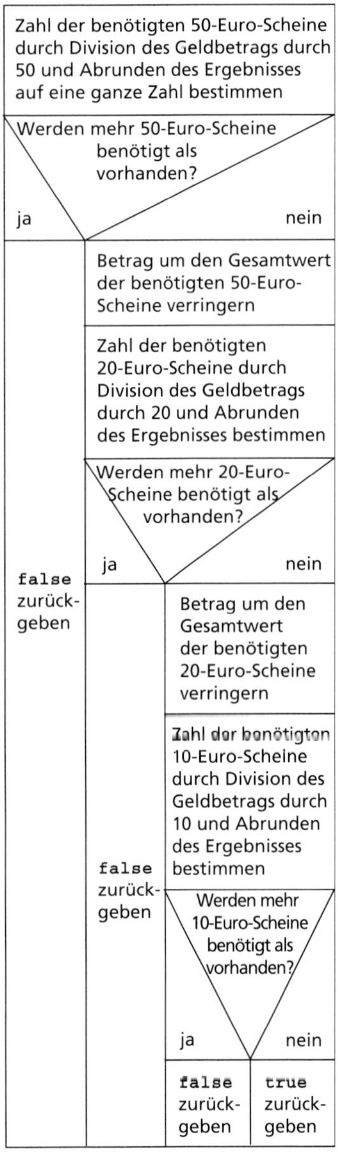

1 Algorithmus der Methode `vorratPruefen(...)`

Anhand des als Eingangsparameterwert übergebenen auszuzahlenden Betrags wird zuerst berechnet, wie viele 50-€-Scheine benötigt werden. Dazu muss der Betrag durch 50 dividiert und das Ergebnis auf einen ganzzahligen Wert abgerundet werden. Falls mehr Scheine benötigt werden als vorhanden sind, wird sofort der Wert `false` zurückgegeben. Nur wenn genügend 50-€-Scheine verfügbar sind, wird noch geprüft, ob auch eine ausreichende Zahl von 20-€-Scheinen im Fach ist. Dazu wird ein Restbetrag berechnet, indem man den Wert aller benötigten 50-€-Scheine (50 mal Zahl der benötigten 50-€-Scheine) vom insgesamt auszuzahlenden Betrag abzieht. Dieser Restbetrag wird durch 20 geteilt, abgerundet und mit der Zahl der 20-€-Scheine im Fach verglichen. Falls es nicht mehr genügend davon gibt, wird `false` zurückgegeben. Andernfalls wird überprüft, ob noch ausreichend 10-€-Scheine vorhanden sind. Die Methode gibt nur dann `true` zurück, wenn alle drei Geldscheintypen in benötigter Anzahl vorhanden sind. Sie ändert den Objektzustand nicht, ist also eine sondierende Methode.

Der beschriebene Algorithmus ist in dem nebenstehenden Struktogramm grafisch dargestellt.

Umsetzung der Methode `vorratPruefen(...)` in Java:

```
public boolean vorratPruefen(int betrag){
    int benoetigt50; // Lokale Variablen, die die
    int benoetigt20; // Anzahlen der benoetigten
    int benoetigt10; // Scheine angeben

    benoetigt50 = betrag/50; // Division und Abrunden
    if (benoetigt50 > anzahl50){
        return false;
    }
    else{
        /* Betrag um den Wert aller benoetigten 50-Euro-
         Scheine verringern */
        betrag = betrag - benoetigt50 * 50;
        benoetigt20 = betrag/20;
        if (benoetigt20 > anzahl20){
            return false
        }
        else{
            betrag = betrag - benoetigt20 * 20;
            benoetigt10 = betrag/10;
            if (benoetigt10 > anzahl10){
                return false;
            }
            else{
                return true;
            }
        }
    }
}
```

Die Division zweier Zahlen vom Typ `int` ergibt in Java wieder eine ganze Zahl. Beim Quotienten `betrag/50` werden die Stellen hinter dem Komma automatisch abgeschnitten. Der Eingangsparameter `betrag` dient als lokale Hilfsvariable, in der der noch zu prüfende Restbetrag gespeichert ist.

Bei der Division zweier `int`-Werte in Java ist das Ergebnis wieder ein `int`-Wert: `13/4` ist 3 (nicht `3.25`), `(13/4)*4` ergibt `12`.

Anweisung	`betrag`	`benoetigt50`	`benoetigt20`	`benoetigt10`
	240	unbekannt	unbekannt	unbekannt
`benoetigt50 = betrag/50`	240	4	unbekannt	unbekannt
`betrag = betrag - benoetigt50 * 50`	40	4	unbekannt	unbekannt
`benoetigt20 = betrag/20`	40	4	2	unbekannt
`betrag = betrag - benoetigt20 * 20`	0	4	2	unbekannt
`benoetigt10 = betrag/10`	0	4	2	0

Die Tabelle, eine sogenannte **Speicherbelegungstabelle,** stellt die Variablenwerte in einem möglichen Programmablauf dar, wenn zum Beispiel die Attribute `anzahl50`, `anzahl20` und `anzahl10` jeweils den Wert `4` haben und der Nutzer prüfen will, ob 240 € abgehoben werden können. In diesem Fall ist die Auszahlung möglich. Die Methode `vorratPruefen(...)` gibt den Wert `true` zurück.

Beachten Sie die unterschiedlichen Rollen der Variablen `anzahl50` und `benoetigt50`. Die erste gibt die Zahl der 50-€-Scheine im Geldfach an. Ihr Wert muss gespeichert sein, solange das Objekt existiert. Daher wird `anzahl50` als Attribut der Klasse Geldfach deklariert. Der Wert von `benoetigt50` wird nur kurzfristig gebraucht, um den Rückgabewert der Methode `vorratPruefen(...)` für einen bestimmten Betrag zu ermitteln. Ist dies geschehen, kann `benoetigt50` vernichtet werden. Deshalb ist `benoetigt50` als lokale Variable innerhalb der Methode `vorratPruefen(...)` deklariert.

3.14 Speicherbelegungstabelle

Legen Sie eine Speicherbelegungstabelle für den Fall an, dass die Methode `vorratPruefen(int betrag)` mit dem Eingangsparameterwert 30 (200, 310) aufgerufen wird! Sie können davon ausgehen, dass genügend Scheine im Geldfach vorhanden sind.

3.15 Vertauschen von Variablen (Fortsetzung von Aufgabe 2.26)

Rüdiger möchte in einem Programm die Werte der Variablen `x` und `y` vertauschen und schreibt:

```
x = y; // Setze x auf den Wert der Variablen y.
y = x; // Setze y auf den Wert der Variablen x.
```

a) Anfangs hat `x` den Wert `15` und `y` den Wert `27`. Legen Sie eine Speicherbelegungstabelle an!

b) Erläutern Sie eine Strategie, mit der die Werte der Variablen tatsächlich vertauscht werden können, anhand einer weiteren Speicherbelegungstabelle! *Hilfe:* Verwenden Sie eine dritte Variable `h` („`h`" wie „Hilfsvariable").

c) Schreiben Sie eine Klasse `Tauschtest` mit zwei Attributen vom Typ `int` mit den Namen `x` und `y`! Die Klasse soll einen Konstruktor, durch den diesen Attributen Anfangswerte gegeben werden und eine Methode **`vertauschen()`**, mit deren Aufruf die Werte der beiden Attribute vertauscht werden können, besitzen.

d) Prüfen Sie Ihre Umsetzung mithilfe von selbst geschriebenen sondierenden Methoden, die die Werte der Attribute **`x`** und **`y`** zurückgeben!

e) Haben Sie die Variable **`h`** als Attribut oder als lokale Variable umgesetzt? Begründen Sie ihr Vorgehen!

Tabellen zu Aufgabe 3.16 a:

betrag1	betrag2	betrag3
2.74	5.89	3.33

vor dem Sortieren

betrag1	betrag2	betrag3
5.89	3.33	2.74

nach dem Sortieren

3.16 Sortieren von drei Werten

a) Geben Sie einen Algorithmus an, mit dem Sie drei Geldbeträge, die in den Variablen **`betrag1`**, **`betrag2`** und **`betrag3`** vom Typ **`double`** gespeichert sind, der Größe nach sortieren können! Nach dem Sortieren soll durch Tauschen der Variablenwerte der größte der drei Werte in **`betrag1`** und der kleinste in **`betrag3`** gespeichert sein.

b) Schreiben Sie eine Klasse **`Sortierer`** mit den Attributen **`betrag1`**, **`betrag2`** und **`betrag3`**, einem Konstruktor zum Setzen der Anfangswerte und einer Methode **`sortieren()`**, die den Algorithmus aus Aufgabe a) umsetzt!

Bakterienkultur
– anfangszahl: int
+ anzahlGeben(int): int + tageGeben(int): int

1 Klassenkarte **`Bakterienkultur`**

3.17 Bakterienwachstum

Das Wachstum einer Bakterienkultur soll mit der Klasse **`Bakterienkultur`** modelliert werden (↗Bild 1). Die Zahl der Individuen verdoppelt sich jeden Tag. Ihr Wert am Tag 0 wird im Konstruktor in dem Attribut **`anfangszahl`** gespeichert. Entwerfen Sie Algorithmen für die folgenden Methoden und setzen Sie sie in Java um! Verwenden Sie dabei Wiederholungsanweisungen, aber keine speziellen mathematischen Funktionen!

a) Die Methode **`anzahlGeben(...)`** gibt die Zahl der Individuen nach einer vom Nutzer übergebenen Anzahl von Tagen zurück.

b) Die Methode **`tageGeben(...)`** gibt an, nach wie vielen Tagen ab dem Tag 0 die Zahl der Individuen einen vom Nutzer übergebenen Wert überschritten hat.

Hilfe zu Aufgabe 3.18:
Da die Division zweier Werte vom Typ **`int`** wieder einen Wert vom Typ **`int`** ergibt, gilt für die **`int`**-Variablen **`x`** und **`k`**:
`(x/k)*k` ist also genau dann gleich dem Wert von **`x`**, wenn **`k`** Teiler von **`x`** ist.

3.18 Primzahlen

Die Klasse **`Primpruefer`** besitzt die Methode **`istPrim(int)`** mit dem Rückgabetyp **`boolean`**, die prüfen kann, ob eine natürliche Zahl eine Primzahl ist. Entwerfen Sie einen Algorithmus für diese Methode und setzen Sie ihn in Java um!

3.4 Felder

100 Meter-Lauf

Auf einem Leichtathletikwettkampf werden die Platzierungen der Läufer eines 100-Meter-Laufs mithilfe eines Zielfotos bestimmt. Die Zeiten werden in der Reihenfolge des Zieleinlaufs elektronisch gemessen.

Platzierung	1	2	3	4	5	6
Zeit in s	10.18	10.21	10.21	10.25	10.27	10.32

Zur automatischen Speicherung der Zeiten wird eine spezielle Software mit einer Klasse `Lauf` erstellt. Erreicht ein Läufer das Ziel, wird die gestoppte Zeit registriert. Die Zeiten aller Läufer sollen als Attributwerte eines Objekts der Klasse `Lauf` gespeichert werden. Dazu wird in unserem Beispiel eine Folge von sechs Attributen vom Typ `double` benötigt.

> Eine Folge einer endlichen Anzahl n von Variablen gleichen Datentyps nennt man **Feld** (engl. array). Die Zahl n heißt **Länge des Feldes.** Weil ein Feld mehrere Variablen zusammenfasst, ist sein Typ ein zusammengesetzter Datentyp.

In Java wird der Typ „Feld vom Typ `double`" mithilfe von eckigen Klammern bezeichnet: `double[]`. In unserem Beispiel hat das Attribut `zeiten` vom Typ `double[]` den folgenden Wert:

`{10.18, 10.21, 10.21, 10.25, 10.27, 10.32}`

Dieses Feld hat die Länge 6.

Umsetzung der Klasse in Java

Durch die Deklaration des Attributs `zeiten` ist die Länge des Feldes noch nicht festgelegt. In unserem Beispiel kann der Nutzer mithilfe des Eingangsparameters `teilnehmerzahl` im Konstruktor die Länge des Feldes, also die Anzahl der Läufer, bei der Erzeugung des `Lauf`-Objekts selbst bestimmen. Nach Übergabe des Parameterwertes wird das Feld `zeiten` mit der Anweisung `zeiten = new double[teilnehmerzahl]` erzeugt. Hat der Nutzer zum Beispiel die Feldlänge `6` gewählt, sind 6 Variablen vom Typ `double` mit den Variablennamen `zeiten[0]`, `zeiten[1]`, `zeiten[2]`, `zeiten[3]`, `zeiten[4]` und `zeiten[5]` entstanden, die noch den Wert `0.0` besitzen. Die Länge des Feldes ist dann endgültig festgelegt und kann nicht mehr geändert werden. Die Zahl in den eckigen Klammern nennt man **Index.**

1 Start eines 100-Meter-Laufs

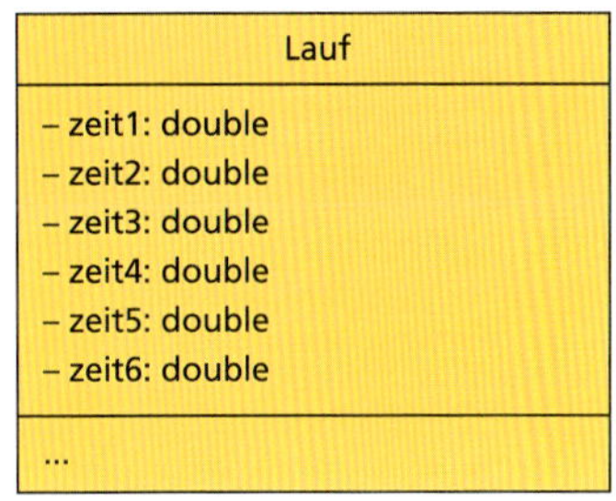

2 Klasse `Lauf` umständlich

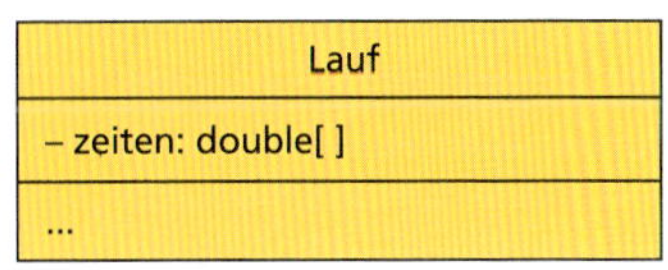

3 Klasse `Lauf` mit einem Feld

Felder verschiedener Datentypen:

`boolean[]`: Feld mit `boolean`-Werten

`int[]`: Feld mit `int`-Werten

`double[]`: Feld mit `double`-Werten

`String[]`: Feld mit `String`-Objekten

`Eintrittskarte[]`: Feld mit Objekten der Klasse `Eintrittskarte`

Erzeugung eines Feldes der Länge n:

Die Anweisung `zeiten = new double[n]` erzeugt n Variablen vom Typ `double`: `zeiten[0]`, `zeiten[1]`, `zeiten[2]`, `zeiten[3]`, …, `zeiten[n-1]`.

```
public class Lauf{
      double[] zeiten;
      public Lauf(int teilnehmerzahl){
            zeiten = new double[teilnehmerzahl];
      }
      ...
}
```

3.19 Wie deklariert und erzeugt man ein Feld, das aus 10 Variablen vom Typ `String` besteht?

Lauf
– zeiten: double[ ]
+ zeitSetzen(int, double): void ...

1 Klassenkarte `Lauf`

Durch eine Methode `zeitSetzen(int platz, double zeit)` soll der Nutzer, hier die elektronische Zeitmessung, die Möglichkeit haben, die Zeiten der Läufer für jeden Platz einzeln als Attributwerte im Feld `zeiten` zu speichern. Bei jedem Methodenaufruf müssen Platz und Zeit als Parameterwerte übergeben werden. Zu beachten ist, dass der Index eines Feldes von 0 aufwärts gezählt wird, die Platzierungen aber von 1 aufwärts. Der Index ist also immer um 1 kleiner als der Platz. Eine nützliche Eigenschaft von Feldern ist, dass an die Stelle des Indexwertes eine `int`-Variable, beispielsweise `index` gesetzt werden kann. Hat diese zum Beispiel den Wert 3, wird mit

`zeiten[index] = zeit;`

die Variable `zeiten[3]` angesprochen und auf den Wert des Eingangsparameters `zeit` gesetzt.

Wie funktioniert die Methode `zeitSetzen`?
Ein Beispiel:

Eingabe des Nutzers:

`platz: 4, zeit: 10.25`

`index = platz-1`
→ index wird auf 3 gesetzt

`zeiten[index] = zeit`
→ `zeiten[3]` wird auf `10.25` gesetzt

```
public void zeitSetzen(int platz, double zeit){
      int index = platz - 1;  // lokale Variable
      zeiten[index] = zeit;
}
```

Nun können wir in der Nutzerrolle alle Zeiten der Läufer durch mehrfachen Aufruf der Methode eingeben.

Platzierung	1	2	3	4	5	6
`index`	0	1	2	3	4	5
`zeiten[index]`	`zeiten[0]`	`zeiten[1]`	`zeiten[2]`	`zeiten[3]`	`zeiten[4]`	`zeiten[5]`
Wert	10.18	10.21	10.21	10.25	10.27	10.32

Auf die Werte einzelner Variablen eines Feldes kann mithilfe eines **Indexes** zugegriffen werden. Dabei bezeichnet `feldName[i]` die (i+1)-te Variable des Feldes ($0 \leq i \leq n-1$), wenn `feldName` der Name des Feldes und n die Länge des Feldes ist.

Lauf
zeiten: double[ ]
zeitSetzen(int, double): void zeitenAusgeben(): void ...

2 Klassenkarte `Lauf`

Nachdem alle Läufer im Ziel sind, sollen durch Aufruf der Methode `zeitenAusgeben()` alle Laufzeiten auf einen Bildschirm geschrieben werden. Diesen simulieren wir wieder mit einem Objekt der Klasse **Schreiber** (↗Kapitel 1; Aufgabe 1.16) mit dem Namen **bildschirm**. Dazu fügen wir im Programmcode der Klasse **Lauf** die Zeile **private Schreiber bildschirm;** unterhalb der Deklaration des Attributs **zeiten** ein und ergänzen im Konstruktor **bildschirm = new Schreiber();**. Wir nutzen die Methode **schreiben(...)** der Klasse **Schreiber**, die den durch einen Eingangsparameter übergebenen Wert auf ein kleines Fenster (den Bildschirm) schreibt. Um nacheinander die Zeiten der einzelnen Läufer auf den Bildschirm zu setzen, muss diese Methode wiederholt aufgerufen werden. Die Länge des Feldes **zeiten** kann mithilfe des Ausdrucks **zeiten.length** bestimmt werden.

Der Vorgang der Bildschirmausgabe ist also eine Wiederholung mit fester Anzahl.

Umsetzung der Methode **zeitenAusgeben()** in Java:

```
public void zeitenAusgeben(){
    for(int i = 0; i < zeiten.length; i = i + 1){
        bildschirm.schreiben(zeiten[i]);
    }
}
```

Die Methode **schreiben(...)** des Objekts **bildschirm** kann mithilfe der Punktnotation aufgerufen werden. Da der Index **i** der **for**-Anweisung anfangs den Wert 0 besitzt und bei jeder Wiederholung um 1 erhöht wird, werden nacheinander die folgenden Anweisungen durchgeführt:

```
bildschirm.schreiben(zeiten[0])
bildschirm.schreiben(zeiten[1])
bildschirm.schreiben(zeiten[2])
...
```

3.20 Lauf

a) Schreiben Sie eine Methode **zeitGeben(int i)** für die Klasse **Lauf**, die die Zeit des Läufers auf dem **i**-ten Platz zurückgibt!

b) Entwerfen Sie einen Algorithmus für eine Methode **durchschnittszeitGeben()** der Klasse **Lauf**, in der der Mittelwert der Zeiten aller Läufer zurückgegeben wird! Dabei soll mit einer Wiederholung mit fester Anzahl zunächst die Summe aller Zeiten bestimmt werden.
Setzen Sie diesen Algorithmus in Java um!
Hilfe: Verwenden sie eine lokale Variable **summe**.

c) Entwerfen Sie einen Algorithmus für eine Methode **reihenfolgePruefen()** der Klasse **Lauf** mit dem Rückgabetyp **boolean**, mit der geprüft wird, ob die im Feld **zeiten** gespeicherten Werte wirklich der Größe nach geordnet sind. Setzen Sie diesen Algorithmus in Java um!

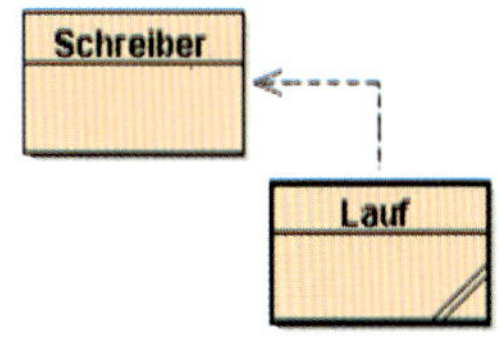

1 Verwendung der Klasse **Schreiber**

Zähle den Index i von 0 bis zur Anzahl der Läufer–1 und wiederhole
zeiten [i] auf den Bildschirm schreiben

2 Algorithmus der Methode **zeitenAusgeben()**

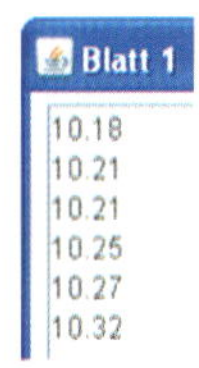

3 Ausgabe der Zeiten am Bildschirm

Lauf
zeiten: double[ ]
zeitSetzen(int, double): void zeitenAusgeben(): void zeitGeben(int): double durchschnittszeitGeben(): double reihenfolgePruefen(): boolean

4 Klassenkarte **Lauf**

Hilfe: Verwenden Sie die Anweisung **`return false`**, falls festgestellt wird, dass für einen Index **`i`** gilt, dass **`zeiten[i] > zeiten[i-1]`**.

3.21 Programm mit Fehlern

Der Schüler Sascha Schnuddel hat eine Java-Klasse geschrieben und dabei leider sehr ungenau gearbeitet. Begründen Sie, was falsch ist!

Saschas Programm

```
public class Tabelle{
   String[] vereine;
   int[] punkte;

   public Tabelle(){
     vereine = new String[n];
     punkte = 0;
   }
   ...
}
```

3.22 Klasse `Klasse`

a) Modellieren Sie eine Klasse **`Klasse`**, mit der die Namen der Schüler einer Schulklasse gespeichert werden können! Die Zahl der Schüler muss im Konstruktor festgelegt werden. Die Klasse soll Methoden für die Eingabe der Daten und die Ausgabe einer Klassenliste besitzen. Setzen Sie Ihr Modell in Java um!

b) Welche Probleme treten auf, wenn während des Schuljahres eine neue Schülerin in die Klasse kommt?

3.23 Maximum

Die Klasse **`Test`** besitzt ein Attribut vom Typ **`int[]`** mit dem Namen **`werte`**. Die in dem Feld gespeicherten ganzen Zahlen sind nicht der Größe nach geordnet. Formulieren Sie jeweils einen Algorithmus für eine Methode, die

a) die größte im Feld **`werte`** gespeicherte Zahl zurückgibt!

b) den Indexwert **`i`** zurückgibt, für den **`werte[i]`** den größten Wert besitzt!

Test
– werte: int[ ]
...

1 Klassenkarte **`Test`**

3.24 Geldfach

Ändern Sie die Klasse **`Geldfach`** aus Abschnitt 3.3 so, dass alle Geldscheintypen von 5 € bis 500 € ausgegeben werden können! Die Werte dieser Scheine in € sollen in einem Attribut **`werte`** vom Typ **`int[]`** gespeichert sein. Deklarieren und initialisieren sie dieses Attribut durch

`private int[] werte = {500, 200, 100, 50, 20, 10, 5}`!

Verwenden Sie anstelle der Attribute **`anzahl50`**, **`anzahl20`** und **`anzahl10`** ein Attribut **`anzahl`** vom Typ **`int[]`**! Dabei soll zum Beispiel **`anzahl[2]`** die Zahl der 100-€-Scheine im Fach angeben. Das Attribut **`anzahl`** kann analog zum Attribut **`werte`** initialisiert werden. Schreiben Sie die Methode **`geldAusgeben(...)`** neu, indem Sie nebenstehenden Algorithmus umsetzen!

Geldfach
– werte: int[ ] – anzahl: int[ ]
+ geldAusgeben(int): void

2 Klassenkarte **`Geldfach`**

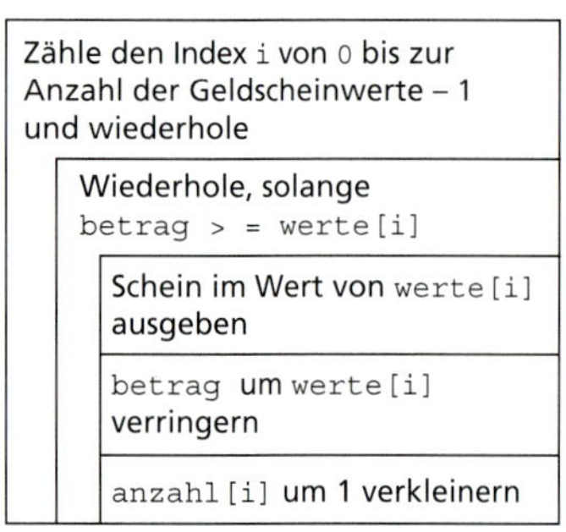

3 Algorithmus der Methode **`geldAusgeben(...)`**

3.5 Programm und Prozess*

Programme sind Formulierungen von Algorithmen in einer für einen Computer verständlichen Sprache.

Ein Computer ist eine Maschine, die elektronische Schaltkreise enthält. Wie muss eine Sprache beschaffen sein, um von einer solchen Maschine verstanden zu werden?

Schaltkreise reagieren auf elektrische Spannungen. Ein Computer arbeitet **digital,** das heißt: Bei einem einfachen Speicherelement werden nur zwei Spannungszustände unterschieden, die meist mit 0 und 1 bezeichnet werden. Man sagt, ein Speicherelement speichert ein **Bit.** 8 solcher Elemente speichern 8 Bit = 1 **Byte.**

1	0	1	1	1	0	0	1

1 Es gilt: 1 Byte = 8 Bit.

Ein Programm, das im Speicher eines Rechners liegt, besteht also aus einer Folge von Bits, die mithilfe der Symbole 0 und 1 dargestellt werden können.
Beispiel: `01101011 01000110 11010011 10101101 ...`

Diese Darstellung nennt man **Maschinencode.** Programme im Maschinencode liefern Signale zur Steuerung von Spannungsimpulsen für das Rechenwerk im Prozessor des Computers. Allerdings sind sie für Menschen nur sehr schwer lesbar.

Menschen schreiben Programme daher meist in sogenannten höheren Programmiersprachen wie Karol, EOS, Smalltalk, Python, Ruby, Pascal, C oder Java. Diese Sprachen sind eher der Struktur der Aufgabenstellung angepasst als der Struktur der Maschine.

Damit Programme höherer Sprachen ausgeführt werden können, müssen sie in Maschinencode übersetzt werden.
Es gibt Programmierumgebungen, wie zum Beispiel Karol oder EOS, in denen Programme sofort nach Eingabe des Codes gestartet werden können. Dabei wird jede Anweisung während des Programmablaufs direkt vor ihrer Ausführung von einem sogenannten **Interpreter** übersetzt.

```
wiederhole immer
    wiederhole solange nichtIstWand
        hinlegen()
        schritt()
    *wiederhole
    linksdrehen()
*wiederhole
```

2 Roboter Karol – der blaue Pfeil links zeigt auf den Schritt, den der Interpreter gerade übersetzt.

Bei anderen Programmiersprachen (z. B. Pascal oder C) muss der Code vor der Ausführung eines Programms vollständig übersetzt werden. Diese Aufgabe übernimmt eine spezielle Software, ein sogenannter **Compiler** (Übersetzer). Von einem Compiler übersetzte Programme laufen deutlich schneller als Programme, die mit einem Interpreter ausgeführt werden.

Sie können den Compiler für eine Klasse in unserer Entwicklungsumgebung starten, indem Sie den Knopf „Übersetzen" anklicken. Anschließend kann mit dieser Klasse gearbeitet werden, das heißt, der Konstruktor kann aufgerufen und Objekte können erzeugt werden.

Bei **Java**-Programmen wird der Code zunächst durch einen **Compiler** in einen Zwischencode übersetzt, den sogenannten **Bytecode.** Dieser wird dann während des Programmablaufs von einem **Interpreter,** der **Java Virtual Machine,** in Maschinencode umgewandelt. Der Vorteil dieser speziellen Vorgehensweise ist, dass der Bytecode von unterschiedlichen Computersystemen interpretiert werden kann (**Plattformunabhängigkeit**), während der Maschinencode für ein Programm von der jeweiligen Maschine abhängt. (Die Entwickler von Java hatten ursprünglich auch die Kommunikation von Geräten wie Alarmanlagen, Videorecordern oder Toastern mit Hilfe des Bytecodes im Sinn.)

1 Übersetzung von Programmen in unserer Entwicklungsumgebung

Damit ein Programm tatsächlich ausgeführt wird, reicht das bloße Vorhandensein im Bytecode oder Maschinencode nicht. Ein Vergleich: „Wenn das Rezept für einen Kuchen in der Schublade liegt, wird noch lange kein Kuchen gebacken."

Es muss ein sogenannter **Prozess** in Gang gesetzt werden, der die im Programmcode enthaltenen Anweisungen ausführt.

Ein solcher Prozess kann beispielsweise durch den Aufruf eines Konstruktors oder durch Doppelklick auf ein Programmsymbol auf dem Desktop angestoßen werden. Auch wenn eine Datei geöffnet wird, wird ein Prozess gestartet, der ein Programm ausführt, mit dem der Inhalt der Datei betrachtet oder bearbeitet werden kann.

In modernen Betriebssystemen (zum Beispiel Linux, Windows, ...) existieren viele Prozesse gleichzeitig, die sich die Rechnerressourcen (Prozessor, Speicher, ...) teilen. Oft arbeiten auch mehrere Prozesse mit dem selben Programm. Zum Beispiel können drei Textdokumente gleichzeitig geöffnet sein. Das heißt, drei Prozesse führen den Code des selben Textverarbeitungsprogramms aus. Dass die Dokumente verschiedene Inhalte besitzen, liegt an den unterschiedlichen Eingaben des Nutzers dieser Prozesse.

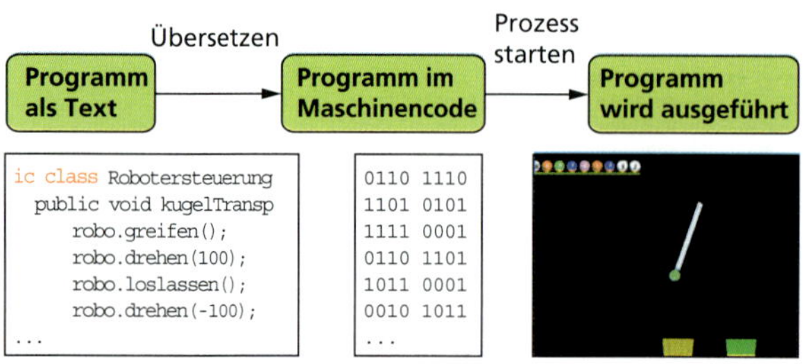

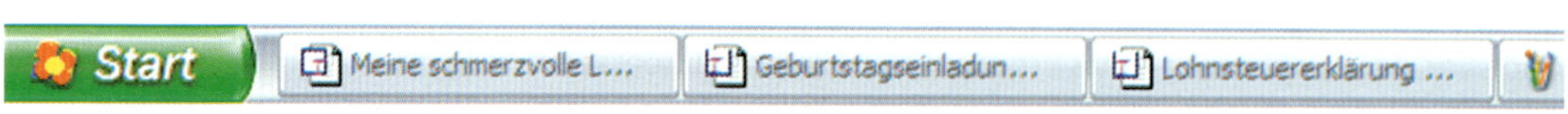

2 Drei Prozesse, die das gleiche Textverarbeitungsprogramm ausführen

Auf den Punkt gebracht

Algorithmus

Ein **Algorithmus** ist eine Verarbeitungsvorschrift, die aus *endlich* vielen, *eindeutig ausführbaren* Anweisungen besteht.

Algorithmenbausteine

Sequenz, Auswahl und **Wiederholung** sind die Grundbausteine von Algorithmen.

Modell | **Umsetzung in Java**

Sequenz

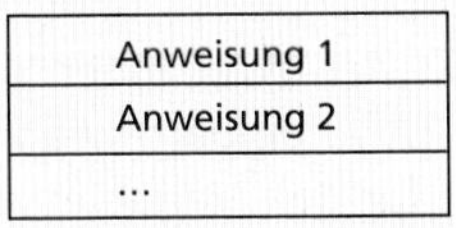


```
anweisung1;
anweisung2;
...
```

Wiederholung mit fester Anzahl

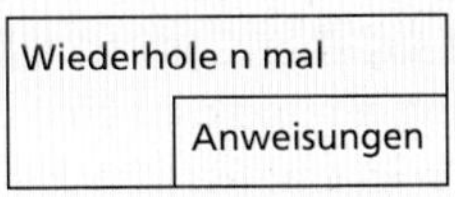


```
for(int i = 0; i < n; i = i + 1){
    ... // Anweisungen
}
```

bedingte Wiederholung

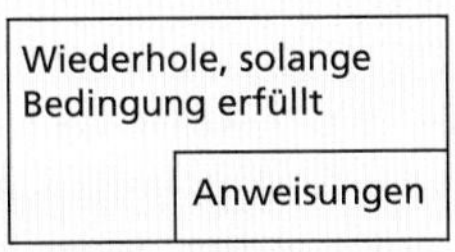


```
while(bedingung){
    ... // Anweisungen
}
```

Auswahl (bedingte Anweisung)

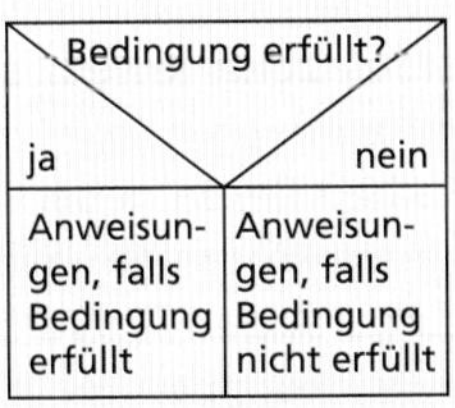


```
if(bedingung){
    ... // Anweisungen, falls bedingung true
}
else{
    ... // Anweisungen, falls bedingung false
}
```

Der `else`-Zweig kann auch weggelassen werden.

Feld

Eine Folge einer endlichen Anzahl n von Variablen gleichen Datentyps nennt man Feld.

Beispiel:

index i	0	1	2	3	4
`feldname i`	93	94	92	93	91

`typ[] feldName = new typ[n]`
erzeugt ein Feld vom Datentyp `typ` der Länge `n`, das heißt n Variablen mit den Namen:
`feldName[0], feldName[1], …, feldName[n-1]`
Auf den Wert der `i`-ten Variablen ($1 \le i \le n$) kann durch den Ausdruck `feldName[i-1]` zugegriffen werden.

Punktnotation

Methoden eines Objekts können mithilfe der **Punktnotation** aufgerufen werden. Zum Beispiel wird mit der Anweisung `robo.drehen(100)` der Dienst `drehen(…)` eines Objekts mit dem Namen `robo` genutzt.
Beim Aufruf einer Methode mit Rückgabewert innerhalb eines Programms kann der zurückgegebene Wert mithilfe einer Wertzuweisung in einer Variablen geeigneten Typs gespeichert werden:
`variablenname = (objektname.)methodenname(…).`

3.25 Grundbegriffe

Erklären Sie die folgenden Begriffe!

a) Wiederholung mit fester Anzahl und bedingte Wiederholung
b) Interpreter und Compiler
c) Programm und Prozess

3.26 Falsche Typen sind gefährlich!

Während des Ablaufs eines Computerprogramms ist bekannt, wo im Speicher der Wert einer Variablen abgelegt ist. Durch die Deklaration ist vereinbart, wie viele Speichereinheiten (Bytes; 1 Byte = 8 Bit) für den Variablenwert reserviert werden müssen. Wenn man versucht, unter einem Variablennamen einen Wert falschen Typs zu speichern, bricht eine Java- Entwicklungsumgebung den Vorgang ab und gibt eine Fehlermeldung aus.
Stellen Sie sich eine Programmiersprache vor, in der die Typen von Variablen nicht vereinbart (deklariert) werden. (Es gibt solche Sprachen!)
Nehmen Sie an, die Werte der Attribute **`nummer`** und **`preis`** der Klasse **`Eintrittskarte`** (↗ Abschnitt 2.3) sollen hintereinander im Speicher abgelegt werden. Jedes Byte ihrer Speicherbereiche ist im nebenstehenden Informationstext als farbiges Kästchen dargestellt. Der Pfeil zeigt jeweils auf das erste Byte des Speicherbereichs einer Variablen.
Erklären Sie, welche Folgen der in nebenstehendem Kasten beschriebene Fehler in einem Programm haben kann, das in einer Sprache ohne Typvereinbarungen für Variablen geschrieben ist!
Hinweis: Fehler dieser Art kommen manchmal in Programmen vor, die elektronische Geräte oder Teilsysteme von Fahrzeugen steuern. Ein ähnlicher Fehler führte am 4. Juni 1996 wenige Sekunden nach dem Start zur Explosion der Ariane-5-Rakete.

i Gegeben ist die folgende Speicherplatzbelegung:

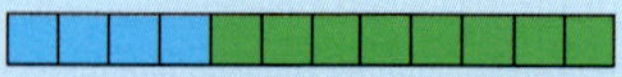

Der Wert der Variablen **`nummer`** soll geändert werden. Durch einen Fehler wird ein **`double`**-Wert (8 Byte) im Speicherplatz der Variablen **`nummer`** abgelegt. Wenn die Typen der Variablen nicht vorher vereinbart worden sind, kann dieser Fehler von der Entwicklungsumgebung nicht bemerkt werden!

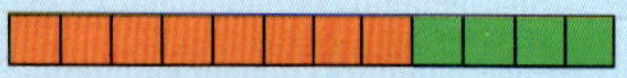

1 Start der Ariane 5

3.27 Robotersteuerung (E)

Formulieren Sie jeweils einen Algorithmus für eine Methode der Klasse **`Robotersteuerung`** (Abschnitt 3.1 und 3.2) und setzen Sie diesen in Java um!

a) Der Roboter nimmt eine Kugel vom Fließband, prüft ihre Farbe, transportiert sie in Topf 1, falls sie rot ist, und in Topf 2, falls sie blau ist. Hat die Kugel eine andere Farbe, wird sie am Fließband einfach fallengelassen.
b) Der Roboter nimmt n Kugeln vom Fließband, wobei n eine vom Nutzer übergebene ganze Zahl ist. Mit jeder dieser Kugeln verfährt er wie bei Aufgabe a).

3.28 Würfelautomat (E)

Die Klasse **`Würfelautomat`** aus Aufgabe 3.11 soll durch die Methode **`einserZaehlen()`** ergänzt werden, die nach Durchführung einer vom Nutzer übergebenen Anzahl von Würfel-Würfen die absolute Häufigkeit der Augenzahl 1 zurückgibt.

a) Formulieren Sie einen Algorithmus für diese Methode und setzen Sie ihn in Java um!

b) Testen Sie Ihre Methode, indem Sie sie nacheinander mit den Eingangsparameterwerten 10, 100, 1000, 10000, 100000, ... aufrufen! Beschreiben Sie Ihre Beobachtungen!

c) *Für Könner:* Formulieren Sie einen Algorithmus für die Methode **`testen(int k)`** der Klasse **`Wuerfelautomat`**, die k Aufrufe der Methode **`einserZaehlen(...)`** nacheinander mit den Eingangsparameterwerten 10, 100, 1000, ... automatisch durchführt und die Rückgabewerte auf den Bildschirm schreibt! k ist ein vom Nutzer übergebener Wert.

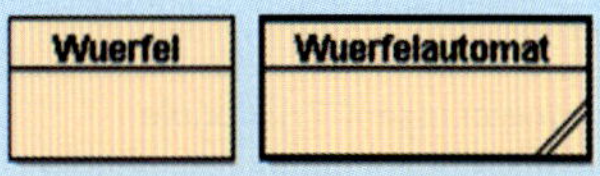

Wuerfelautomat
– wuerfel: Wuerfel
+ einserZaehlen(int): int + testen(int): void ...

1 Klassenkarte **`Würfelautomat`**

3.29 Kaffeeautomat mit Getränkenamen (E)

Tippt man als Nutzer der Klasse **`Kaffeeautomat`** aus Abschnitt 2.7 eine beliebige Zeichenkette, zum Beispiel „ödüdlkas“, als Getränkenamen ein, gibt die Automatensimulation auch ein Getränk dieses Namens aus, was nicht realistisch ist. Ändern Sie die Klasse so, dass nur noch bestimmte Getränke geordert werden können! Deklarieren und initialisieren Sie dazu ein Attribut **`getraenke`** vom Typ **`String[]`**, zum Beispiel durch

```
private String[] getraenke = {"Kaffee", "Tee", "Capuccino"},
```

in dem die Namen der im Kaffeeautomaten verfügbaren Getränke gespeichert sind!

a) Schreiben Sie eine Methode **`getraenkPruefen(String)`** mit dem Rückgabetyp **`boolean`**, die genau dann **`true`** zurückgibt, wenn die als Eingabeparameterwert übergebene Zeichenkette im Feld **`getraenke`** enthalten ist!

b) Ergänzen Sie im Zustandsdiagramm des Kaffeeautomaten (Abschnitt 2.6) das Ereignis „Getränk wählen“ durch eine geeignete Bedingung! Setzen Sie diese Bedingung in der Klasse **`Kaffeeautomat`** um, indem Sie die Methode **`getraenkWaehlen(...)`** neu schreiben!

Kaffeeautomat
– zustand: String – preis: int – betrag: String – getraenke: String[] ...
+ muenzeEinwerfen(int): void + getraenkWaehlen(String): void + becherNehmen(): void + getraenkPruefen(String): boolean

2 Erweiterte Klassenkarte **`Kaffeeautomat`**

3.30 Für Könner: Flexibles Geldfach

Betrachten Sie das Geldfach aus Abschnitt 3.3 (↗ Bild 3). Nehmen Sie an, dass nicht mehr genügend 50-€-Scheine vorhanden sind, um einen bestimmten Betrag, zum Beispiel 600 €, auszuzahlen, dieser Betrag in kleineren Scheinen (10 € und 20 €)

Geldfach
– anzahl50: int – anzahl20: int – anzahl10: int
+ geldAusgeben(int): void ...

3 Klassenkarte **`Geldfach`**

aber noch verfügbar wäre. Ändern Sie die Methode `geldAusgeben(...)` so, dass in diesem Fall eine Auszahlung in kleinen Scheinen möglich ist. Wenn genügend 50-€-Scheine vorhanden sind, soll das Geldfach so arbeiten wie bisher.

3.31 Mathehelfer

Die Klasse `Mathehelfer` soll in der Lage sein, einem Schüler die Lösung bestimmter Aufgaben aus dem Mathematikunterricht abzunehmen. Entwickeln Sie Methoden für diese Klasse (Algorithmus und Umsetzung), die die folgenden Dienste leisten können!

a) Lösung einer linearen Gleichung der Form $a \cdot x + b = 0$. Beachten Sie auch den Fall $a = 0$!

b) Überprüfung, ob eine quadratischen Gleichung der Form $a \cdot x^2 + b \cdot x + c = 0$ lösbar ist und gegebenenfalls Berechnung der Lösung(en).

c) Näherung einer Quadratwurzel mit dem Heronverfahren (↗ Randspalte). Die Genauigkeit (maximaler Unterschied von x_n und y_n) soll vom Nutzer übergeben werden.

Mathehelfer
+ linearLoesen(???): double + quadratischLoesen(???): double + wurzelNaehern(???): double

1 Klassenkarte `Mathehelfer`

Heronverfahren zur Berechnung von $\sqrt{a}$, $a > 0$:
(Heron, griechischer Mathematiker, um 100 n. Chr.)
Idee: Eine Folge von Rechtecken mit dem Flächeninhalt a nähert sich einem Quadrat mit der Seitenlänge $\sqrt{a}$. Die Länge x_n des n-ten Rechtecks berechnet sich aus dem Mittelwert der Länge x_{n-1} und der Breite y_{n-1} des (n-1)-ten Rechtecks. ($n \in \mathbb{N}$)

Startwert: $x_0 = a$, $y_0 = 1$

n-te Näherung ($n > 0$):
$x_n = \frac{1}{2}(x_{n-1} + y_{n-1})$ (Mittelwert)
$y_n = a : x_n$ (damit $x_n \cdot y_n = a$)

3.32 Multiplizieren wie im alten Ägypten

Nebenstehend wird am Beispiel der Faktoren 49 und 73 dargestellt, auf welche Weise in Ägypten bereits vor über 3000 Jahren multipliziert wurde. Man benötigt dazu nur die einfachen Rechenfertigkeiten Addieren, Verdoppeln und Halbieren (mit Abrunden) natürlicher Zahlen. Daher ist diese Methode auch bei der Konstruktion moderner Rechner nützlich (↗ Informationstext in der Randspalte).

Berechnung von 49 · 73:

49	·	73
24	·	~~146~~
12	·	~~292~~
6	·	~~584~~
3	·	1168
1	·	2336
		3577

a) Berechnen Sie die Werte der Produkte $7 \cdot 11$, $14 \cdot 22$ und $87 \cdot 120$ auf die oben dargestellte Weise!
Hilfe: „Ist der 1. Faktor gerade oder ungerade?"

b) Formulieren Sie allgemein den Algorithmus, den die Ägypter verwendet haben!

c) Erklären Sie, warum mit dem Algorithmus tatsächlich multipliziert werden kann!

d) Schreiben Sie eine Klasse `Aegypten`, die eine Methode `multiplizieren(int, int)` mit dem Rückgabetyp `int` besitzt, in der dieser Algorithmus umgesetzt wird!
Hinweis: Dividiert man Werte vom Typ `int` durch 2, werden nichtganzzahlige Ergebnisse automatisch abgerundet (↗ auch Abschnitt 3.3).

Auch Computer nutzen die ägyptische Methode der Multiplikation. Das Verdoppeln und Halbieren natürlicher Zahlen ist im Maschinencode verhältnismäßig einfach umzusetzen.

Darstellung der Zahl 23 (= 16 + 4 + 2 +1) im Maschinencode:

0	1	0	1	1	1
32	16	8	4	2	1

Verdoppeln durch Verschieben nach links:
← ← ← ← ← ←

1	0	1	1	1	0
32	16	8	4	2	1

Ergebnis: 46 (= 32 + 8 + 4 + 2)

Halbieren durch Verschieben nach rechts:
→ → → → → →

0	0	1	0	1	1
32	16	8	4	2	1

Ergebnis: 11 (= 8 + 2+ 1)

4 Beziehungen zwischen Objekten

Das Internet hat sich zu einem führenden Kommunikationsmedium entwickelt. Online-Chatsysteme erlauben Nachrichtenaustausch zwischen Benutzern in Echtzeit: Einer der Kommunikationspartner gibt eine Nachricht ein und versendet sie. Die anderen „Gesprächsteilnehmer" bekommen die Mitteilung sofort angezeigt und können direkt antworten.
Chatsysteme dienen nicht nur als Freizeitbeschäftigung. Mittlerweile bieten viele Firmen bei Problemen direkte Unterstützung für ihre Kunden über Online-Chat an. Dabei werden im Vergleich zu E-Mail die Echtzeitvorteile der Chatsysteme genutzt und gegenüber Telefonsupport die Kosten reduziert.

Wie ist ein Chatsystem organisiert? Auf welche Weise können Hunderte von Benutzern gleichzeitig verwaltet werden? Mit welchen Mitteln gelingt es, dass zwei Teilnehmer Nachrichten austauschen können?
Wir wollen diese und andere Fragen mit einer Chat-Simulation klären. Dabei werden wir kennenlernen, wie Beziehungen in Java umgesetzt werden und wie Objekte selbst Dienste anderer Objekte nutzen können.

4.1 Wozu sind Beziehungen zwischen Objekten nötig?

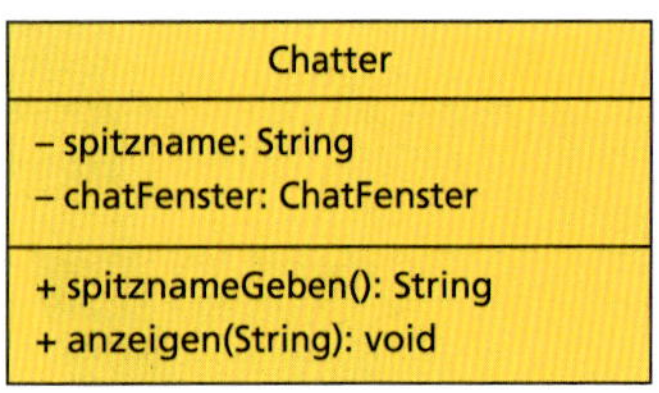

1 Klassenkarte `Chatter`

Die wichtigsten Beteiligten an einem Chatsystem sind die Teilnehmer selbst. Im Projekt **Chat1** (E) ist bereits eine Klasse `Chatter` angelegt (↗ Bild 1):
Die Klasse besitzt einen Konstruktor `Chatter(String cSpitzname)`. Der String-Parameter `cSpitzname` legt den „Spitznamen" des Chatters fest.

4.1 (E) Erzeugen Sie zwei Objekte der Klasse `Chatter` für die Chatteilnehmer Hans und Peter! Nennen Sie die Objekte `hans` und `peter`! (↗ Bild 2) Das Attribut `spitzname` wird jeweils mit dem eingegebenen „Spitznamen" belegt.

2 Erzeugen eines `Chatter`-Objekts

Neben den beiden Objekten entsteht jeweils noch ein Fenster. Diese Fenster werden uns später zur Simulation der Ein- und Ausgaben der Chatteilnehmer dienen.
Das Attribut `chatFenster` in jedem `Chatter`-Objekt verwaltet das Fenster, das zu dem jeweiligen Chatter gehört.

4.2 Führen Sie die Methode `anzeigen(String text)` für das Objekt `hans` aus und geben Sie dabei für den Parameter einen Text in Anführungszeichen ein!

Diese Methode zeigt den eingegebenen Text im Fenster des Chatters **hans** an. Für das Objekt **peter** gilt dasselbe: Führt man seine Methode **anzeigen**(...) aus, erscheint der eingegebene Text im zugehörigen Fenster.

Die Methode **spitznameGeben**() ist eine sondierende Methode, die als Wert einen **String** mit dem Spitznamen des Chatters zurückgibt.

Unsere Chat-Simulation soll zunächst ermöglichen, dass Hans (Sender) eine Nachricht an Peter (Empfänger) schicken kann. Wir betrachten dabei die **Chatter**-Objekte als vereinfachte Darstellung von realen Chattern.
Die Methode **anzeigen**(...) von **hans** sorgt dafür, dass er Text in sein eigenes Nachrichtenfenster schreiben kann. Für eine sinnvolle Kommunikation müsste es aber möglich sein, dass **hans** eine Nachricht an **peter** schickt, die dann im Nachrichtenfenster von **peter** angezeigt wird.
In der Realität besteht zwischen den Computern der Chatpartner eine Verbindung über das Internet, mit deren Hilfe Nachrichten übertragen werden. (↗ Bild 1)
Auch für Objekte gibt es eine solche Verbindung, die Sie bereits kennengelernt haben: Objekte können miteinander in Beziehung stehen. (↗ Abschnitt 1.2)

1 Verbindung von PCs über das Internet

Beziehungen zwischen Objekten ermöglichen Kommunikation zwischen ihnen. Sie erlauben einem Objekt Botschaften an ein anderes Objekt zu senden und Dienstleistungen des anderen Objekts zu nutzen.

Im Objektdiagramm sieht die Beziehung zwischen unseren beiden **Chatter**-Objekten so aus:

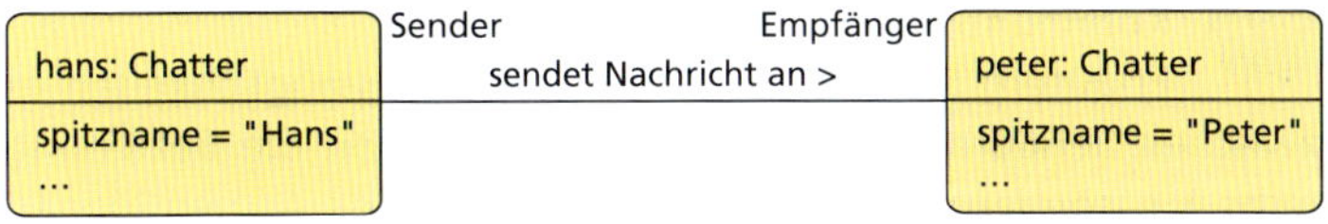

Zu den bisher bekannten Komponenten des Objektdiagramms können wir zusätzlich die Rollen angeben, in denen sich unsere beiden Chatpartner befinden. **hans** ist der Sender, **peter** der Empfänger. Diese **Rollennamen** schreiben wir im Diagramm neben die Objekte.
Ein Pfeil am Beziehungsnamen deutet an, wie die Beziehung zu lesen ist **(Leserichtung).** Er legt zudem fest, welches Objekt auf die Beziehung zur Kommunikation zugreifen kann bzw. welches Objekt Dienstleistungen des anderen Objekts nutzen darf

(Nutzungsrichtung). `hans` kann als Sender die „Verbindung" nutzen. Für `peter` besteht dazu keine Notwendigkeit. Er soll lediglich Nachrichten empfangen. Die Nutzung kann allgemein auch in beide Richtungen festgelegt werden.

Um die Beziehung in Java zu realisieren, müssen wir die Klasse `Chatter` erweitern. Als Grundlage für eine Erweiterung dient immer ein entsprechendes Klassendiagramm.

Beziehungen bestehen zwar stets zwischen Objekten, wir geben aber bereits auf Klassenebene an, dass Objekte einer Klasse an Beziehungen beteiligt sein können. Dazu führen wir im Klassendiagramm eine Beziehung zwischen den beteiligten Klassen ein, deren Objekte eine Beziehung eingehen sollen. Die grafische Darstellung ist vergleichbar mit der im Objektdiagramm.

In unserem Klassendiagramm zeigt die Beziehungslinie von der Klasse `Chatter` wieder auf die Klasse `Chatter` und deutet somit an, dass mehrere Objekte dieser einen Klasse miteinander durch die Beziehung „sendet Nachricht an" verknüpft sein können. Es handelt sich um einen Spezialfall, da Objekte derselben Klasse `Chatter` miteinander verbunden werden. Wir sprechen auch von einer **reflexiven Beziehung.**

reflexiv, lat.: rückbezüglich

Für den Anfang wollen wir nur den Dialog zwischen jeweils zwei `Chatter`-Objekten realisieren: Ein Sender schickt nur Nachrichten an einen Empfänger. Ein Empfänger empfängt nur Nachrichten von einem Sender. Damit ergibt sich eine **1:1-Beziehung.**

Eine Beziehung zwischen Klassen beschreibt alle möglichen gleichartigen Beziehungen, die zwischen Objekten der beteiligten Klassen bestehen können.
So erfasst die reflexive Beziehung „sendet Nachricht an" der Klasse `Chatter` alle Beziehungen dieser Art zwischen je zwei `Chatter`-Objekten. Neben den `Chatter`-Objekten `hans` und `peter` könnten z. B. auch weitere `Chatter`-Objekte `lisa` und `simone` eine Beziehung zum Nachrichtenaustausch eingehen, ohne dass unser Klassendiagramm verändert werden muss.

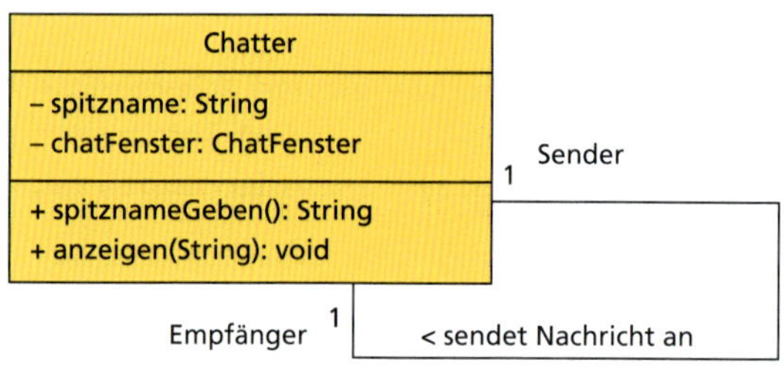

4.3 Kommunikationsformen

Erläutern Sie, welche Kommunikationsmöglichkeiten es zwischen Sendern und Empfängern gibt, wenn die Beziehung nicht 1:1, sondern 1:n, n:1 oder n:m ist! Welche Anwendungen können Sie sich für diese Möglichkeiten vorstellen?

4.4 Objekte im Dateisystem

Sie haben in der 7. Jahrgangsstufe die Strukturen im Dateisystem kennengelernt. Objekte des Dateisystems sind Ordner und Dateien. In Ordnern können Dateien oder andere Ordner abgelegt sein. Erstellen Sie ein Klassendiagramm für ein Dateisystem!

4.5 Verlinkte Webseiten
Welche Beziehung besteht zwischen verlinkten Webseiten? Zeichnen Sie ein Objektdiagramm für zwei verlinkte Webseiten! Welche Bedeutung hat die Nutzungsrichtung in diesem Fall? Wie sieht ein entsprechendes Klassendiagramm aus?

4.2. 1:1-Beziehungen

Modellieren

Wir werden unser Klassendiagramm noch erweitern. In Chatumgebungen ist es üblich, dass zu jedem Chatter nähere Informationen abgerufen werden können. Es stehen beispielsweise Angaben zu Alter, Name oder Hobbys zur Verfügung. Dies sind eigentlich alles Eigenschaften, die den Chatter selbst auszeichnen. Wir könnten sie also als Attribute zur Klasse `Chatter` hinzufügen. Allerdings lassen sich all diese Daten unter dem Begriff Profil zusammenfassen. Daher werden wir in diesem Beispiel eine zusätzliche Klasse `Profil` zu unserem Klassendiagramm hinzufügen, die alle zusätzlichen Informationen eines Chatteilnehmers beinhaltet. Der Spitzname identifiziert einen Chatter eindeutig. Wir behalten ihn als Attribut von `Chatter` bei.
Die Klasse `Profil` hat neben sondierenden und verändernden Methoden für die Attribute zusätzlich eine Methode `profilAlsStringGeben()`, die alle Profildaten als formatierten Text zurückgibt. (↗ Bild 1)

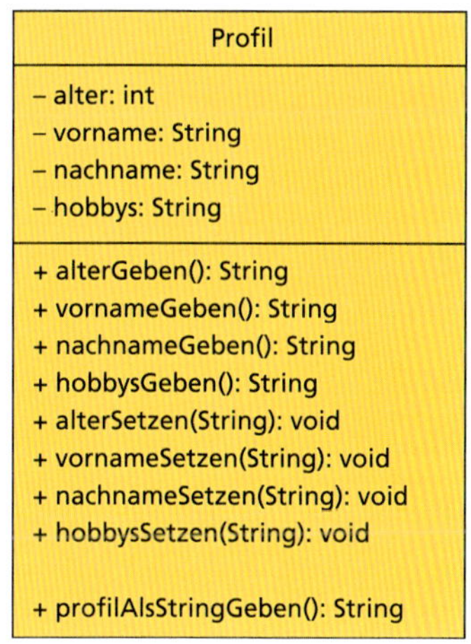

1 Klassenkarte `Profil`

Jedes `Chatter`-Objekt soll ein Objekt aus der Klasse `Profil` besitzen. Wir realisieren das wieder als eine Beziehung zwischen den Objekten:

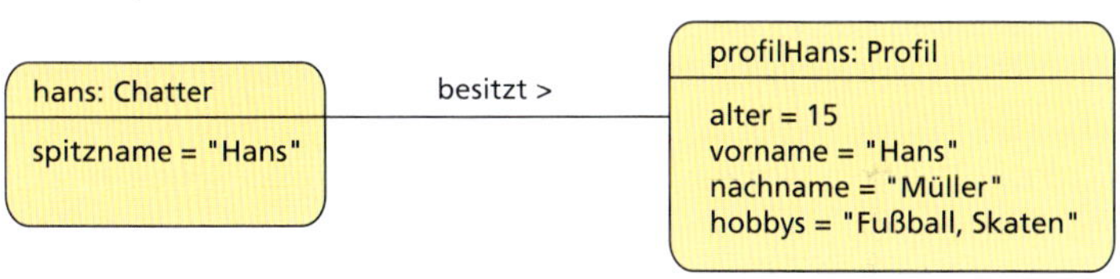

Da die Aufgaben der beiden Objekte in diesem Fall klar sind, müssen wir keine Rollennamen vergeben.
Für das Klassendiagramm berücksichtigen wir noch die Kardinalitäten.

- Ein `Chatter`-Objekt besitzt *genau ein `Profil`-Objekt.* (Kardinalität 1 auf Profil-Seite)
- Ein `Profil`-Objekt *ist einem einzigen `Chatter`-Objekt zugeordnet.* (Kardinalität 1 auf Chatter-Seite)

Als Nutzungsrichtung wählen wir den Zugriff von `Chatter` auf das zugehörige Profil.

In der vereinfachten Darstellung sieht das Klassendiagramm so aus:

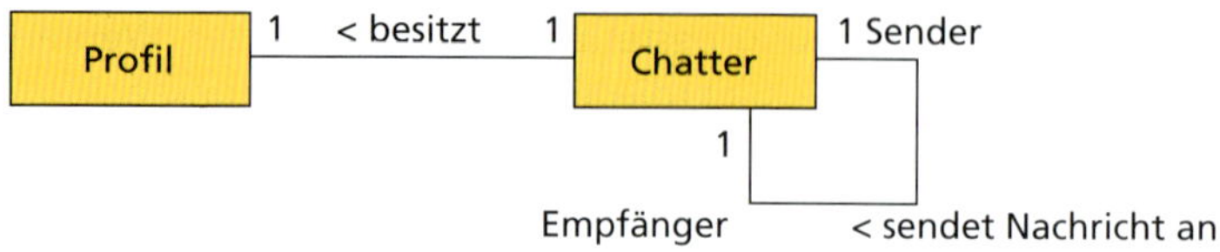

Unser Klassendiagramm enthält jetzt zwei Klassen und zwei 1:1-Beziehungen. Die reflexive Beziehung ist ein Spezialfall.

1:1-Beziehungen zwischen Klassen umsetzen

Das Projekt **Chat2** (E) enthält bereits die Klassen `Chatter` und `Profil`. Die Klasse `Profil` besitzt einen Konstruktor der Form `Profil(int cAlter, String cVorname, String cNachname, String cHobbys)` und belegt die Attribute des erzeugten `Profil`-Objekts.

Wir wollen jetzt die beiden 1:1-Beziehungen in unserem Projekt umsetzen, um sie als Grundlage für die Kommunikation zwischen den verschiedenen Objekten zu nutzen.
Unsere langfristigen Ziele sind dabei:

- Ein Sender schickt einem Empfänger eine Nachricht, die im Chatfenster des Empfängers angezeigt wird.
- Ein Chatter kann das Profil seines Chatpartners anzeigen.

Wir setzen zuerst die Beziehung zwischen den Klassen `Chatter` und `Profil` um. Damit können wir eine Verknüpfung zwischen einem `Chatter`- und einem `Profil`-Objekt realisieren.
Verknüpfungen haben Sie schon im Zusammenhang mit Webseiten kennengelernt. Wenn Sie durch einen **Verweis** (Link) von einer Webseite zu einer anderen geleitet werden, dann ist das zweite Webdokument nicht im ersten enthalten. Das erste Dokument enthält lediglich einen Verweis auf das Zieldokument, der durch Angabe einer URL (Uniform Resource Locator, deutsch: einheitlicher Quellenanzeiger) realisiert wird. Die URL ist ein Wegweiser zur Zielwebseite.
Die Verwendung von Verweisen ist sehr praktisch. Sie können Informationen auf Ihrer Webseite bereitstellen und müssen Ihren Freunden nur einen Verweis darauf – nämlich die URL – mitteilen. Sie werden nicht die komplette Webseite an ihre Freunde schicken. Selbst wenn Sie die Inhalte auf Ihrer Webseite ändern, wird der Verweis Ihre Besucher direkt zu den geänderten Inhalten führen.

Ein Lieferant sendet seinen Kunden die URL zu seiner Preisliste. Jede neue Preisliste wird unter derselben URL veröffentlicht. Es gibt so lediglich ein einziges Expemlar der Preisliste an einer zentralen Stelle. Würde der Lieferant seine Preisliste in gedruckter Form an die Kunden schicken, müssten bei Preisänderungen entweder alle Kunden eine neue Preisliste erhalten oder jeder Kunde Änderungen an seinem Exemplar vornehmen. Die einzelnen Exemplare enthalten dieselben Daten, sind aber unabhängig voneinander und können daher nicht automatisch auf demselben Stand gehalten werden. In der 9. Jahrgangsstufe haben Sie davon gesprochen, dass die Daten **redundant** sind und haben Redundanzen möglichst vermieden.
Verweise helfen, Redundanzen zu vermeiden.

4.6 Der nebenstehende Text erläutert Vorteile der Verwendung von Verweisen für Unternehmen. Stellen Sie die Verhältnisse zwischen drei Kunden-Objekten, einem Lieferanten-Objekt und der Online-Preisliste des Lieferanten in einem Objektdiagramm dar! Was müssen Sie verändern, wenn jeder Kunde ein gedrucktes Exemplar der Preisliste erhält und der Lieferant ebenfalls eines besitzt? Erläutern Sie die Probleme beim Aktualisieren der Preisliste anhand des Objektdiagramms! Woran erkennen Sie Redundanzen im Objektdiagramm?

Bei Datenbanksystemen haben Sie auch schon Beziehungen verwendet. Zur Verwaltung von Informationen in einer Bibliotheksdatenbank sind unter anderem die Klassen `Buch` und `Verlag` definiert. Ein Buch erscheint bei einem bestimmten Verlag. Um diese Beziehung zu erfassen, wird in der Tabelle buch eine Fremdschlüsselspalte *VerlagNummer* definiert. Für einen konkreten Buch-Datensatz wird im entsprechenden Feld der Wert des Primärschlüssels des zugehörigen Verlag-Datensatzes eingetragen. Er verweist dann auf die zugehörigen Verlagsdaten. (↗ nebenstehende Übersicht)
Beliebig viele Buch-Datensätze können einen Verweis auf einen Verlag-Datensatz besitzen.

Tabelle buch

Spaltenname	Typ
BuchNummer	int
Titel	varchar(50)
Autor	varchar(50)
VerlagNummer	int
Kategorie	varchar(50)
ISBN	int

Tabelle verlag

Spaltenname	Typ
VerlagNummer	int
Name	varchar(50)
Straße	varchar(50)
Hausnummer	varchar(10)
PLZ	int
Ort	varchar(50)
Telefon	varchar(20)

buch

BuchNummer	Titel	...	VerlagNummer	...
⋮	⋮	⋮		⋮
21	Informatik Bayern 10		11	
⋮	⋮	⋮		⋮

verlag

VerlagNummer	Name	...
⋮	⋮	⋮
11	Schulbuchverlag am Wiesengrund	
⋮	⋮	⋮

Auch Java stellt einen vergleichbaren Mechanismus bereit, um Beziehungen zu realisieren. Diesen Mechanismus bezeichnet man als **Referenz**. Eine Referenz ist ein Verweis von einem Objekt auf ein anderes (Ziel-)Objekt.

Durch eine Referenz kennt ein Objekt einen Weg zum Zielobjekt. Es enthält aber nicht das Zielobjekt selbst. Auch wenn es mehrere Referenzen zu einem Zielobjekt gibt, existiert das Zielobjekt nur einmal.

Zum Umsetzen einer Beziehung zwischen zwei Klassen definieren wir in der Klasse, deren Objekte die Beziehung nutzen sollen, ein Attribut vom Typ der anderen Klasse. Dieses Attribut nennt man **Referenzattribut.**
Bei Beziehungen, die in beide Richtungen nutzbar sind, muss bei beiden Klassen je ein Attribut für die Referenz definiert werden.

Der Name eines Referenzattributs sollte so gewählt werden, dass er die Beziehung im Klassendiagramm ausdrückt. Oft wird der Rollenname der Zielklasse verwendet. Ist kein Rollenname angegeben, wird häufig der Klassenname der Zielkasse *mit kleinem Angfangsbuchstaben* gewählt (vergleiche im Beispiel Referenzattribut `profil`).

Die Beziehung zwischen den Klassen `Chatter` und `Profil` soll von Objekten der Klasse `Chatter` benutzt werden können. Deshalb definieren wir das für die Referenz nötige Attribut `profil` vom Typ `Profil` in der Klasse `Chatter`:

```
...
private ChatFenster chatFenster;
private Profil profil;
```

1 Beziehung zwischen Klassen in der Entwicklungsumgebung. Die Entwicklungsumgebung stellt, entgegen unserer Konvention, die Beziehung durch eine gestrichelte Linie dar. Sie gibt die Nutzungsrichtung durch einen Pfeil an der Linie an.

4.7 (E) Ergänzen Sie die Definition des Referenzattributs `profil` und übersetzen Sie die Klasse `Chatter` neu!

Viele Entwicklungsumgebungen erkennen, dass eine Beziehung zwischen Klassen im Quelltext definiert wurde und zeigen sie als Pfeil im Klassendiagramm an. (↗ Bild 1)

Üblicherweise werden Referenzattribute im Klassendiagramm nicht zusätzlich als Attribute angegeben. Sie sind bereits durch die Beziehungslinie modelliert.

Beziehung zwischen Objekten herstellen: Referenzziel zuweisen

Wir haben mit der Definition eines Referenzattributs bisher nur die Beziehung zwischen den beiden Klassen realisiert. Um einem konkreten `Chatter`-Objekt ein `Profil`-Objekt zuzuordnen, ist es nötig, das Referenzattribut mit einem Ziel zu versehen.

Die Zuweisung des Referenzziels erfolgt wie die Zuweisung eines Attributwerts. Damit wird die Beziehung zwischen den beteiligten Objekten hergestellt.

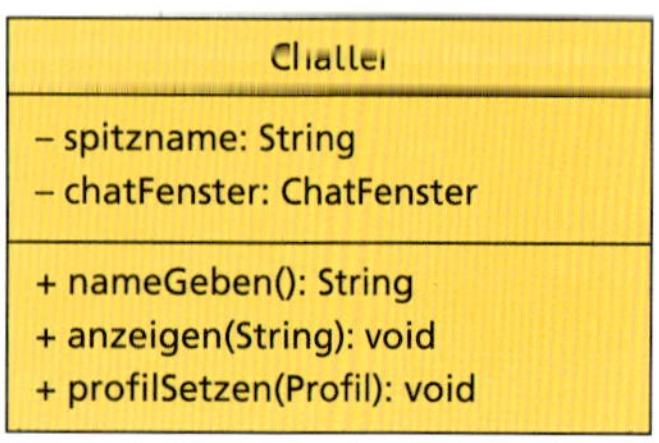

2 Erweiterte Klassenkarte `Chatter`

Wir fügen in der Klasse `Chatter` eine verändernde Methode `profilSetzen(Profil neuesProfil)` hinzu:

```
public void profilSetzen(Profil neuesProfil){
    profil = neuesProfil;
}
```

Diese Methode ermöglicht uns, von einem `Chatter`-Objekt eine Referenz auf ein `Profil`-Objekt zu setzen. Dem Referenzattribut `profil` wird als Ziel das als Parameter übergebene `Profil`-Objekt `neuesProfil` zugewiesen.

Das Referenzattribut beinhaltet nicht das Zielobjekt selbst, sondern lediglich einen Verweis darauf. Ändert sich der Zustand des Zielobjekts, haben alle anderen Objekte, die eine Referenz darauf besitzen, sofort Zugang zum veränderten Zustand.

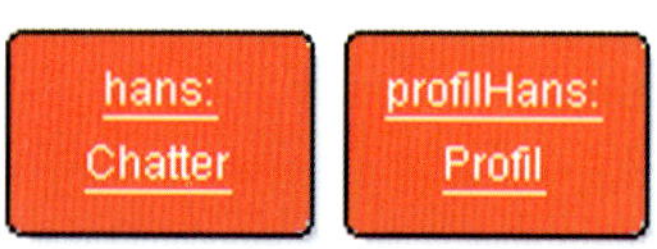

3 Objekte auf der Objektleiste in der Entwicklungsumgebung

4.8 Erweitern Sie die Klasse `Chatter` um die Methode `profilSetzen(...)` und übersetzen Sie sie! Erzeugen Sie ein `Chatter`-Objekt `hans` und ein `Profil`-Objekt `profilHans` nach dem auf Seite 101 aufgeführten Objektdiagramm!

Die Inspizieren-Funktion der Entwicklungsumgebung wird uns helfen, die Vorgänge beim Erzeugen und Verwalten von Referenzen genauer nachzuvollziehen. Wir inspizieren **hans**. Der Eintrag für die Referenz auf das Profil enthält den Wert **null**.

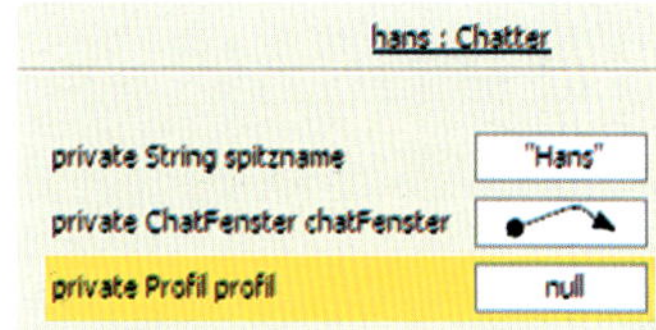

1 Objektinspektor für das Objekt **hans**

Der Wert **null** wird für eine Referenz immer dann vergeben, wenn zwar eine Beziehung zu einer anderen Klasse besteht, für das konkrete Objekt aber noch kein Referenzziel auf ein bestimmtes Objekt der anderen Klasse gesetzt wurde.

4.9 Geben Sie durch Aufruf der Methode **profilSetzen**(...) das Objekt **profilHans** als Referenzziel an! Inspizieren Sie **hans** erneut!

Als Wert des Referenzattributs **profil** ist im Objektinspektor jetzt ein Pfeil abgebildet (↗ Bild 2). Dies ist das Zeichen dafür, dass es sich um eine Referenz auf ein anderes Objekt handelt. Um Details über das Referenzziel zu erfahren, können wir es inspizieren.

2 Referenz im Objektinspektor

Wir können überprüfen, dass Java das Attribut **profil** wirklich als Referenz auf das vorher definierte **Profil**-Objekt **profilHans** verwaltet. Dazu verändern wir den Zustand des Objekts **profilHans**. Handelt es sich bei **hans.profil** wirklich um eine Referenz – also um einen Verweis –, so muss sich auch dessen Zustand ändern. Wäre **hans.profil** ein eigenständiges **Profil**-Objekt, hätte die Änderung an **profilHans** keine Auswirkung.

4.10 Verändern Sie den Wert eines der Attribute von **profilHans** durch Aufruf der entsprechenden verändernden Methode! Überprüfen Sie durch erneutes Öffnen des Objektinspektors, ob sich **hans.profil** ebenfalls verändert hat!

Beim Inspizieren von **hans** fällt noch eine Besonderheit auf. Das Attribut **chatFenster** ist ebenfalls ein Referenzattribut und verweist auf ein Objekt der Klasse **ChatFenster**. Allerdings erhalten wir im Klassendiagramm der Entwicklungsumgebung keine Beziehung zwischen den Klassen **Chatter** und **ChatFenster**, da die Klasse **ChatFenster** nicht im Projekt angezeigt wird.

Das Attribut **spitzname** enthält im Objektinspektor als Wert keinen Referenzpfeil. Allerdings handelt es sich in Wirklichkeit trotzdem um ein Referenzattribut. **String** ist eine Klasse, die Bestandteil der Java-API (Application Programing Interface, deutsch: Schnittstelle zur Anwendungsprogrammierung) ist. Dabei handelt es sich um eine „Bibliothek" vordefinierter Klassen,

i Die **Java-API** ist in einzelne Pakete verwandter Klassen untergliedert. Sie umfasst mehr als 3500 Klassen, die von Programmierern beliebig verwendet werden können.
Weitere Informationen finden Sie unter:
http://java.sun.com/javase/reference/api.jsp

die Java selbst mitbringt. Die Entwicklungsumgebung stellt keinen Referenzpfeil dar, weil die Klasse `String` kein Bestandteil unseres Projekts ist.

Mit BlueJ können Referenzen inspiziert werden. Primitive Attribute bieten keine Möglichkeit, den Inspektor aufzurufen.

Alle Attribute, deren Typ eine Klasse ist, stellen Beziehungen zwischen Klassen dar und sind bei der Umsetzung in Java Referenzen. Daher sprechen wir von **Referenzattributen.** Lediglich Attribute, deren Typen primitiv – boolean, double, float, int – sind, stellen keine Beziehungen dar. Bei ihrer Umsetzung entstehen keine Referenzen, ihre Werte werden direkt gespeichert. Wir sprechen auch von **primitiven Attributen.**

Mit diesen Informationen können wir ein umfangreicheres Klassendiagramm unseres Projekts zeichnen:

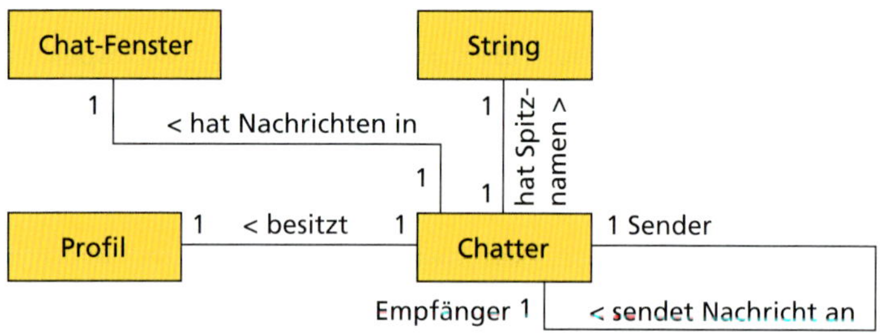

Für große Softwareprojekte würde ein so ausführliches Klassendiagramm mehrere hundert Klassen enthalten. Um die Übersichtlichkeit zu gewährleisten, gibt es Konventionen zum Erstellen von Klassendiagrammen:

- Klassen, die in der Java API definiert sind, werden nicht explizit angegeben (im Beispiel `String`).
- Klassen des eigenen Projekts, die für die geplante Betrachtung keine Rolle spielen, erscheinen nicht eigenständig im Klassendiagramm (im Beispiel `ChatFenster`).

In beiden Fällen werden bei Beziehungen zu solchen Klassen stattdessen entsprechende Attribute im Klassendiagramm definiert, wie wir es am Beginn dieses Kapitels gemacht haben.

Wir betrachten die Klasse `ChatFenster` nicht näher. Sie wurde an einer nicht direkt zugänglichen Stelle unseres Projekts vordefiniert. Wir behandeln Sie ähnlich wie eine vorgefertigte Klasse der Java-API. Sie stellt uns das Dialogfenster zur Simulation von Ein- und Ausgaben für jeden Chatter bereit.

Wir wollen noch die Angabe eines Profils für jeden Chatter verpflichtend machen. Dazu sollen schon beim Erzeugen eines `Chatter`-Objekts die notwendigen Angaben durch einen veränderten Konstruktor erfasst werden:

```
Chatter(String cName, String cAlter, String cVorname,
String cNachname, String cHobbys)
```

Aus den Parametern `cAlter`, `cVorname`, `cNachname` und `cHobbys` erzeugen wir mit `new` ein neues `Profil`-Objekt und nutzen dieses als Referenzziel für das Referenzattribut `profil`:

```
profil = new Profil(cAlter, cVorname, cNachname, cHobbys);
```

4.11 Verändern Sie den vorhandenen Konstruktor wie angegeben und ergänzen Sie die Zuweisung des Referenzziels! Erzeugen Sie erneut ein `Chatter`-Objekt und inspizieren Sie insbesondere seine Referenz auf das `Profil`-Objekt!

In der BlueJ-Objektleiste wird nur das `Chatter`-Objekt angezeigt. Das referenzierte `Profil`-Objekt ist durch Inspizieren des `Chatter`-Objekts zugänglich.

4.12 Klassendiagramm Profil

Untersuchen Sie die Klassenkarte `Profil` näher! Bei welchen Attributen handelt es sich um Referenzattribute? Fertigen Sie ein Klassendiagramm an, das alle Beziehungen darstellt!

4.13 Chatpartner (E)

Setzen Sie noch die reflexive Beziehung der Klasse `Chatter` um! Die nötige Referenz soll dabei auf den Empfänger einer Nachricht verweisen.

a) Definieren Sie ein Referenzattribut **`empfaenger`** vom Typ `Chatter` in der Klasse `Chatter` und erweitern Sie die Liste der Methoden um eine verändernde Methode **`empfaengerSetzen`**(...) zum Zuweisen des Referenzziels!

b) Erzeugen Sie zwei `Chatter`-Objekte **`hans`** und **`peter`** und legen Sie die Rollen der beiden durch die Methode **`empfaengerSetzen`**(...) so fest, dass **`hans`** als Sender und **`peter`** als Empfänger arbeitet!

c) Inspizieren Sie **`hans`** und überprüfen Sie, ob **`peter`** erreichbar ist!

d) Wie ist es möglich, dass beide Objekte in beiden Rollen auftreten und damit einen wirklichen Dialog führen können?

4.14 Ausweise

Überprüfen Sie, inwieweit das angegebene Klassendiagramm (↗ Bild 1) und die Java-Codeausschnitte übereinstimmen! Beheben Sie die Fehler im Quellcode!

```
public class Buerger{
    private Buerger buerger;
    private Personalausweis pausweis;
}
public class Personalausweis{
    private Sozialversicherungsausweis sausweis;
    private Buerger buerger;
}
public class Sozialversicherungsausweis{
    private Buerger buerger;
}
```

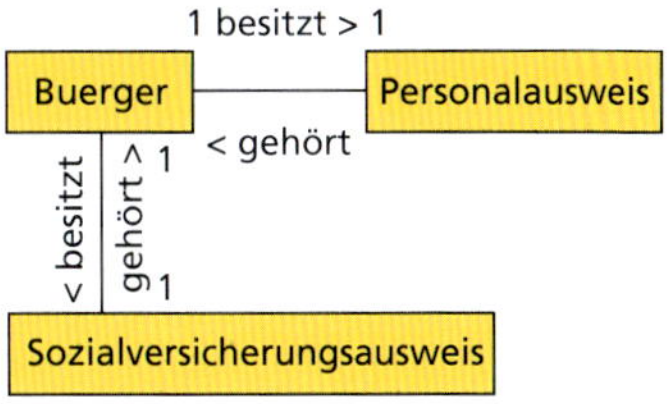

1 Klassendiagramm zu Aufgabe 4.14. Beachten Sie, dass die Beziehungen im Klassendiagramm in beide Richtungen genutzt werden sollen.

4.3 Kommunikation zwischen Objekten

Objekte erledigen ihre Arbeit durch Ausführen von Methoden. Sie bieten diese als Dienste an. Bisher haben Sie als Anwender Dienste von Objekten genutzt, beispielsweise bei der **einfachen Grafik** in Kapitel 1. Auch Objekte können selbst Dienste anderer Objekte nutzen.

Dienste

1 Bankkunde beim Ausfüllen eines Überweisungsformulars

Die Bereitstellung von Diensten begegnet uns auch in der realen Welt. Eine Bank bietet beispielsweise Dienstleistungen an, wie etwa Überweisung ausführen, Scheck einlösen, Geld auszahlen usw. Diese Dienstleistungen können nur Bankkunden in Anspruch nehmen, die durch ihr Bankkonto eine Beziehung zur Bank haben. Um eine Überweisung auszuführen, muss der Bankkunde ein ausgefülltes Überweisungsformular bei der Bank abgeben oder eine Online-Überweisung durchführen. Dadurch kommuniziert er mit der Bank und teilt ihr mit, dass er eine Dienstleistung in Anspruch nehmen möchte. Die Bank führt die Überweisung durch und der Kunde erhält als Rückmeldung einen Buchungsvermerk auf seinem Kontoauszug.
Allerdings werden in einer Bank auch andere Aufgaben erledigt, die aber nicht öffentlich als Dienst, sondern nur intern zur Verfügung stehen. Dazu gehört etwa das Erstellen eines Kassenberichts oder einer Bilanz. Diese Dienste kann der Bankkunde nicht in Anspruch nehmen, auch wenn er der Bank mitteilt, dass er das gerne möchte.

Einige Aussagen des Beispiels können wir auf Objekte übertragen:

- Objekte bieten durch Methoden mit dem Zugriffsrecht `public` Dienste an, die von anderen Objekten in Anspruch genommen werden können. Methoden, deren Zugriffsrecht `private` ist, stehen nicht allen anderen Objekten öffentlich als Dienste zur Verfügung.
- Objekte, die Dienste zur Verfügung stellen, sind **Anbieter.** Objekte, die einen Dienst nutzen wollen, sind **Nutzer.**
- Nur Objekte, die eine Beziehung zum Anbieter haben, können den angebotenen Dienst auch nutzen. Dazu muss für die Beziehung auch die korrekte Nutzungsrichtung vom Nutzer zum Anbieter vorliegen.
- Um dem Anbieter mitzuteilen, dass ein Dienst in Anspruch genommen werden soll, muss der Nutzer eine entsprechende **Botschaft** schicken.

Dienste nutzen

Wir werden Dienste nutzen, um eine Nachricht von einem Chatter **hans** (Sender) zu seinem Chatpartner **peter** (Empfänger) zu senden.

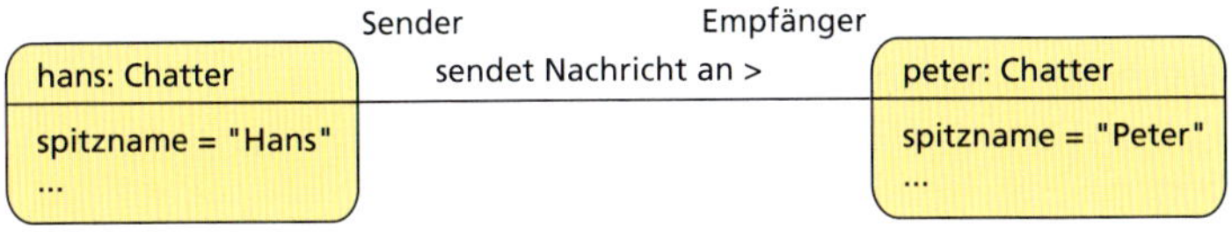

Die `Chatter`-Objekte können mithilfe der Methode **anzeigen**(...) einen beliebigen Text nur im eigenen Chatfenster anzeigen.
Das Zugriffsrecht dieser Methode ist `public`. Das bedeutet, dass diese Methode als Dienst auch beliebigen anderen Objekten zur Verfügung gestellt wird.
hans besitzt eine Beziehung zu **peter** und kann somit den Dienst der Methode **anzeigen**(...) von **peter** nutzen.
Damit **hans** die Nachricht „Hallo Peter!" im Fenster von **peter** anzeigen lassen kann, müssen die beiden Objekte kommunizieren.

Dialog zwischen den Objekten **hans** und **peter**:
hans: **peter**, führe deine Methode **anzeigen**(...) mit dem Parameter „Hallo Peter!" aus.
[**peter** führt die angeforderte Operation aus]
peter: Ok, **hans**, das habe ich gemacht.

Die Kommunikation zwischen Objekten besteht darin, dass sie untereinander **Botschaften** austauschen. Eine Botschaft kann eine Anfrage (Anfragebotschaft), einen Dienst nutzen zu wollen, bzw. eine Antwort auf eine Anfrage (Antwortbotschaft) sein.

Die Kommunikation zwischen den Objekten lässt sich auch grafisch darstellen. Wir verwenden dazu ein sogenanntes **Sequenzdiagramm.** (↗ Bild 1)

In vertikaler Richtung ist der zeitliche Verlauf dargestellt. Die Zeit schreitet von oben nach unten fort. In horizontaler Richtung sind die an der Kommunikation beteiligten Objekte angegeben.
Die vertikalen gestrichelten Linien sind die Lebenslinien der Objekte. Sie zeigen an, dass die Objekte existieren. Die vertikalen, breiten Aktivitätsbalken kennzeichnen, dass ein Objekt aktiv ist.

Das Projekt **Chat3** (E) enthält den bisherigen Projektstand und setzt zusätzlich die Beziehung zwischen Sender und Empfänger einer Nachricht durch das Attribut **empfaenger** in der Klasse `Chatter` um.
empfaengerSetzen(...) ist eine entsprechende verändernde Methode.
BlueJ zeigt die rekursive Beziehung leider nicht durch einen Pfeil von der Klasse `Chatter` auf sich selbst an.

Im Projekt wird zusätzlich eine Klasse `Speicher` angezeigt, die eine Beziehung zur Klasse `Chatter` hat. Dabei handelt es sich um eine von BlueJ erzeugte Klasse, die uns in Zukunft die Arbeit abnehmen wird, nach jedem neuen Übersetzen des Quelltextes neue `Chatter`-Objekte von Hand erzeugen zu müssen. Durch einen Rechtsklick auf `Speicher` und die Auswahl des Eintrags „Objektzustand wiederherstellen" werden automatisch zwei `Chatter`-Objekte **hans** und **peter** erzeugt und auf der Objektleiste abgelegt. **hans** und **peter** sind sich gegenseitig als Empfänger zugewiesen. Diesen Objektzustand können Sie jederzeit wiederherstellen. Sollte die Klasse `Speicher` während der Arbeit durch Schraffur anzeigen, dass sie noch nicht übersetzt wurde, holen Sie das durch einen Rechtsklick und Aufruf von „Übersetzen" nach.

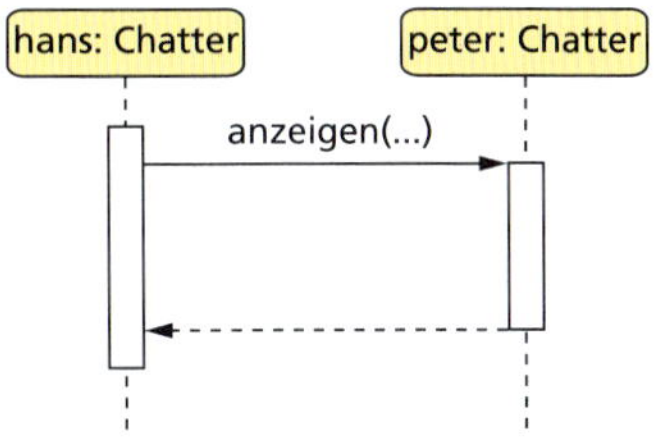

1 Sequenzdiagramm

Die horizontalen Pfeile illustrieren die Botschaften, die zwischen in Beziehung stehenden Objekten gesendet werden.
Durchgezogene Linien kennzeichnen dabei Anfragebotschaften, gestrichelte Linien Antwortbotschaften.
Anfragebotschaften können nur von Objekten gesendet werden, die aufgrund der Nutzungsrichtung die Beziehung auch verwenden dürfen.
Antwortbotschaften dürfen vom Anbieter immer gesendet werden.

- Das Objekt **`hans`** wird aktiv und sendet eine Botschaft an **`peter`** und fragt damit den Dienst **`anzeigen`**(...) von **`peter`** an.
- **`hans`** bleibt aktiv. Seine Aktivität beschränkt sich allerdings darauf, auf eine Antwort von **`peter`** zu warten.
- **`peter`** empfängt die Botschaft von **`hans`** und wird aktiv. **`peter`** führt die gewünschte Operation aus – er ruft seine Methode **`anzeigen`**(...) mit dem übergebenen Parameter auf. Nach der Ausführung sendet **`peter`** eine Antwortbotschaft an **`hans`** zurück, um die Ausführung der Aktion zu bestätigen. **`peter`** wird inaktiv.
- **`hans`** empfängt die Antwortbotschaft von **`peter`** und wird daraufhin auch inaktiv.

4.15 Finden Sie fünf Dienste, die die Deutsche Post AG Ihnen als Kunde bietet!
Stellen Sie den Ablauf beim Nutzen eines der Dienste in einem Sequenzdiagramm dar!
Führt die Post auch Aufgaben durch, die Sie als Kunde nicht als Dienstleistung beanspruchen können?

Nutzung eines Dienstes umsetzen

Zur Umsetzung des Sequenzdiagramms definieren wir eine Methode **`nachrichtSenden(String)`** in der Klasse **`Chatter`**, mit der wir die Aktivität auf Seite des Senders auslösen können. Der Parameter soll den zu übermittelnden Text enthalten:

```
public void nachrichtSenden(String nachricht){
    empfaenger.anzeigen(nachricht);
}
```

Die Methode enthält als einzige Anweisung die Übermittlung der Anfragebotschaft an den Empfänger, den Dienst **`anzeigen`**(...) nutzen zu wollen: **`empfaenger.anzeigen(nachricht);`**
Dazu wird angegeben, welche Referenz für die Übermittlung genutzt werden soll und welche Botschaft an das verknüpfte Objekt geschickt wird.

Die Syntax zur Nutzung eines Dienstes lautet:
`referenz.botschaft(...)`
Die Botschaft ist dabei der Name der Methode, die das referenzierte Objekt ausführen soll. Dabei müssen auch benötigte Parameter übergeben werden.
Bei der Nutzung eines Dienstes wird die entsprechende Methode des referenzierten Objekts aufgerufen:
Die Referenz verweist auf das Objekt. Die Botschaft spezifiziert seine aufzurufende Methode.

Um die Übermittlung der Antwortbotschaft kümmert sich Java selbst. Sobald die Abarbeitung auf Seite des referenzierten Objekts abgeschlossen ist, wird das aufrufende Objekt automatisch benachrichtigt.

4.16 (E) Fügen Sie die Methode `nachrichtSenden(...)` in die Klasse `Chatter` ein! Stellen Sie den Objektzustand mithilfe der Klasse `Speicher` wieder her! Rufen Sie bei `hans` die Methode `nachrichtSenden(...)` auf, um eine Nachricht an `peter` zu übertragen! (↗ Bild 1)

In unserer Simulation kann sich das Objekt `hans` nicht selbst entschließen, an `peter` eine Nachricht zu senden. Wir müssen dazu als Anwender der Simulation in der Entwicklungsumgebung die Methode `nachrichtSenden(...)` von `hans` aufrufen. Diesen Umstand kann man auch im Sequenzdiagramm sichtbar machen.

Der Benutzer wird als zusätzliches Objekt in das Diagramm aufgenommen. Er wird als **Akteur** bezeichnet und als Strichmännchen dargestellt (↗Bild 2). Der Akteur kann Dienste aller Objekte nutzen.

Das Objekt `hans` stellt durch seine `public`-Methode `nachrichtSenden(...)` einen Dienst bereit, den wir als Benutzer bzw. als Akteur durch eine Botschaft anfordern. `hans` wird nach dem Ausführen der Methode wieder inaktiv.
Der Akteur benutzt in diesem Beispiel direkt einen Dienst von `hans`, aber indirekt auch einen Dienst von `peter`.

Objekte können durch eine Folge von Beziehungen und Diensten auch Dienste von Objekten nutzen, zu denen sie keine direkte Beziehung besitzen.

Bereits in Kapitel 3 wurden im Rahmen der Roboter-Simulation Beziehungen und die Nutzung von Diensten durch Objekte verwendet.
Zwischen den Klassen `Robotersteuerung` und `Roboter` besteht eine Beziehung, die in `Robotersteuerung` durch das Referenzattribut `roboter` umgesetzt ist.
Ein Objekt der Klasse `Robotersteuerung` nutzt z. B. in der Methode `kugelTransportieren()` verschiedene Dienste eines `Roboter`-Objekts.
(↗ S. 74)

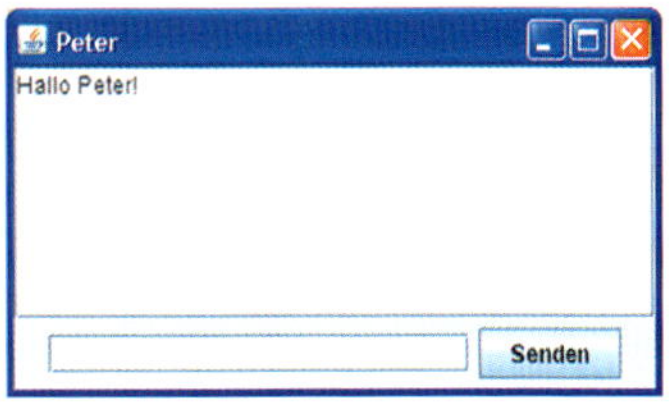

1 Ausgabe im Chatfenster

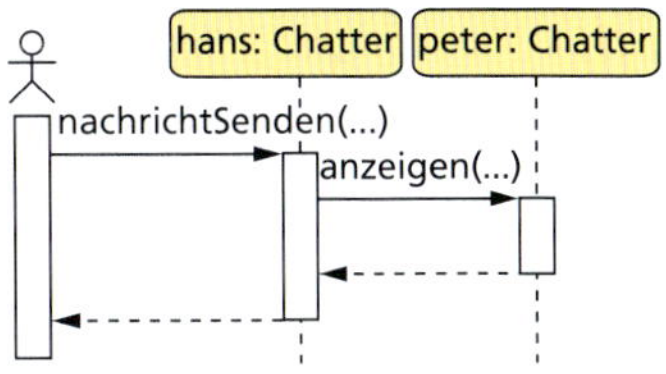

2 Akteur im Sequenzdiagramm

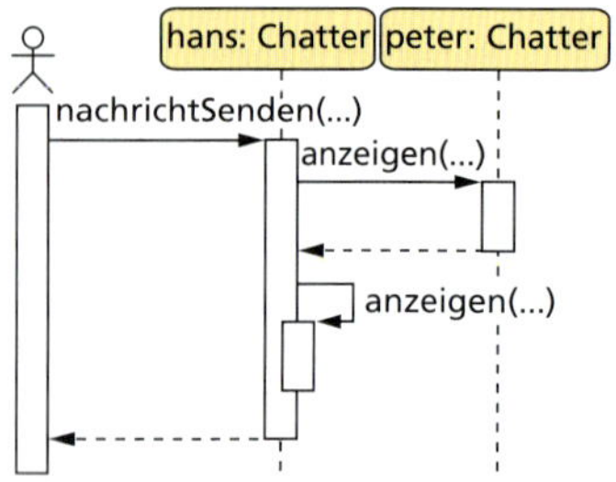

1 Sequenzdiagramm mit Ausführung einer eigenen Methode

Bisher wird durch die Methode `nachrichtSenden(...)` eine Nachricht nur im Chatfenster des Empfängers angezeigt. Wir wollen sie auch im Fenster des Absenders anzeigen.
Dazu können wir auf Seite des Senders seine eigene Methode `anzeigen(...)` nutzen. Diese soll auch innerhalb von `nachrichtSenden(...)` aufgerufen werden.

Im Sequenzdiagramm stellen wir das Aufrufen der eigenen Methode `anzeigen(...)` als weiteren Aktivitätsbalken bei hans auf dem schon vorhandenen Aktivitätsbalken dar. Der Aufruf der Methode `anzeigen(...)` wird im Diagramm durch Senden einer entsprechenden internen Botschaft als Pfeil deutlich gemacht. Eine Antwortbotschaft wird nicht eingezeichnet.

4.17 Ergänzen Sie die Methode `nachrichtSenden(...)` aufgrund des Sequenzdiagramms so, dass auch im Chatfenster des Senders die übermittelte Nachricht erscheint! Testen Sie Ihre Änderungen!

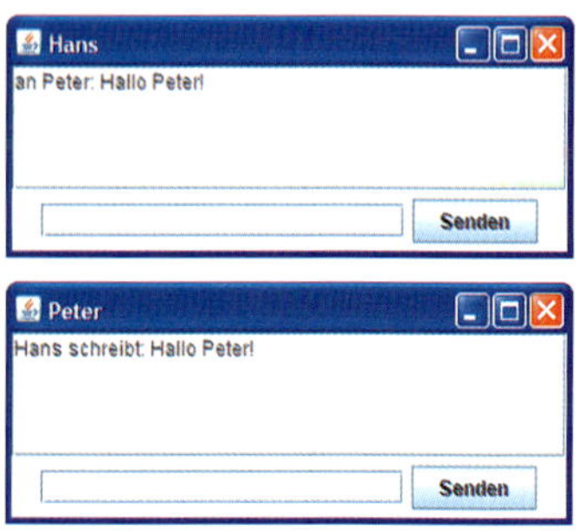

2 Gesendete und empfangene Nachrichten im Chatfenster.

Dienste, die Informationen zurücksenden

Bisher bestanden die Antwortbotschaften lediglich aus der Nachricht, dass eine Aktion ausgeführt wurde. Die Ursache dafür ist, dass alle verwendeten Dienste Methoden mit dem Rückgabetyp `void` waren.

Wird ein Dienst in Anspruch genommen, dessen zugehörige Methode einen Wert zurückgibt, wird genau dieser Wert in der Antwortnachricht an den Nutzer zurückgegeben. Der Nutzer kann den Wert weiter verwenden.

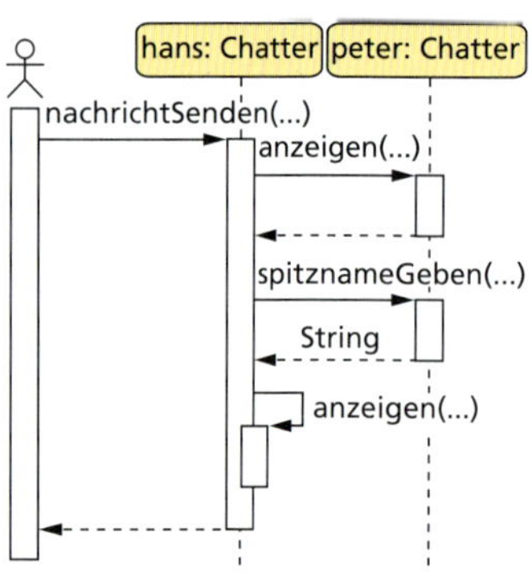

3 Sequenzdiagramm mit Werten bei Antwortbotschaften

Wir wollen erreichen, dass zusätzlich beim Senden einer Nachricht der Empfängername bzw. beim Empfangen der Sendername ausgegeben wird. (↗ Bild 2)
Kümmern wir uns zunächst um das Senden. Der Sender hat eine nutzbare Beziehung zum Empfänger. Der Empfänger stellt einen Dienst `spitznameGeben(...)` bereit. Diesen Dienst kann der Sender nutzen und erhält als Antwortbotschaft den Namen des Empfängers zurück. Wir fügen in das Sequenzdiagramm bei der Antwortbotschaft den Typ des Rückgabewertes ein. (↗ Bild 3)
Die Nutzung des Dienstes muss vor dem Anzeigen der Nachricht im Chatfenster des Senders erfolgen, weil dazu der Name des Empfängers bereits nötig ist.

Die Umsetzung in Java sieht so aus (Änderungen blau):

```
public void nachrichtSenden(String nachricht){
    empfaenger.anzeigen(nachricht);
    anzeigen("an "+empfaenger.spitznameGeben()+
        ": "+nachricht);
}
```

Als Parameter der Methode `anzeigen(...)` wird eine zusammengesetzte Zeichenkette vom Typ `String` verwendet. Der Teil `empfaenger.spitznameGeben()` ist die Anfragebotschaft an die Referenz `empfaenger`, den Dienst `spitznameGeben()` zu nutzen. Die Antwortbotschaft ist vom Typ `String` und enthält den Namen des Empfängers.

Mithilfe des Operators `+` lassen sich mehrere Objekte vom Typ `String` zu einem einzigen Objekt vom Typ `String` zusammensetzen. Dabei werden die Texte einfach aneinander gehängt.

4.18 Nehmen Sie die obige Änderung im Quelltext vor! Ergänzen Sie die Methode `nachrichtSenden(...)` so, dass auch dem Empfänger der Name des Absenders angezeigt wird (↗Bild 2, S. 112)! Testen Sie Ihre Umsetzung!

Weitere Dienste hinzufügen

Wir werden jetzt noch dafür sorgen, dass `hans` das Profil seines Chatpartners `peter` anzeigen kann.

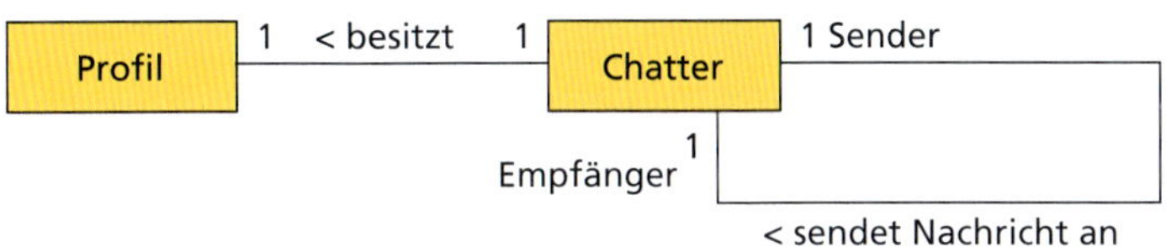

Jedes `Profil`-Objekt stellt den Dienst `profilAlsStringGeben()` bereit und gibt die Profildaten als formatierte Zeichenkette vom Typ `String` zurück. `peter` kann diesen Dienst seines Profils nutzen.

4.19 **Profil anzeigen** (E)

a) Erstellen Sie ein Sequenzdiagramm, das die Nutzung des Dienstes `profilAlsStringGeben()` durch `peter` selbst darstellt!

b) Erweitern Sie das Diagramm so, dass ein Akteur auf einen neuen Dienst `eigenesProfilAlsStringGeben()` des `Chatter`-Objekts `peter` zugreift, um so an die formatierten Profildaten als Zeichenkette vom Typ `String` zu gelangen!

c) Setzen Sie Ihr Sequenzdiagramm in eine Methode `eigenesProfilAlsStringGeben()` der Klasse `Chatter` um und testen Sie ihre Funktion!

d) Stellen Sie im Sequenzdiagramm dar, wie `hans` mit einer Methode `profilDesEmpfaengersAnzeigen()` das Profil von `peter` in seinem Chatfenster anzeigen lassen kann! Berücksichtigen Sie jetzt einen Akteur, der die Ausführung von `profilDesEmpfaengersAnzeigen()` bei `hans` auslöst!

e) Setzen Sie Ihr Sequenzdiagramm für `profilDesEmpfaengersAnzeigen()` als Methode um!
Testen Sie, ob beim Aufruf der Methode für `hans` das Profil von `peter` im Chatfenster von `hans` angezeigt wird!

4.20 Brötchenbestellung

Sie beauftragen einen Brötchenservice, Ihnen jeden Morgen vier Brötchen zu liefern. Der Brötchenservice selbst bestellt die Ware bei einem Bäcker. Während Ihrer telefonischen Bestellung der Brötchen beim Brötchenservice vergewissert sich der Serviceanbieter direkt beim Bäcker, ob die Bestellung möglich ist. Stellen Sie den Bestellvorgang in einem Sequenzdiagramm dar! Welche weiteren Dienste stellen Brötchenservice und Bäcker bereit?

4.21 Abläufe in einem Versandunternehmen

In einem Versandunternehmen sind an der Bearbeitung von Bestellungen unterschiedliche Personen beteiligt. Ein Mitarbeiter der Auftragsabwicklung erstellt einen Auftrag und übergibt ihn der Lagerverwaltung. Die Lagerverwaltung erstellt einen Lagerentnahmeschein und weist damit einen Lageristen an, die Artikel zusammenzupacken. Der Lagerist ermittelt die Standorte der Artikel, holt sie aus dem Hochregallager und verpackt sie. Abschließend gibt er die Sendung an die Versandabteilung weiter, die dem Empfänger die Waren zuschickt. Jeder Beteiligte informiert die ihm vorgeschaltete Abteilung über den Abschluss der Arbeiten.
Erstellen Sie ein Sequenzdiagramm, dass die Bearbeitung einer Bestellung deutlich macht!

4.22 Grafik in Computerspielen

Die dreidimensionale Grafik bei Computerspielen wird immer realer. Grafikobjekte, wie Personen oder Landschaftselemente, werden dabei aus sehr vielen Vielecken (Polygonen) zusammengesetzt, die mit unterschiedlichen „Mustern" (Texturen) gefüllt sind. Bewegt sich ein Objekt, müssen für all seine Vielecke Position und Größe angepasst werden. Die Textur eines Vielecks muss bei jeder diese Änderungen neu berechnet werden.
Wie läuft die Aktualisierung eines Polygons, das zu einer Person gehört, bei der Bewegung der Person ab? Stellen Sie den Vorgang in einem Sequenzdiagramm mit einem Objekt der Klasse `Person` und mehreren Objekten der Klasse `Polygon` dar!

4.4 Datenkapselung – Objekte und ihre Geheimnisse

Wir haben im letzten Abschnitt gesehen, dass Objekte ihre Methoden mit dem Zugriffsrecht **public** für andere Objekte als Dienst bereitstellen und so den Zugriff auf diese Methoden erlauben. Neben Methoden besitzen Objekte noch ihre Attribute. Anderen Objekten kann auch Zugriff auf die Attribute gewährt werden. Dazu muss das Zugriffsrecht, entgegen unserer bisherigen Vereinbarung, auf **public** gesetzt werden.
Wir werden durch ein Experiment die Auswirkungen des Zugriffs auf Attribute durch andere Objekte erkunden. Wir verändern die Klasse **Profil** und ändern das Zugriffsrecht für das Attribut **alter** auf **public**:

```
public class Profil {
    public int alter;
    private String vorname;
    ...
}
```

Wir erzeugen jetzt in der Klasse **Chatter** eine Methode **alterAendern()**, die es einem **Chatter**-Objekt erlaubt, das Attribut **alter** im referenzierten **Profil**-Objekt direkt zu verändern.

```
public void alterAendern(){
  profil.alter = -14;
}
```

Die Zuweisung **profil.alter = -14;** benutzt die Referenz **profil** der Klasse **Chatter**, um auf das **Profil**-Objekt zuzugreifen. Dem Attribut **alter** des **Profil**-Objekts wird der neue Wert -14 gegeben.

Das Projekt **Chat4** (E) enthält den bisherigen Projektstand inklusive der Umsetzung der Übungsaufgaben des vorangegangenen Abschnitts.

4.23 (E) Nehmen Sie obige Änderungen im Quelltext vor! Inspizieren Sie das Attribut **alter** in **peter.profil**! Führen Sie die Methode **alterAendern()** für **peter** aus und inspizieren Sie erneut das Attribut **alter**!

4.24 Setzen Sie das Zugriffsrecht von **alter** wieder auf **private** und übersetzen Sie die Klassen **Profil** und **Chatter** neu!

Wir erhalten nun eine Java Fehlermeldung:
"alter has private access in Profil"
Durch das Zugriffsrecht **private** wird das Attribut **alter** vor anderen Klassen versteckt. Nur Objekte der Klasse selbst können noch das Attribut verwenden. Objekte anderer Klassen haben keine Möglichkeit, über eine Beziehung direkt darauf zuzugreifen.

Das Zugriffsrecht `public` dagegen erlaubt es anderen Objekten, durch Referenzen auf das Attribut beliebig zuzugreifen, um seinen Wert zu erfahren oder um ihn zu verändern.

Viele Programmiersprachen erlauben die Verwendung sogenannter **globaler Variablen.** Dabei handelt es sich um Variablen, auf die an jeder beliebigen Stelle im Programm zugegriffen werden kann. Der Wert globaler Variablen kann überall im Programm verändert werden. Das ist eine große Fehlerquelle. Die Fehlersuche gestaltet sich sehr schwierig, da der gesamte Quelltext nach Veränderungen am Wert der Variable durchsucht werden muss. Globale Variablen sollten so weit wie möglich vermieden werden.

Der direkte Zugriff auf Attribute ist immer unerwünscht, weil es damit anderen Objekten ermöglicht wird, auch sinnlose Werte für Attribute zu setzen: Im Beispiel der Wert -14 für das Alter. Wir vereinbaren wieder:

> Das Zugriffsrecht für Attribute wird immer auf `private` gesetzt. Wir verstecken damit den Zustand der Objekte vor anderen Objekten.
>
> Die Möglichkeit, Informationen über ein Objekt, wie etwa seine Attribute, vor Objekten anderen Klassen zu verstecken, ist ein wichtiges Konzept des objektorientierten Entwurfs. Wir nennen es das **Geheimnisprinzip.** Die Geheimhaltung erfolgt durch das Zugriffsrecht `private`.

Sondierende Methoden, die uns den Wert eines Attributs zurückgeben, benennen wir nach dem Prinzip:
`attributnameGeben()`.

Verändernde Methoden, die Attributen neue Werte zuweisen, bezeichnen wir so:
`attributnameSetzen(...)`

Ist der Rückgabetyp einer Methode eine Klasse, wird eine Referenz auf das entsprechende Objekt zurückgegeben.

Damit Objekte anderer Klassen dennoch die Möglichkeit haben, Informationen über Attribute zu erhalten bzw. ihre Werte zu beeinflussen, können wir durch entsprechende sondierende bzw. verändernde Methoden öffentliche Dienste bereitstellen. Im Beispiel der Klasse `Profil` sind sondierende und verändernde Methoden für die Attribute bereits definiert, beispielsweise `alterGeben()` und `alterSetzen(int neuesAlter)`.

4.25 Verändern Sie die Methode `alterAendern()` der Klasse `Chatter` so, dass sie den entsprechenden Dienst der Klasse `Profil` benutzt, um das Attribut `alter` zu verändern! Testen Sie jetzt die Auswirkungen der Methode für ein `Profil`-Objekt!

Mit der Nutzung des Dienstes `alterSetzen(...)` der Klasse `Profil` ist der Zugriff auf das Attribut `alter` des Profils wieder indirekt möglich. Allerdings können wir jetzt an zentraler Stelle in der Klasse `Profil` dafür sorgen, dass eine Änderung von `alter` nur dann vorgenommen wird, wenn es sich um einen sinnvollen Wert handelt:

```
public void alterSetzen(int neuesAlter){
    if (neuesAlter > 0){
        alter = neuesAlter;
    }
}
```

Das Einfügen der Entscheidung `if (neuesAlter > 0)` sorgt dafür, dass Änderungen am Attribut `alter` nur durchgeführt werden, wenn ein positiver Wert gesetzt werden soll.

4.26 Modifizieren Sie die Methode `alterSetzen(...)` in der Klasse `Profil` und testen Sie ihr Verhalten!
Erweitern Sie die Methode so, dass es auch nicht möglich ist, ein größeres Alter als 120 anzugeben!

Wir können nicht nur Attribute eines Objekts vor Objekten anderer Klassen verbergen, sondern auch Methoden. Methoden mit dem Zugriffsrecht `public` werden Objekten anderer Klassen als Dienst bereitgestellt, `private` hält Methoden vor Objekten anderer Klassen verborgen und lässt keine Nutzung als Dienst zu.

Methoden und Attribute werden in einem Objekt vereint. Man sagt, ein Objekt **kapselt** seinen Zustand (Attribute) und sein Verhalten (Methoden). Der Zustand (Attribute im inneren Kreis) kann von anderen Objekten nur durch Dienste erfragt bzw. verändert werden (Methoden im Kreisring). Die bereitgestellten Dienste sind die **Schnittstellen** der Außenwelt zum Objekt. (↗ Bild 1)
Die Schnittstellen von Objekten arbeiten wie Funktionen, die Sie schon bei der funktionalen Modellierung in der 9. Jahrgangsstufe kennengelernt haben: Eine Schnittstelle erledigt eine bestimmte Aufgabe. Sie benötigt dazu Daten – die Eingabeparameter der Methode – und liefert ein Ergebnis – den Rückgabewert. Um die Schnittstelle zu benutzen, sind keine weiteren Informationen nötig. Insbesondere muss ein Nutzer der Schnittstelle nicht wissen, wie sie intern funktioniert.
Diese notwendigen Informationen zur Nutzung einer Schnittstelle sind bereits im Kopf der Methode angegeben.
Beispielsweise für die Methode `profilAlsStringGeben()`:
`String profilAlsStringGeben()`
Der Name der Methode sollte angeben, welche Aufgabe die Schnittstelle hat. Es müssen keine Parameter zur Nutzung übergeben werden. Das Ergebnis, das die Schnittstelle zurückgibt, ist vom Typ `String`.

Die Kombination aus Methodenname, Parametern und Ergebnistyp bezeichnen wir als **Signatur** der Methode bzw. Schnittstelle. In einer Klasse darf es nicht mehrere Methoden mit demselben Methodennamen und den gleichen Parametern geben.

4.27 **Bank**
Welche Zugriffsrechte haben die Methoden einer Bank, die zu Beginn in Abschnitt 4.3 angesprochen wurden (↗ S. 108)?

Zugriffsrechte gelten für beide **Ressourcen von Klassen:** Attribute und Methoden.

`public` zeigt an, dass die Ressource von beliebigen anderen Objekten genutzt werden kann, sobald sie eine Zugriffsmöglichkeit über eine Referenz darauf haben.

`private` erlaubt nur Objekten derselben Klasse den Zugriff auf die Ressource.

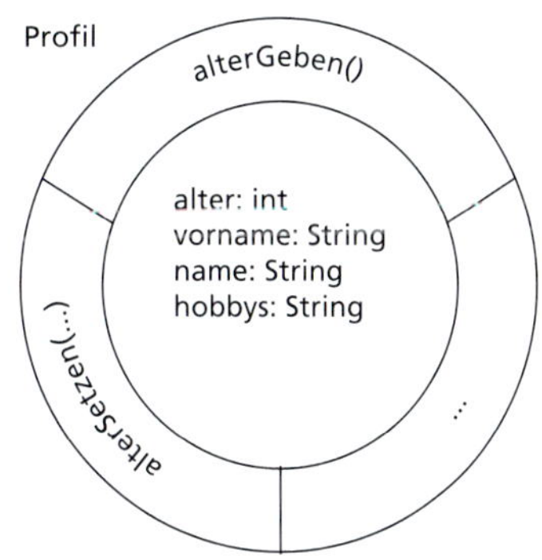

1 Kapselung, Dienste als Schnittstellen

4.28 Signatur

Erläutern Sie die Signaturen der Methoden `alterSetzen(...)` und `alterGeben()` der Klasse `Profil`!

4.29 Fehler bei der Hobby-Angabe (E)

Fügen Sie für `Chatter` einen Dienst ein, der es einem `Chatter`-Objekt erlaubt, die Hobbys in seinem zugehörigen `Profil`-Objekt zu verändern! Verhindern Sie dabei, dass der Wert `""` (leerer `String`) gesetzt werden kann! Sollte dies versucht werden, wird automatisch der Wert "keine Angabe" gesetzt. Testen Sie ihre Umsetzung! Wie können Sie bereist beim Erzeugen eines `Profil`-Objekts die leere Eingabe der Hobbys anpassen? Verändern Sie den Konstruktor entsprechend und beziehen Sie dabei ihre bisherigen Änderungen mit ein!

4.30 Zugriff bei Objekten derselben Klasse (E)

Überprüfen Sie, ob das Zugriffsrecht `private` Objekten derselben Klasse wirklich Zugriff auf Ressourcen erlaubt! Setzen Sie dazu das Zugriffsrecht von `anzeigen(...)` in `Chatter` auf `private`! Funktioniert die Methode `nachrichtSenden(...)` eines Senders noch, die den Dienst `anzeigen(...)` des Empfängers nutzt?

4.5 1:n-Beziehungen und Bibliotheksklassen

In der Softwareentwicklung werden häufig zunächst stark vereinfachte Prototypen einer Anwendung entwickelt, um die verwendeten Konzepte zu testen. Nach und nach wird dann das Modell erweitert und die Umsetzung vorangetrieben.

Die Chat-Simulation erlaubt bisher lediglich die Kommunikation eines Chatters mit einem festen Partner. Um den Nachrichtenempfänger zu wechseln, kann nur mit der Methode `empfaengerSetzen(...)` ein anderes `Chatter`-Objekt referenziert werden. In realen Chatumgebungen kann ein Chatter an alle beliebigen angemeldeten Personen Nachrichten senden. Dazu gibt es eine Verwaltungseinheit, die Informationen über alle Chatter besitzt und den Informationsfluss zwischen den Nutzern regelt. Nachrichten werden dann nicht mehr direkt zwischen den Nutzern ausgetauscht, sondern vom Sender an die Verwaltung und von dort weiter zum Empfänger geschickt. Weiterhin stellt die Verwaltung Dienstleistungen wie die Ausgabe einer Liste aller verfügbaren Chatter zur Verfügung.
Unser Klassendiagramm verändern wir entsprechend:
Wir lösen die direkte Verbindung zweier `Chatter` und fügen stattdessen eine neue Klasse `Chatverwaltung` hinzu.

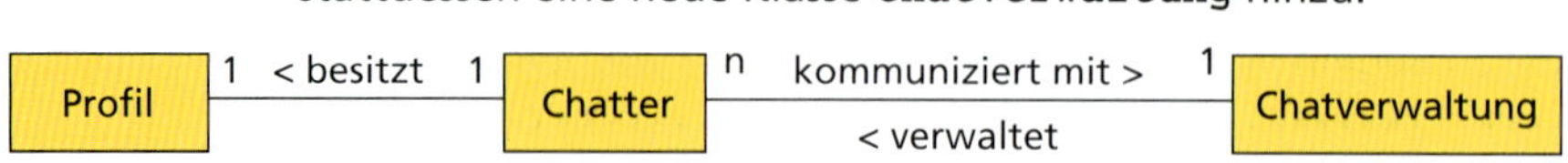

Die Beziehung zwischen den Klassen `Chatverwaltung` und `Chatter` ist vom Typ 1:n: Ein Chatter ist nur bei einer Chatverwaltung registriert und wird von ihr verwaltet. Eine Chatverwaltung kann aber eine beliebige Anzahl von `Chatter`-Objekten verwalten.
Die Nutzung muss in diesem Fall in beide Richtungen möglich sein. Ein Chatter nutzt beispielsweise beim Senden einer Nachricht an einen anderen Chatter die Verbindung zur Chatverwaltung. Andererseits verwendet die Chatverwaltung beim Ausliefern einer Nachricht an einen Empfänger die Beziehung.

Beziehungen mit beidseitig möglicher Nutzung werden auch **bidirektionale Beziehungen** genannt. Alle Arten von Beziehungen (1:1, 1:n, m:n) können bidirektional sein.

Wir werden jetzt die Implementierung der bidirektionalen Beziehung angehen. Beim Umsetzen der bisherigen Beziehungen haben wir dazu immer ein Referenzattribut bei der Klasse eingefügt, von der aus die Nutzung möglich sein soll. Somit ist es jetzt nötig, in beiden Klassen Referenzen zu schaffen.
Ein `Chatter`-Objekt soll eine Beziehung zu einem Objekt der Klasse `Chatverwaltung` erhalten. Für die Klasse `Chatter` können wir wie bisher vorgehen und ein Referenzattribut vom Typ `Chatverwaltung` einfügen.

i Das Projekt **Chat5** (E) enthält die bisherigen Klassen `Profil` und `Chatter`. Die rekursive Beziehung zwischen Sender und Empfänger und alle davon abhängigen Methoden wurden gelöscht. Zusätzlich ist bereits der Rumpf einer Klasse `Chatverwaltung` definiert.
Durch Wiederherstellen des Objektzustandes mit `Speicher` werden zwei `Chatter`-Objekte und ein Objekt der Klasse `Chatverwaltung` erzeugt.

Bei der Umsetzung einer bidirektionalen Beziehung müssen Referenz-Attribute in beiden beteiligten Klassen geschaffen werden.

4.31 (E) Fügen Sie in die Klasse `Chatter` ein Referenzattribut `chatverwaltung` auf die Klasse `Chatverwaltung` ein!

Die `Chatverwaltung` soll eine beliebig große Menge von Chattern verwalten. Wir könnten dazu sehr viele Referenzattribute vom Typ `Chatter` einfügen. Das wäre einerseits sehr unübersichtlich. Andererseits käme die Chatverwaltung auch in Schwierigkeiten, wenn bereits alle vordefinierten Referenzattribute belegt wären und sich noch ein weiterer Chatter anmelden wollte.

i Ist auf der n-Seite einer 1:n-Beziehung die Anzahl der beteiligten Objekte nicht beliebig groß, sondern überschaubar (maximal 10), dann wird häufig auch eine entsprechende Anzahl von Referenzattributen definiert.

Sie haben in Kapitel 3 mit dem Feld schon eine Struktur kennengelernt, mit der sich eine große Anzahl gleichartiger Daten komfortabel verwalten lässt. Allerdings besitzt das Feld einen gravierenden Nachteil für unsere Anwendung: Wir müssen seine Größe von Beginn an kennen. So könnten wir auch einem voll belegten Feld kein weiteres neues `Chatter`-Objekt hinzufügen.

Die Java-API stellt jedoch mit der Klasse `ArrayList` eine Struktur zur Verfügung, die unseren Anforderungen genügt.

Ein **`ArrayList`**-Objekt ist eine Sammlung, in der beliebig viele Referenzen auf Objekte desselben Typs aufbewahrt werden können.

0	1	2	...
hans	peter	null	null

1 `ArrayList`-Objekt mit zwei Referenzen

Eine Sammlung können wir uns als eine unendliche Anzahl von nummerierten Schubladen vorstellen, in denen jeweils die Referenzen abgelegt werden. Die Nummerierung beginnt mit 0. (↗Bild 1)

Zur Umsetzung der 1:n-Beziehung in der Klasse `Chatverwaltung` fügen wir eine Referenz auf eine Sammlung von `Chatter`-Objekten `chatterSammlung` hinzu:

```
1   import java.util.ArrayList;
2   public class Chatverwaltung{
3     private ArrayList<Chatter> chatterSammlung;
4
5     public Chatverwaltung(){
6       chatterSammlung = new ArrayList<Chatter>();
7     }
8   }
```

Bei Verwendung einer Klasse aus der Java-Klassenbibliothek (API) muss angegeben werden, aus welchem Paket diese Klasse stammt. Das geschieht durch eine `import`-Anweisung:

`import Paketname.Klassenname;`

Die `import`-Anweisung steht am Anfang der Klasse, in der die Klasse aus der API verwendet werden soll.

Zur besseren Übersichtlichkeit ist die Java-API in einzelne Pakete untergliedert. Um Java mitzuteilen, dass wir im Folgenden die Klasse `ArrayList` verwenden werden, importieren wir die Klasse aus dem Paket `java.util` in unser Projekt (Zeile 1):

`import java.util.ArrayList;`

`import`-Anweisungen werden immer schon vor der Klassendefinition aufgeführt. In Zeile 3 wird das Referenzattribut `chatterSammlung` vom Typ `ArrayList` definiert. Bei der Definition wird bereits angegeben, welchen Typ die späteren Elemente der Sammlung haben werden. Man spricht von einer sogenannten **Typisierung** der Elemente. Der Typ `Chatter` wird dabei in spitzen Klammern <> angegeben. Die Instanzierung der `ArrayList chatterSammlung` nehmen wir in Zeile 6 vor. Dort wird mit dem `new`-Befehl der Standardkonstruktor aufgerufen. Auch dabei wird wieder die Typisierung verwendet.

4.32 Nehmen Sie die Erweiterungen an der Klasse `Chatverwaltung` vor!

Die Java-API-Dokumentation enthält alle Details zur Klasse `ArrayList` unter:

http://java.sun.com/javase/6/docs/api/java/util/ArrayList.html

Die Klasse `ArrayList` stellt einige für uns wichtige Dienste bereit. Nähere Informationen darüber enthält die Java-API-Dokumentation. Im Folgenden sind nur die für uns wichtigen Dienste der Klasse aufgeführt.

- **`add(Objekt o):boolean`**
  Die Methode `add(...)` fügt einer Sammlung eine Referenz auf ein Objekt `o` hinzu. Das Objekt muss vom vorher bei der Typisierung festgelegten Typ sein. Die Referenz wird am Ende der belegten „Schubladen" in die erste freie eingefügt. Der Rückgabewert vom Typ `boolean` zeigt an, ob das Einfügen geklappt hat. Beispiel: `chatterSammlung.add(gabi);`
- **`remove(int i):Objekt`**
  Mit `remove(...)` kann ein Element an der i-ten Stelle aus der Sammlung entfernt werden. Dabei entsteht keine freie „Schublade", die anderen „Schubladen" werden nach links verschoben und füllen die Lücke.
  Beispiel: `chatterSammlung.remove(1);`
  Der Rückgabewert enthält eine Referenz auf das aus der Sammlung entnommene Element.
- **`get(int i):Objekt`**
  Die sondierende Methode `get(...)` liefert eine Referenz auf das i-te Element der Sammlung. Die Sammlung selbst bleibt unverändert.
- **`size():int`**
  Mithilfe von `size()` wird die Anzahl der Elemente der Sammlung ermittelt und als Wert zurückgegeben.

0	1	2	...
hans	peter	gabi	null

1 Einfügen einer Referenz

0	1	2	...
hans	gabi	null	null

2 Löschen einer Referenz

Um Referenzen auf `Chatter`-Objekte in die Sammlung `chatterSammlung` aufnehmen zu können, erstellen wir eine Methode `chatterHinzufuegen()` in der Klasse `Chatverwaltung`:

```
public void chatterHinzufuegen(Chatter chatter){
   chatterSammlung.add(chatter);
}
```

4.33 Fügen Sie die Methode `chatterHinzufuegen(...)` in das Projekt ein und stellen Sie den Objektzustand wieder her! Inspizieren Sie die Sammlung `chatterSammlung` jeweils, bevor und nachdem Sie die vorhandenen `Chatter`-Objekte zur Sammlung hinzufügen! Wie verändert sich die Sammlung? Inspizieren Sie insbesondere das Attribut `elementData`, in dem die Referenzen innerhalb der Sammlung gespeichert werden!

Im Projekt **Chat6** (E) wurde die `Speicher`-Klasse entfernt und der Konstruktor in der Klasse `Chatter` erweitert:

```
public Chatter(String cSpitzname, int cAlter,
  String cVorname, String cNachname, String cHobbys,
  Chatverwaltung cChatverwaltung){
  ...
  chatverwaltung = cChatverwaltung;
}
```

Der Konstruktor von **Chatter** erwartet jetzt als sechsten Parameter ein Objekt der Klasse **Chatverwaltung**. Dieser Parameter wird als Referenz zur **Chatverwaltung** verwendet. Damit erhält jedes **Chatter**-Objekt schon bei seiner Erzeugung als Referenzziel einen Verweis zu einem Objekt der Klasse **Chatverwaltung**. Ein solches Objekt muss also schon existieren, bevor ein **Chatter** erzeugt wird.

Im Konstruktor der Klasse **Chatverwaltung** werden automatisch mehrere **Chatter**-Objekte erzeugt und der Sammlung hinzugefügt:

```
chatterHinzufuegen(new Chatter("Gabi",15,"Gabi","Huber",
                         "Tanzen",this));
```

Als sechster Parameter beim Konstruktoraufruf von **Chatter** ist das Wort **this** angegeben.

this bedeutet bei der Ausführung einer Methode oder eines Konstruktors, dass das aktive Objekt auf sich selbst Bezug nimmt. Aus Sicht des Objekts steht **this** für „ich".

this ist eine Referenz auf das eigene Objekt.

Wird die obige Programmzeile ausgeführt, übergibt das ausführende Objekt vom Typ **Chatverwaltung** durch **this** eine Referenz auf sich selbst. Das erzeugte **Chatter**-Objekt erhält damit eine Referenz auf das **Chatverwaltung**-Objekt, das die Methode **chatterHinzufuegen(...)** ausgeführt hat.

4.34 (E) Erzeugen Sie ein Objekt der Klasse **Chatverwaltung** und inspizieren Sie die Sammlung!
Hat jedes **Chatter**-Objekt wirklich eine Referenz zur Chatverwaltung? Welchen Nachnamen hat der 0. Chatter in der Sammlung? Wie alt ist der 3. Chatter? Welche Hobbys hat der Chatter mit dem Nachnamen Reuter?

Diese Möglichkeiten fügen wir der Simulation noch hinzu:

- Kommunikation zwischen zwei beliebigen Chattern
- Anzeigen des Profils eines Chatters

Das Übermitteln einer Nachricht an einen anderen Chatteilnehmer soll folgendermaßen ablaufen:
Der „Sender" gibt in das Eingabefeld seines Chatfensters einen Text der Form „Empfängerspitzname: Nachricht" ein. Nach Anklicken des Senden-Buttons sorgt die **Chatverwaltung** dafür, dass die Nachricht beim Empfänger angezeigt wird.

Wir realisieren zuerst die Abläufe auf Seite der **Chatverwaltung**. Dort muss aufgrund eines Spitznamens das zugehörige **Chatter**-Objekt ermittelt werden. Das Anzeigen der Nachricht

wird ähnlich erfolgen, wie wir es schon bei der direkten Kommunikation in Abschnitt 4.3 umgesetzt haben.
Für das Suchen eines `Chatter`-Objekts aufgrund eines Spitznamens entwickeln wir eine Methode `chatterGeben(String gesuchterSpitzname)` mit dem Rückgabetyp `Chatter`. Diese Methode soll nur von der Klasse `Chatverwaltung` selbst genutzt werden dürfen und nicht öffentlich sein. Das gewährleistet, dass allein die `Chatverwaltung` für das Auffinden eines `Chatter`-Objekts verantwortlich ist. Wir verstecken die Methode durch das Zugriffsrecht `private`.

Ein möglicher Ablauf der Methode kann so aussehen:
Ermittle den Spitznamen des 0. `Chatter`-Objekts in der Sammlung und vergleiche ihn mit dem Parameter `gesuchterSpitzname`. Ist der Vergleich erfolgreich, wird eine Referenz auf das untersuchte `Chatter`-Objekt zurückgegeben. Andernfalls wird mit dem nächsten `Chatter`-Objekt der Sammlung fortgefahren.
Der Ablauf lässt sich auch mit dem abgebildeten Struktogramm darstellen. (↗ Bild 1)

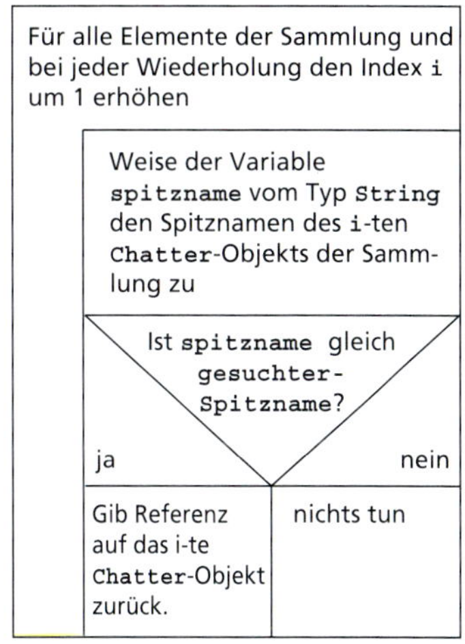

1 Struktogramm für `chatterGeben(...)`

Eine Umsetzung der Methode kann so aussehen:

```
1 private Chatter chatterGeben(String gesuchterSpitzname){
2   for (int i = 0; i < chatterSammlung.size(); i = i+1){
3    String spitzname = chatterSammlung.get(i).spitznameGeben();
4    if (spitzname.equals(gesuchterSpitzname)){
5      return chatterSammlung.get(i);
6    }
7   }
8   return null;
9 }
```

Die Wiederholung mit fester Anzahl sorgt dafür, dass alle Einträge der Sammlung durchlaufen werden. Der Index `i` wird dabei solange erhöht, bis das letzte Element erreicht wurde. Die Anzahl der Einträge wird mithilfe der Methode `size()` von `ArrayList` ermittelt. Das Vorgehen ist vergleichbar zum Feld in Kapitel 3. Dort wurde das Attribut `length` für die Größe des Feldes ausgewertet. In Zeile 3 wird der Spitzname des i-ten `Chatter`-Objekts der Sammlung ermittelt:
`chatterSammlung.get(i).spitznameGeben()`

Ein `ArrayList`-Objekt kann ebenso wie ein Feld auch ohne Verwendung eines Indexes durchlaufen werden. Dabei wird nacheinander jedes Element der Sammlung in einer lokalen Variablen gehalten (hier `chatter` vom Typ `Chatter`), mit der innerhalb der Wiederholung gearbeitet werden kann:

```
...
for(Chatter chatter :
chatterSammlung){
  String spitzname =
  chatter.spitznameGeben();
  ...
}
```

Ein Sequenzdiagramm hilft, den Ablauf zu verstehen. Nachdem alle beteiligten Objekte unterschiedlichen Typs sind, genügt es im Sequenzdiagramm nur die Klassennamen mit einem vorangestellten Doppelpunkt aufzuführen. (↗ Bild 2)
Der erste Teil `chatterSammlung.get(i)` ist die Anfragebotschaft an die `ArrayList chatterSammlung`, den Dienst `get(i)` auszuführen. Damit wird eine Referenz auf das i-te `Chatter`-Objekt der Sammlung an `Chatverwaltung` zurückgegeben. Obwohl ein Objekt der Klasse `Chatverwaltung` selbst

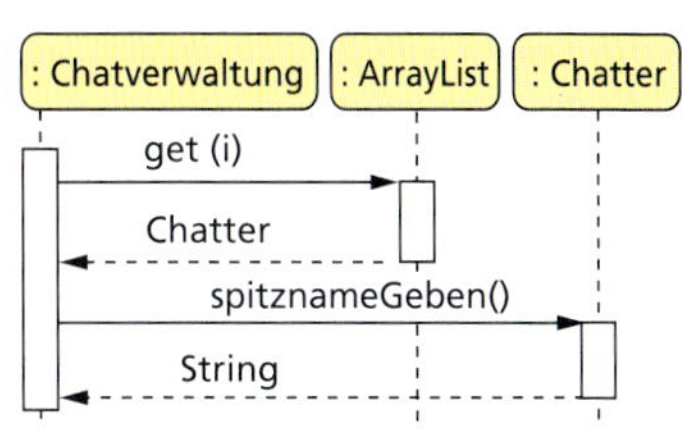

2 Sequenzdiagramm: Verwenden einer zurückgegebenen Referenz

keine direkte Beziehung zu `Chatter`-Objekten hat, kann es nun die zurückgegebene Referenz nutzen. Es verwendet die Referenz, um den Dienst **`spitznameGeben()`** in Anspruch zu nehmen, und sendet eine entsprechende Anfragebotschaft. Als Antwortbotschaft erhält es eine Referenz auf das Attribut **`spitzname`** des angefragten `Chatter`-Objekts zurück.
In der 4. Zeile wird der Vergleich durchgeführt. Stimmen die Namen überein, wird eine Referenz auf das `i`-te `Chatter`-Objekt der Sammlung zurückgegeben. Die Abarbeitung der Wiederholung wird dabei sofort abgebrochen.
Die 8. Zeile ist im Struktogramm nicht aufgeführt. Sie wird nur dann überhaupt erreicht, wenn alle Elemente der Sammlung abgearbeitet wurden und kein `Chatter`-Objekt mit übereinstimmendem Spitznamen gefunden wurde. Da die Methode aber den Rückgabetyp `Chatter` hat, muss in jedem Fall ein Wert zurückgegeben werden. Der Wert **`null`** steht in diesem Fall dafür, dass kein passendes `Chatter`-Objekt gefunden wurde.

Hinweis zu Aufgabe 4.35:
Zum Testen müssen Sie das Zugriffsrecht der Methode zwischenzeitlich wieder auf **`public`** setzen. Ändern Sie das Zugriffsrecht nach Ihrem Test wieder auf **`private`**.

4.35 Fügen Sie die Methode **`chatterGeben(...)`** in den Quelltext der Klasse **`Chatverwaltung`** ein und testen Sie ihr Verhalten für gültige und ungültige Parameter!

Auf Seite der `Chatverwaltung` fügen wir noch eine Methode **`nachrichtZustellen(String spitzname, String text)`** ein, die eine Nachricht beim Empfänger anzeigt. Wir greifen dabei auf die Methode **`chatterGeben(...)`** zurück.
Das Sequenzdiagramm veranschaulicht die Situation. Die Variable `c` vom Typ **`Chatter`** „speichert“ die von **`chatterGeben(...)`** ermittelte Referenz auf den Nachrichtenempfänger. Wir können die Nachricht aber nur anzeigen, wenn `c` nicht **`null`** ist.
Eine Fallunterscheidung kann im Sequenzdiagramm durch ein Rechteck angedeutet werden, in dem die einzelnen Fälle durch gestrichelte Linien abgetrennt sind. In eckigen Klammern stehen die jeweiligen Bedingungen. (↗ Bild 1)

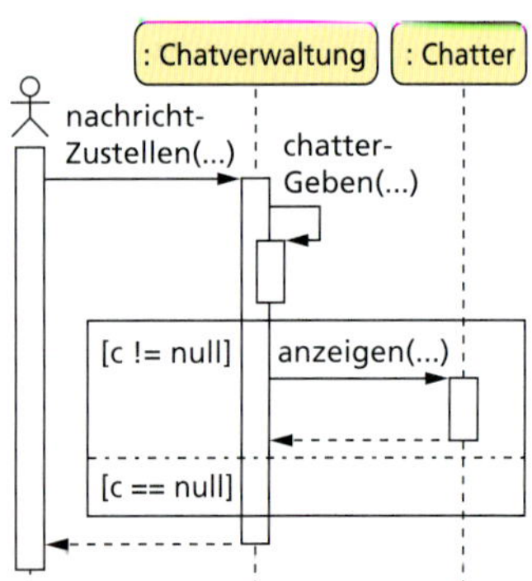

1 Sequenzdiagramm **`nachrichtZustellen(...)`**

Der zugehörige Quelltext sieht so aus:

```
public void nachrichtZustellen(String spitzname, String text){
  Chatter c = chatterGeben(spitzname);
        if (c != null){
            c.anzeigen(text);
        }
  }
```

4.36 Fügen Sie die Methode zum Quelltext hinzu und senden Sie Nachrichten an einzelne Chatter!

Wir wollen abschließend noch erreichen, dass das Eingabefeld zum Senden von Nachrichten benutzt werden kann.
Die Klasse **`Chatter`** verfügt bereits über eine Methode **`eingabeVerarbeiten(String befehl, String text)`**. Sie ist die Schnittstelle zwischen **`ChatFenster`** und **`Chatter`**. Wird im Chatfenster der Senden-Button gedrückt, wird automatisch die Methode **`eingabeVerarbeiten(...)`** des zugehörigen **`Chatter`**-Objekts aufgerufen.
Für die Eingabe „Gabi: Hallo Gabi!" werden die Parameter **`befehl`** mit **`"Gabi"`** und **`text`** mit **`"Hallo Gabi!"`** belegt. Die Eingabe wird automatisch am „:" aufgeteilt.
Zum Übertragen der Nachricht nutzen wir den Dienst **`nachrichtZustellen(...)`** der Klasse **`Chatverwaltung`**:

```
public void eingabeVerarbeiten(String befehl, String text){
        chatverwaltung.nachrichtZustellen(befehl, text);
}
```

4.37 a) Verändern Sie die Methode **`eingabeVerarbeiten(...)`** der Klasse **`Chatter`** entsprechend der Vorgaben und verwenden Sie die Chatfenster zum Versenden von Nachrichten!

b) Erweitern Sie die Methode **`eingabeVerarbeiten(...)`** um die zusätzliche Ausgabe des Sendernamens auf der Empfängerseite! Die Nachricht soll auch mit einem Empfängervermerk beim Sender angezeigt werden. (↗ Bild 1)

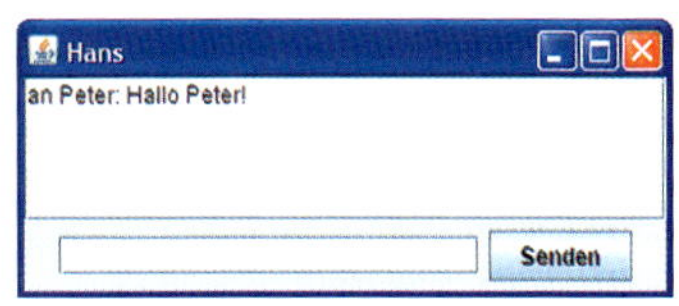

1 Empfängervermerk beim Sender

4.38 **Profil eines Chatters anzeigen** (E)

Durch Eingabe von „Profil: Spitzname" soll im Chatfenster das Profil des Chatters mit dem angegebenen Spitznamen angezeigt werden.

a) Erstellen Sie ein Sequenzdiagramm für eine Methode **`profilAlsStringGeben(String spitzname)`** der Klasse **`Chatverwaltung`** mit Rückgabetyp **`String`**, die das formatierte Profil des Chatters mit dem übergebenen Spitznamen zurückgibt! Überlegen Sie auch, wie Sie mit der Angabe eines nicht vorhandenen Spitznamens umgehen!

b) Setzen Sie Ihr Sequenzdiagramm als Methode um!

c) Ändern Sie die Methode **`eingabeVerarbeiten(...)`** in **`Chatter`** ab, um zusätzlich auf die Benutzereingabe im Chatfenster zum Anzeigen eines Profils zu reagieren! Überlegen Sie zunächst, an welcher Stelle und wie Sie die Unterscheidung für die verschiedenen Belegungen von **`befehl`** vornehmen.
Erstellen Sie ein vollständiges Sequenzdiagramm der Methode, das auch die bisherige Funktionsweise enthält! Setzen Sie anschließend das Diagramm in Programmcode um!

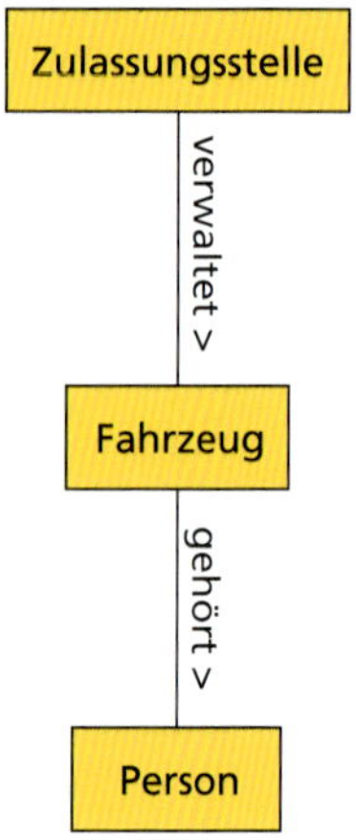

1 Klassendiagramm: Verwenden einer zurückgegebenen Referenz

4.39 Verwaltung von Fahrzeugen (E)

a) Ergänzen Sie im nebenstehenden Klassendiagramm (Bild 1) die Kardinalitäten! In welchen Klassen müssen Sie bei einer Umsetzung Sammlungen verwenden?
b) Finden Sie sinnvolle Attribute der Klassen `Fahrzeug` und `Person`!
c) Verbessern Sie Fehler im Quelltext der Klasse `Zulassungsstelle`! (↗ Bild 2)
d) Die Klasse `Zulassungsstelle` soll um eine Methode erweitert werden, die die Kennzeichen aller zugelassenen Fahrzeuge als `String` zurückgibt. Geben Sie zunächst ein geeignetes Sequenzdiagramm an, dass nur die Ermittlung der Kennzeichen veranschaulicht! Verwenden Sie dann Ihre Ergebnisse für die Erstellung eines Struktogramms für die gesamte Methode! Wie ändern sich die Diagramme, wenn zusätzlich noch die Namen der Fahrzeughalter ausgegeben werden sollen?

```
import ArrayList;
public class Zulassungsstelle(){
  Fahrzeug zugelasseneFahrzeuge;
  Person p;
  public Zulassungsstelle(){
    zugelasseneFahrzeuge = new
    Fahrzeug;
  }
  public void fahrzeugZulassen
  (Fahrzeug f){
    add(f);
  }
}
```

2 Quelltext der Klasse `Zulassungsstelle`

4.40 Liste aller Chatter (E)

Jeder Chatter soll durch Eingabe von „Liste" in seinem Chatterfenster die Möglichkeit haben, eine Liste der Spitznamen aller verfügbaren Chatter anzuzeigen. Nach der Eingabe des Befehls wird automatisch die Methode `eingabeVerarbeiten(String befehl,...)` des `Chatter`-Objekts aufgerufen und der Parameter `befehl` ist mit `"Liste"` belegt. (vgl. S. 125 oben)

a) Erstellen Sie das Struktogramm einer Methode `chatterListeGeben()` für die Klasse `Chatverwaltung` mit dem Rückgabetyp `String`, die eine Liste der Spitznamen erstellt! Erzeugen Sie zu Beginn eine Variable vom Typ `String`, an deren Wert nach und nach durch den „+"-Operator die einzelnen Spitznamen angehängt werden! (↗ auch Hinweis)
b) Erstellen Sie für den Teil des Struktogramms, der die Spitznamen der einzelnen Chatter ermittelt, ein Sequenzdiagramm!
c) Setzen Sie die Methode `chatterListeGeben()` um und testen Sie ihre Funktion!
d) Sorgen Sie noch dafür, dass nach Eingabe von `"Liste"` in das Chatfenster die Chatterliste dort ausgegeben wird!

Hinweis zu Aufgabe 4.40a:
Die Zeichenfolge `\n` bei einem `String` erzeugt an dieser Stelle einen Zeilenumbruch bei der Ausgabe.

4.41 1:n-Beziehung mit einem Feld umsetzen (E)

Welche Änderungen sind in der Klasse `Chatverwaltung` nötig, wenn Sie statt der Sammlung ein Feld vom Typ `Chatter` verwenden? Gehen Sie von maximal 20 Chattern aus.

4.6 m:n-Beziehungen

In vielen Online-Chatanwendungen hat jeder Chatter die Möglichkeit, in mehreren Chaträumen bzw. Chattergruppen aktiv zu sein. Jede Mitteilung, die er an eine Gruppe sendet, wird bei jedem Gruppenmitglied angezeigt. Im Fall unserer Chatanwendung könnte etwa durch eine Eingabe der Form „Gruppenname: Nachricht" im Chatfenster eine Nachricht an eine ganze Gruppe geschickt werden. Die Chatverwaltung verwaltet neben den Chattern auch die Gruppen. Ein Klassendiagramm stellt die Situation dar:

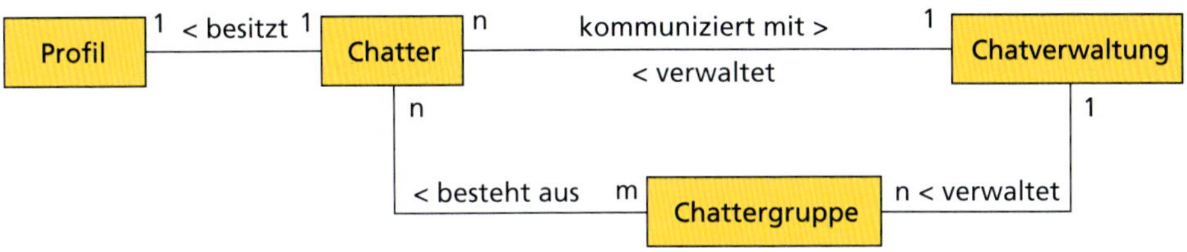

Ein Chatter kann Mitglied in mehreren Chattergruppen sein. Eine Chattergruppe kann aus mehreren Chattern bestehen. Die Beziehung zwischen den Klassen `Chatter` und `Chattergruppe` ist daher vom Typ m:n.
Wir benötigen in diesem Fall keine bidirektionale Beziehung. Jeder Chatter, der an eine Gruppe eine Nachricht übermitteln will, kann dies „über" die Chatverwaltung erledigen. Es besteht ein Weg durch Nutzungsrichtungspfeile von `Chatter` zur `Chattergruppe` und deren Mitgliedern.
Für die Umsetzung von m:n-Beziehungen gehen wir genauso vor wie bisher. Da die Nutzung von `Chattergruppe` zu `Chatter` möglich sein soll, müssen wir in der Klasse `Chattergruppe` ein entsprechendes Referenzattribut auf eine Sammlung von `Chatter`-Objekten schaffen.
In der Klasse `Chatter` ist keine Referenz nötig, da die Nutzung in dieser Richtung nach dem Klassendiagramm nicht möglich ist.
Bidirektionale m:n-Beziehungen können durch Referenzen auf Sammlungen in beiden beteiligten Klassen umgesetzt werden.

4.42 Chattergruppen umsetzen (E)
Planen Sie die Umsetzung des Klassendiagramms! Welche Attribute sind für `Chattergruppe` nötig? Überlegen Sie, wie Sie die Übermittlung von Nachrichten an alle Gruppenmitglieder realisieren: Identifizieren Sie nötige Methoden und fertigen Sie Sequenzdiagramme an! Wie kann ein `Chatter` selbst eine neue `Chattergruppe` erzeugen? Setzen Sie Ihre Planungen um!

Auf den Punkt gebracht

Modell | **Umsetzung in Java**

Beziehungen sind die Grundlage für die Kommunikation zwischen Objekten und für die Nutzung von Diensten.
Beziehungen werden zwischen Klassen festgelegt. Sie werden immer von Objekten genutzt.
Die Nutzungsrichtung legt fest, dass Objekt einer Klasse die Beziehung zur Kommunikation benutzen bzw. Dienste in Anspruch nehmen dürfen.

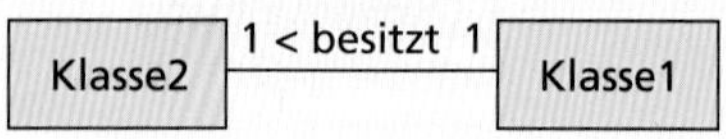

Beziehungen werden durch Referenzen realisiert. Eine **Referenz** ist eine Verknüpfung eines Objekts mit einem anderen Objekt.
Zur Definition einer Referenz wird ein Attribut vom Typ der Klasse angelegt, auf deren Objekte verwiesen werden soll:

```
public class Klasse1{
  private Klasse2 verweisZuObjektAusKlasse2;
}
```

Das **Referenzattribut** wird in der Klasse definiert, von der aus die Nutzung der Beziehung möglich ist. Bei bidirektionaler Nutzung müssen Referenzattribute in beiden Klassen definiert werden.
Die Beziehung zwischen zwei Objekten wird durch eine Wertzuweisung für das Referenzattribut hergestellt.

Mithilfe von **Beziehungen** kann ein Objekt Dienste (`public`-Methoden) eines anderen Objekts nutzen.
Dazu werden **Botschaften** zwischen den Objekten ausgetauscht.
Die Kommunikation wird in **Sequenzdiagrammen** dargestellt.
Hat der Dienst einen Rückgabewert, wird dieser in der Antwortbotschaft zurückgeschickt.

Sequenzdiagramm:

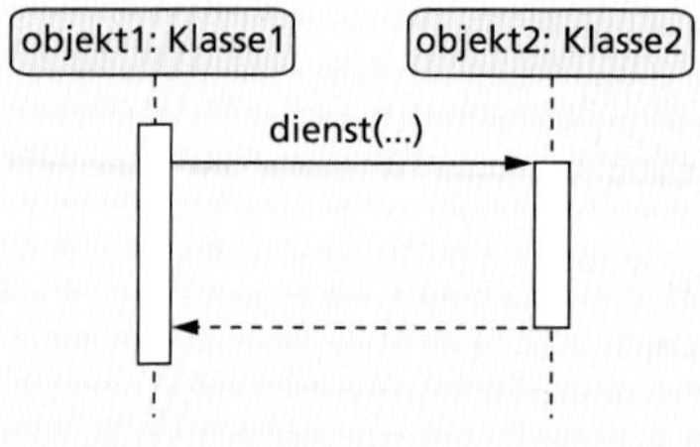

Will ein Objekt einen Dienst nutzen, verwendet es seine Referenz zum Anbieter, um eine Botschaft zu senden. Die Botschaft besteht aus dem Dienstnamen und den nötigen Parametern. Referenz und Botschaft werden durch das Zeichen „." getrennt.

```
verweisZuObjektAusKlasse2.dienst(...);
```

Das Nutzen des Dienstes entspricht dem Aufruf der entsprechenden Methode des Anbieters. Dabei müssen die Parameter angegeben werden, die die Signatur der Methode vorschreibt.

Durch das **Geheimnisprinzip** können Objekte Methoden und Attribute vor anderen Objekten verbergen.
Attribute sollten immer verborgen werden, da sie sonst von anderen Objekten nahezu beliebig verändert werden können.
Der Zugriff auf Attribute kann durch entsprechende Dienste erlaubt werden.

Das Verbergen von Attributen und Methoden erfolgt durch die Vergabe des Zugriffsrechts **`private`**.

```
private Attributtyp attributname;
```

Methoden werden anderen Objekten als Dienste durch die Vergabe des Zugriffsrechts `public` zur Verfügung gestellt.

4.43 Schulbibliothek

Das Bibliothekssystem einer Schule verwaltet den Buchbestand und die Schüler.

a) Welche „Aktionen“ können ein Schüler als Entleiher und der Verwalter des Bibliothekssystems vornehmen?

b) Erstellen Sie ein Klassendiagramm für die Klassen `Bibliothekssystem`, `Schueler` und `Buch`!
Welche Attribute besitzen die einzelnen Klassen?

c) Erstellen Sie ein Struktogramm für eine Methode `buchNachTitelSuchen(String titel)` des Bibbliothekssystems.
Diese Methode soll eine Referenz auf das erste Buch im gesamten Bücherbestand zurückgeben, dessen Titel mit dem gesuchten Titel übereinstimmt.

d) Überprüfen und verbessern Sie die Umsetzung eines Programmierers für obige Methode!
Er verwendet eine `ArrayList buecher`, um den Buchbestand in der Klasse `Bibliothekssystem` zu verwalten.

```
public void buchNachTitelSuchen(){
    for (int i = 0; i < buecher.size; i = i+1){
        String buchTitel = buecher.titelGeben();
        if (buchTitel.equals(titel)){
            return;
        }
    }
    return "Buch nicht gefunden";
}
```

e) Stellen Sie in einem Sequenzdiagramm dar, wie ein Schüler (Objekt der Klasse `Schueler`) im Bibliothekssystem mithilfe eines Titels nach einem Buch suchen kann! Verwenden Sie dazu Ihre bisherigen Ergebnisse.

f) Der Verwalter des Bibliothekssystems möchte die Titel aller Bücher herausfinden, die der Schüler Peter Meier ausgeliehen hat. Welche Dienste müssen die einzelnen Objekte dazu bereitstellen?
Stellen Sie den Ablauf in einem Sequenzdiagramm dar! Der Akteur ist dabei der Verwalter des Bibliotheksystems. Er kann auf Dienste der Klasse `Bibliothekssystem` direkt zugreifen.

Hinweis zu Aufgabe 4.43 b: Achten Sie bei der Vergabe der Nutzungsrichtungen darauf, dass die „Aktionen“ aus Teilaufgabe a) auch möglich sind! Welche Methoden ergeben sich aufgrund der möglichen Aktionen? Der Verwalter wird nicht modelliert, er soll später als Akteur direkt Dienste von `Bibliothekssystem` nutzen.

4.44 Kaffeeautomat (E)

Sie haben bereits mit dem Projekt Kaffeautomat gearbeitet. In dieser Aufgabe analysieren Sie seine Umsetzung.

a) Erstellen Sie anhand des Quellcodes ein Klassendiagramm für das Projekt! Berücksichtigen Sie auch die Referenzattribute der Klasse `Kaffeegrafik`! Geben Sie für die Klassen `Kaffeeautomat` und `Kaffeegrafik` auch die Methoden im Diagramm an!

b) Stellen Sie in einem Sequenzdiagramm die Kommunikation der Objekte dar, die ein Benutzer auslöst, wenn er die Methode `muenzeEinwerfen(...)` eines `Kaffeeautomat`-Objekts aufruft!

c) Erläutern Sie den Quelltext der Methode `kaffeeZeichnen()` in der Klasse `Kaffeegrafik`! Beschreiben Sie in eigenen Worten, was nacheinander passiert! Welche Aufgabe hat die Wiederholung mit fester Anzahl?

```
private void kaffeeZeichnen() {
  /* Becher zeichnen */
  becher.anzeigen();
  /* Kaffee langsam einfüllen */
  kaffee.anzeigen();
  for(int i = 0; i < 140; i++) {
    kaffee.groesseSetzen(i,i/6);
  }
}
```

4.45 Referenzen und Tabellenkalkulation

Sie haben bei Formeln in Tabellenkalkulationssystemen Zellbezüge kennengelernt. Erklären Sie, warum Zellbezüge oft auch als Referenzen bezeichnet werden!

4.46 Verbreitung von Gerüchten (E)

In den Aufgaben 1.24 und 1.25 (↗ S. 21, 22) wird die Verbreitung von Gerüchten untersucht.

a) Ergänzen Sie das in Aufgabe 1.25 angegebene Klassendiagramm um Rollennnamen!

Hinweis zu Aufgabe 4.46 b: Im vorgegebenen Projekt ist bereits die Klasse `Schueler` vorhanden. Sie enthält jedoch lediglich einen leeren Konstruktor und eine Methode `ausgeben(String text)`, die den `String`-Parameter als Text ausgibt.

b) Ergänzen Sie die Klasse `Schueler` im Projekt! Achten Sie dabei darauf, dass die Kardinalität auf einer Seite der Beziehung 2 ist. Für die Umsetzung können Sie zwei Referenzattribute verwenden. Eine Sammlung ist dazu nicht nötig. Jeder Schüler besitzt ein Attribut für seinen Namen.

c) Schaffen Sie die Möglichkeit, einem `Schueler`-Objekt seine „Freunde" zuzuweisen, denen ein Gerücht weitergesagt wird!

d) Wie setzen Sie die Methode `weitersagen(...)` um? Erstellen Sie ein entsprechendes Sequenzdiagramm, das die Verbreitung eines Gerüchts darstellt! Setzen Sie Ihr Diagramm um! Geben Sie Informationen über die Verbreitung eines Gerüchts beim Weitersagen aus! Verwenden Sie dazu die Methode `ausgeben(...)` der `Schueler`-Objekte! Fügen Sie eventuell zusätzlich nötige Dienste ein!

5 Generalisierung und Spezialisierung

Vererbung ist ein zentrales Konzept der objektorientierten Modellierung und Programmierung. Vererbung beschreibt eine neue Beziehung zwischen Klassen, mit der sich Klassen hierarchisch anordnen lassen und Klassen Merkmale (Attribute, Methoden und Beziehungen) an Klassen vererben können. Anhand der Modellierung eines Online-Shops stellen wir die Vererbungsbeziehung vor.

5.1. Online-Shop „eKauf" ohne Vererbung

Im Internet soll der Online-Shop „eKauf" eingerichtet werden. In Auktionen können Verkäufer Artikel ins Angebot des Shops einstellen und an den Meistbietenden verkaufen. Um das Angebot übersichtlicher zu gestalten, will „eKauf" seinen Warenkatalog in Kategorien gliedern.

Sonja und Michael erhalten den Auftrag, eine geeignete Modellierung zu entwickeln. Sie stellen sich die Frage: „Welche Merkmale benötigt der Shop von einem Artikel für die Präsentation im Internet?"
Für die ersten Modellierungsversuche beschränken sie sich zunächst auf die Sparten Handy und Computer sowie auf einen minimalen Satz von Merkmalen.

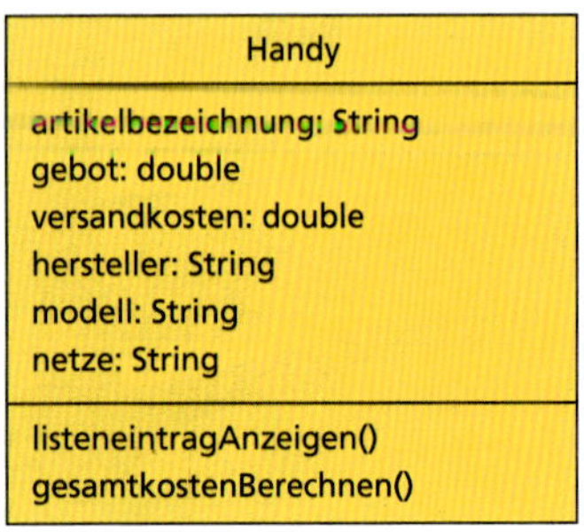

1 Klassenkarte `Handy`

Die folgenden allgemeinen Attribute eines Artikels erscheinen ihnen unerlässlich.

- Artikel:
  Artikelbezeichnung, Gebot und Versandkosten.

Bei einem Handy bzw. Computer interessieren sie sich für speziellere Eigenschaften.

- Handy:
  Hersteller, Modell und Netze.
- Computer:
  Prozessortyp, Festplattenkapazität und Arbeitsspeicher (RAM).

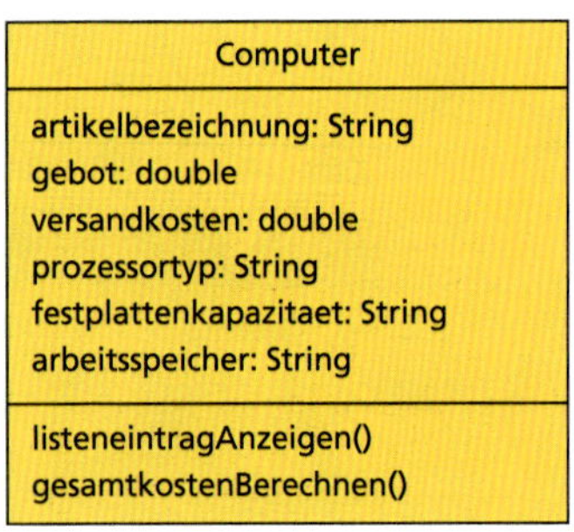

2 Klassenkarte `Computer`

Bei einem Artikel sollen folgende Methoden zur Verfügung gestellt werden:

- Listeneintrag mit den Attributwerten von Artikelbezeichnung, aktuelles Gebot und Versandkosten anzeigen und Gesamtkosten berechnen.

Aus den obigen Merkmalen können Sonja und Michael gleich die Klassenkarten mit den Klassen `Handy` und `Computer` aufstellen (↗Bild 1 und Bild 2).

Mit deren Hilfe können sie die angebotenen Handy- und Computer-Objekte erfassen:

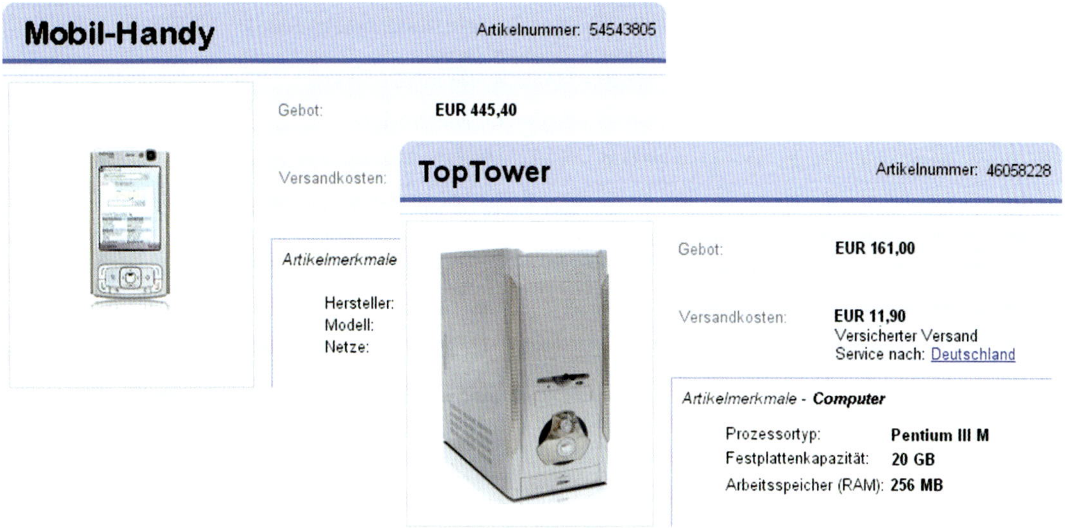

Als Nächstes benötigt der Shop einen Online-Katalog, in dem beliebig viele Computer- und Handy-Objekte gehalten werden können.
In der Modellierung realisieren sie den Katalog durch ein Objekt einer Klasse **`Angebot`**, in der jeweils die Beziehung „enthält" durch ein Attribut vom Typ einer Sammlung umgesetzt wird. Das aktuelle Angebot der Handys bzw. Computer soll durch die Methode **`handylisteAnzeigen()`** bzw. **`computerlisteAnzeigen()`** aufgelistet werden können.

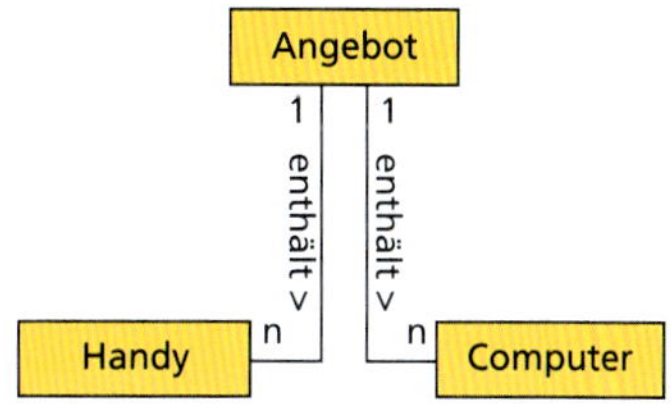

1 Klassendiagramm zu einem Online-Katalog

Umsetzung des Online-Shops „eKauf" in Java

Jetzt steht der Programmierung nichts mehr im Wege. Im BlueJ-Projekt **WebShop** (E) sind bereits die genannten Klassen angelegt. Wie im Projekt **Chat-System** nutzen Sonja und Michael in den Klassen **`Computer`** und **`Handy`** die Beziehung „enthält" zur Klasse **`ShopFenster`**, um mit der Methode **`anzeigen(...)`** Zeichenfolgen in einem Fenster ausgeben zu können (↗ Infotext).

```
String text = gebot + " Euro"
```

Durch den Operator „+" können Attributwerte oder Zeichenfolgen zu einer Zeichenfolge verkettet werden, die an die Methode **`anzeigen(text)`** übergeben wird. Diesen Dienst bieten die Objekte der Klassen **`Computer`** und **`Handy`** an.

Die 1:n-Beziehung setzen Sie mit der Sammlung **`ArrayList`** um.

Programmcode:

```
public class Handy{
  private ShopFenster fenster;
  ...
  public Handy(...){
    fenster = new ShopFenster();
    ...
  }
  ...
  public void anzeigen(String text){
    fenster.ausgeben(text);
  }
}
```

Sonja meint: „Die beiden Klassen **Handy** und **Computer** sind sehr ähnlich aufgebaut."

- Sie haben einen gemeinsamen Satz von Attributen:

```
private String artikelbezeichnung;
private double gebot;
private double versandkosten;
```

- Sie haben gleiche Methoden:

```
public void listeneintragAnzeigen()
{
    String text = artikelbezeichnung + ",
    Gebot: " + gebot + " Euro, " +
    "Versandkosten: " + versandkosten + " Euro";
    anzeigen(text);
}
public double gesamtkostenBerechnen()
{
    double ergebnis = gebot + versandkosten;
    return ergebnis;
}
```

Auch im Programmcode der Klasse Angebot entdeckt sie viele Stellen, die nahezu identisch sind.

- Die Klasse hat zwei Attribute vom Typ **ArrayList**, die sich nur im Typ der eingegebenen Daten unterscheiden:

```
private ArrayList<Computer> computerliste;
private ArrayList<Handy> handyliste;
```

- Die Methoden gleichen sich in der Struktur. Sie verwenden nur andere Attributnamen und andere Datentypen

```
public void computerlisteAnzeigen()
{
    for(Computer listElement : computerliste)
    {
        listElement.listeneintragAnzeigen();
    }
}
public void handylisteAnzeigen()
{
    for(Handy listElement : handyliste)
    {
        listElement.listeneintragAnzeigen();
    }
}
```

Ab Java 5 kann hier die erweiterte `for`-Schleife verwendet werden. Sie ist eine vereinfachte Form einer Wiederholung mit fester Anzahl, wenn die gesamte Liste der Reihe nach ohne Index durchlaufen werden soll (↗S. 77).
Sie ersetzt die ausführliche Form:

```
public void computerlisteAnzeigen()
{
 int laenge = computerliste.size();
 Computer listElement;
 for(int i=0;i<laenge;i++)
 {
  listElement = computerliste.get(i);
  listElement.listeneintragAnzeigen();
 }
}
```

Bei der Erstellung des Codes können Sie die gleichartigen Stellen durch Kopieren und Einfügen schnell erzeugen. Danach müssen Sie „nur" die notwendigen Anpassungen konzentriert vornehmen. Dieser scheinbare Vorteil wird später allerdings zur Belastung.
Mit der folgenden Aufgabe können Sie die Auswirkungen der vielen gleichartigen Stellen im Quelltext bei der Wartung der Software erforschen:

5.1 Projekt eKauf (E)

Der Online-Shop dehnt sein Angebot auf die Warengruppe „Auto“ aus. Bei den Merkmalen sollen nur die Marke, das Baujahr und der Kilometerstand berücksichtigt werden.

a) Erweitern Sie das Klassendiagramm!
b) Setzen Sie die neue Warengruppe im Programm um!
c) Im Programm stehen Änderungen an. Im Listeneintrag soll zusätzlich der Gesamtpreis ausgegeben und die Währung von Euro auf Dollar umgestellt werden.
Wie gehen Sie bei der Wartung der Software vor? Welche Probleme können auftreten? Bewerten Sie Ihr Programm unter dem Aspekt, dass das Angebot um weitere Warengruppen ergänzt wird!
(↗ Aufgabe 5.8)

5.2 Kontoverwaltung

In einer Bank werden unterschiedliche Arten von Konten geführt:
Sparkonto, Girokonto, Darlehenskonto und Sparbrief.

a) Folgende Merkmale gehören zu den Kontoarten: Kontonummer, Kontostand, Zins, Überziehungszins, Darlehenszins, maximaler Überziehungskredit, Kontobezeichnung, Kontoführungsgebühr, Vorschusszins, Tilgung und Laufzeit, sowie abbuchen, Kontostand ausgeben, kündigen, einzahlen, überweisen und Sondertilgung vornehmen.
Ordnen Sie die Merkmale den beteiligten Klassen zu!
b) An welchen Stellen erwarten Sie bei der Umsetzung gleichartigen Code?
Schreiben Sie die entsprechenden Stellen auf!
(↗ Aufgabe 5.3)

5.2. Online-Shop „eKauf" mit Vererbung

Sonja und Michael analysieren ihren ersten Entwurf. Bei der Einführung neuer Warengruppen im Shop müssen neue Klassen erstellt und die Attribute und Methoden nach dem obigen Verfahren angepasst werden. In der Klasse `Angebot` tauchen wieder weitere Methoden auf, die sich nur in wenigen Begriffen unterscheiden. Mit jeder neuen Warengruppe wird der gleichartige Quellcode in den verschiedenen Klassen weiter aufgebläht. Michael führt noch Probleme bei der Wartung der Software an. Bei einem Update werden Änderungen am Quelltext zur Qual. An vielen Stellen müssen Korrekturen angebracht werden. Leicht kann eine Stelle vergessen werden. Ein solches Verfahren ist sehr fehlerträchtig und nicht wartungsfreundlich.
Das beschriebene Problem lässt sich durch das Konzept der Vererbung lösen.

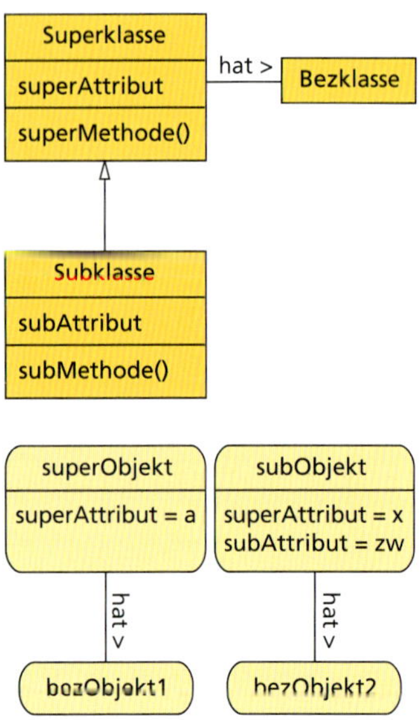

1 Vererbung

Vererbung beschreibt eine neue Beziehung zwischen einer **Super-** und einer **Subklasse.**

- Eine Subklasse erhält (erbt) von der Superklasse alle Attribute und Methoden.
- Hat die Superklasse eine Beziehung zu einer anderen Klasse, so hat auch die Subklasse diese Beziehung.

Die Superklasse heißt auch **Oberklasse** oder **Basisklasse,** die Subklasse **Unterklasse** oder **abgeleitete Klasse.**
Im Klassendiagramm wird die Vererbungsbeziehung durch einen Pfeil dargestellt, der von der Unter- zur Oberklasse weist und dessen Spitze nicht ausgefüllt ist.

Im nebenstehenden Bild wird die Auswirkung der Vererbungsbeziehung auf die Objekte der beteiligten Klassen verdeutlicht: Das Objekt `subObjekt` verfügt neben den Attributen und Methoden der `Subklasse` auch über die der `Superklasse`. Da auch die Beziehung „hat" vererbt wird, geht es wie ein Objekt der `Superklasse` eine Beziehung mit einem Objekt von `Bezklasse` ein.

In objektorientierten Programmiersprachen wird das Konzept der Vererbung umgesetzt. Aus einer Superklasse werden neue Klassen abgeleitet, ohne dass die gemeinsamen Definitionen neu geschrieben werden müssen. Auf diese Weise wird die Redundanz bei der Definition der Klassen mit ihren negativen Begleiterscheinungen vermieden. Werden Änderungen im Code der Superklasse vorgenommen, werden diese sofort für alle Subklassen gültig.
Vererbung trägt so dazu bei, dass Programme mit geringerem Aufwand entwickelt und gewartet werden können.

Generalisierung

Aus bestehenden gleichartigen Klassen kann eine neue allgemeine Superklasse gewonnen werden, in der die Schnittmenge der Attribute und Methoden verwaltet wird. Dieses Verfahren heißt **Generalisierung.**

Bei der Beschreibung des Online-Shops wurde die Generalisierung bereits begrifflich angedeutet: Die gemeinsamen Merkmale der Warengruppen Handy und Computer wurden unter dem Oberbegriff Artikel aufgezählt.

Allgemein sind Hinweise für eine Vererbungsbeziehung gleichlautende Attribute und Methoden in unterschiedlichen Klassen, die sich unter einem Oberbegriff zu einer Superklasse verallgemeinern lassen.

Sonja will das Verfahren der Generalisierung im Klassendiagramm des Online-Shops vornehmen:

- Sie führt die Oberklasse `Artikel` ein, in die die gemeinsamen Attribute und Methoden der Klassen `Handy` und `Computer` verschoben werden.
  Für Objekte der abgeleiteten Klassen bleibt so alles beim Alten: Durch die Vererbungsbeziehung erhalten sie automatisch auch die Merkmale der Superklasse.
- Zusätzlich verlagert sie auch die gemeinsame Beziehung „hat" der Klassen `Handy` und `Computer` in die neue Oberklasse `Artikel`. Die Beziehung „hat" besteht jetzt zwischen den Klassen `ShopFenster` und `Artikel`. `Artikel` vererbt diese Beziehung an die Subklassen `Handy` und `Computer`.

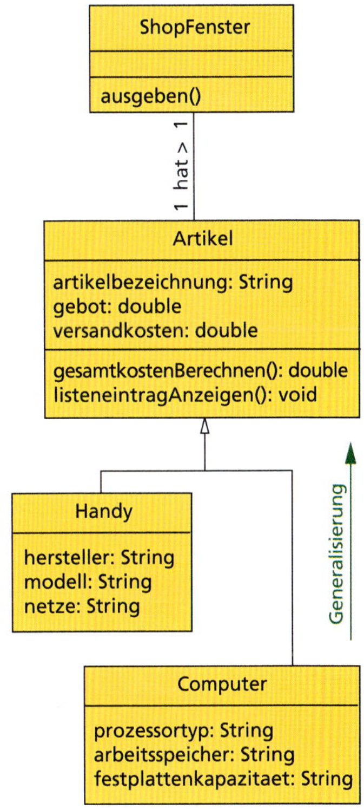

1 Generalisierung im Klassendiagramm des Online-Shops

Spezialisierung

Im Online-Shop sollen Notebooks angeboten werden. Sie sind spezielle Computer, die über zusätzliche Attribute verfügen. Ein Notebook hat beispielsweise eine Bildschirmdiagonale.
Die Klasse `Notebook` lässt sich folglich aus der Klasse `Computer` ableiten.
Die Vererbungsbeziehungen werden um eine zusätzliche Ebene erweitert.

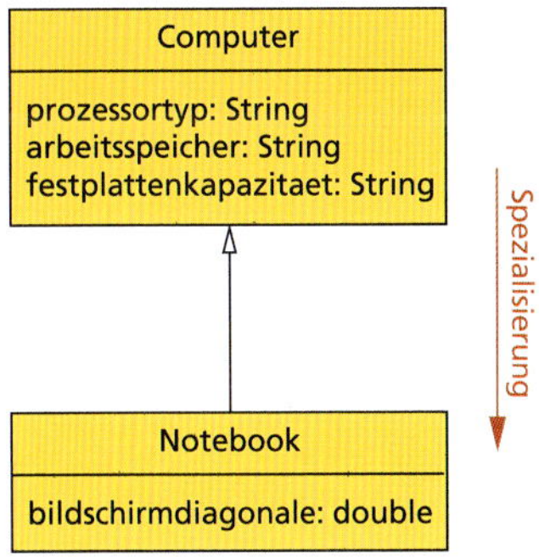

2 Spezialisierung im Klassendiagramm des Online-Shops

Durch Hinzufügen von spezielleren Attributen, Methoden oder Beziehungen kann aus einer allgemeinen Klasse eine speziellere Subklasse abgeleitet werden. Dieses Verfahren heißt **Spezialisierung.**

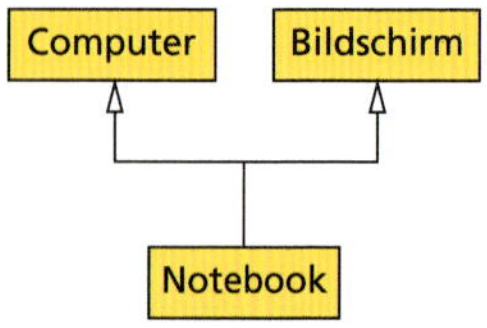

1 Mehrfachvererbung

In Java wird nur Einfachvererbung unterstützt. Aus diesem Grund beschränken wir uns im Buch auf diese Form der Vererbungsbeziehung.

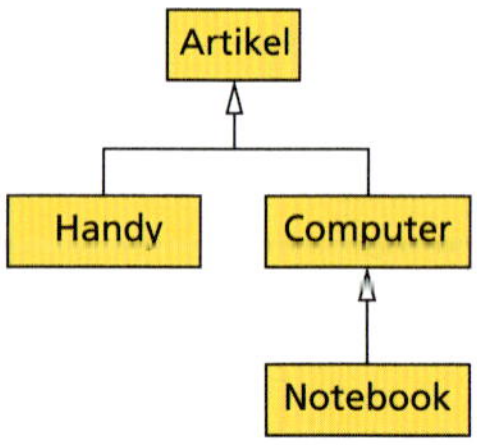

2 Einfachvererbung

Einfachvererbung, Vererbungshierarchie

Bisher haben wir Vererbungsbeziehungen betrachtet, bei der eine Subklasse genau von einer Superklasse Merkmale geerbt hat.

Einfachvererbung liegt vor, wenn eine Klasse höchstens von einer Superklasse Merkmale erben kann.

Die objektorientierte Modellierung lässt auch die sogenannte Mehrfachvererbung zu. Ein Notebook z. B. vereinigt in einem Gerät Computer und Bildschirm. Aus diesem Grund könnte die Klasse `Notebook` die Merkmale der Klassen `Computer` und `Bildschirm` erben (↗ Bild 1).
Betrachten wir die gesamte Vererbungsstruktur des Online-Shops (↗ Bild 2). Ein Objekt der Klasse `Notebook` besitzt alle Merkmale der Klassen `Notebook`, `Computer` und `Artikel`. Es erhält z. B. von `Artikel` die Artikelnummer, von `Computer` den Prozessortyp und von `Notebook` die Bildschirmdiagonale.
Vererbung ist ein Hilfsmittel, mit dem wir Klassen hierarchisch kategorisieren können.

Vererbung kann mehrstufig eingesetzt werden. Eine Subklasse kann wiederum Superklasse weiterer Klassen sein. Auf diese Weise entsteht eine **Vererbungshierarchie.**

5.3 Kontoverwaltung (↗ Aufgabe 5.2)
Führen Sie in der Kontoverwaltung das Verfahren der Generalisierung durch und erstellen Sie unter Verwendung der Vererbungsbeziehung ein Klassendiagramm! (↗ Aufgabe 5.12)

5.4 Mediensammlung
Eine Softwarefirma will eine Mediensammlung entwickeln. Ein Medium soll folgende Beschreibungsmerkmale aufweisen: Nummer, Titel, Genre und Beschreibung; sowie Beschreibung erstellen, Medium ausgeben.

a) Durch Spezialisierung sollen folgende Medientypen aus der allgemeinen Klasse `Medium` abgeleitet werden: CD, DVD, Video und Buch. Geben Sie zu jedem Medium mindesten drei weitere speziellere Beschreibungsmerkmale an, durch die es sich von anderen Medientypen unterscheidet!
b) Erstellen Sie dann das Klassendiagramm zur Mediensammlung! (↗ Aufgabe 5.12)

5.5 Klassendiagramm Uhr

Gegeben ist das folgende Klassendiagramm:

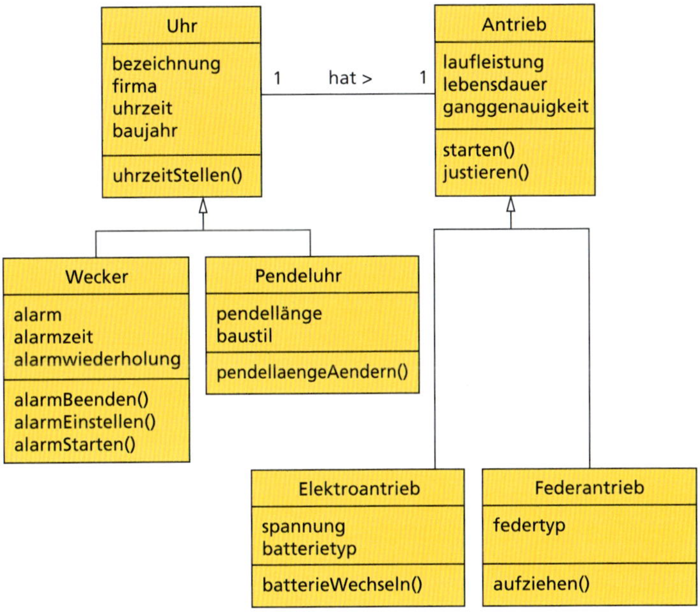

a) Über welche Attribute und Methoden verfügt ein Objekt der Klasse `Wecker`?

b) Kann ein Wecker einen Elektroantrieb haben? Begründen Sie Ihre Entscheidung anhand des Diagramms!

c) In welcher Klasse und durch welchen Datentyp wird die Beziehung „hat" umgesetzt?

d) Beschreiben Sie ein Objekt vom Typ `Wecker` mit einem Elektroantrieb in einer Objektkarte durch geeignete Attributwerte!

e) Die Batterie des Elektroweckers soll gewechselt werden. Wie lautet der Methodenaufruf?

f) Es soll der Dienst „Antrieb stoppen" angeboten werden. Wo sollen die Merkmale verankert werden?

5.6 Informationssystem Tiere

In einem Informationssystem sollen Tiere und deren Verhalten erfasst werden.

Neben körperlichen Eigenschaften wie Größe, Farbe, Gewicht, Geschlecht, Fleischfresser, Vegetarier usw. sollen bestimmte Verhaltensweisen der Tierarten wie Nahrungsaufnahme (fressen, verschlingen, aufsaugen), Fortbewegung (laufen, hoppeln, fliegen) dargestellt werden.

a) Ordnen Sie den Füchsen geeignete Beschreibungsmerkmale zu und erstellen sie eine Klassen- und Objektkarte!
b) Erweitern Sie Ihr Klassenmodell um folgende Tierarten: Hasen, Mäuse und Habichte. Ordnen Sie den Tierarten weitere Attribute und Methoden zu, durch die sie sich von den anderen unterscheiden. Erstellen Sie dann unter der Verwendung von Vererbungsbeziehungen ein Klassendiagramm für das Informationssystem!
c) Zwischen den genannten Tieren gibt es auch Beziehungen: Füchse und Habichte jagen Mäuse und Hasen. Klassifizieren Sie die Tiere nach ihrem Fressverhalten und stellen Sie die Beziehung im Klassendiagramm auf verschiedene Weise dar!

5.7 Taxonomie

Die Taxonomie ist ein Teilgebiet der Biologie, das die verwandtschaftlichen Beziehungen von Pflanzen- und Tierarten sowie Viren gegeneinander in einem hierarchischen System erfasst. Als Beispiel sei hier die Taxonomie vom Tier zum Rotfuchs genannt: Tier, Wirbeltier, Säugetier, Raubtier, Hund, Fuchs, Rotfuchs.
Erstellen Sie aus der gegebenen Taxonomie eine Vererbungshierarchie! Fügen Sie weitere Verzweigungen ein! Geben Sie zu jeder Klasse ein typisches Merkmal an!
Link: http://de.wikipedia.org/wiki/Taxonomie

Umsetzung in Java

Als objektorientierte Programmiersprache unterstützt Java die Umsetzung von Vererbungsbeziehungen in Programmcode. Die Klassen in Java sind in einer Vererbungshierarchie angeordnet, die die Struktur der Einfachvererbung hat.

Superklasse

In die Superklasse Artikel werden alle gemeinsamen Attribute und Methoden verschoben:

```
public class Artikel
{
    private String artikelbezeichnung;
    private double versandkosten;
    private double gebot;
    private ShopFenster fenster;

//  Konstruktor
    public Artikel(String bez, double vkosten)
    {...}
    public Artikel()
    {...}
```

```
//  Methoden
    public void listeneintragAnzeigen()
    {...}
    public double gesamtkostenBerechnen()
    {...}
    public void anzeigen(String text)
    {
        fenster.ausgeben(text);
    }
    ...
}
```

Auf **private** deklarierte Attribute und Methoden kann man nur aus der eigenen Klasse zugreifen. Diese Einschränkung gilt auch für die Subklasse. Sie erbt zwar diese Merkmale, ein Zugriff ist aber nur über öffentliche Methoden der Superklasse möglich. Soll auf Attribute der Superklasse zugegriffen werden können, so muss die Superklasse entsprechende Dienste anbieten.
Die öffentliche Methode **anzeigen(...)** ist ein solcher Dienst, mit dem die Superklasse den Zugriff auf das **private** deklarierte Attribut **fenster** ermöglicht.

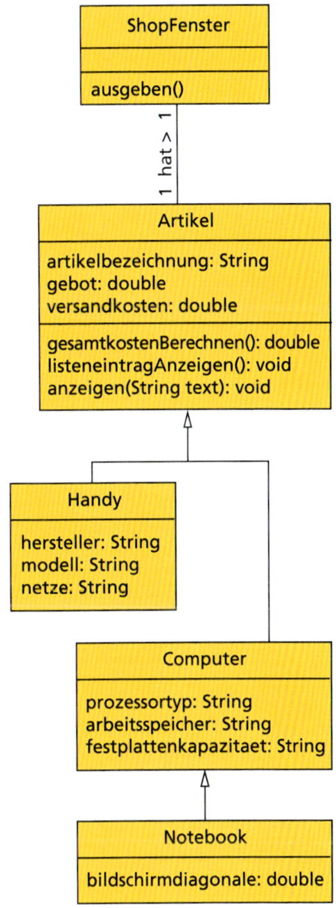

1 Klassendiagramm des Online-Shops

Subklasse

In der Subklasse werden die speziellen Attribute und Methoden definiert.

```
public class Handy extends Artikel
{
//  Spezielle Attribute
    private String hersteller;
    private String modell;
    private String netze;
//  Konstruktor
    public Handy(String bez, double vkosten,
    String firma, String mod, String net)
    {
        super(bez, vkosten);
        hersteller = firma;
        modell = mod;
        netze = net;
    }
}
```

Durch das Schlüsselwort **extends** gefolgt vom Namen der Superklasse wird die Vererbungsbeziehung in der Deklarierung der Subklasse umgesetzt. Die Subklasse erbt alle Attribute und Methoden der Superklasse mit Ausnahme der Konstruktoren.

Wird ein neues Objekt der Subklasse erzeugt, werden alle Attribute der Subklasse initialisiert. Zu diesem Zweck erhält in unserem Beispiel der Konstruktor der Subklasse alle benötigten

Werte als Parameter. Für die ererbten Attribute kommt ein Konstruktor der Superklasse zum Einsatz. Mit der Anweisung **super(...)** wird aus einem Konstruktor der Subklasse ein Konstruktor der direkten Superklasse aufgerufen.

```
super(bez,vkosten);
```

Diese Anweisung muss folgende Bedingungen erfüllen:

- Der explizite Aufruf von **super(...)** muss die erste Anweisung im Konstruktor der Subklasse sein. Fehlt sie, so wird automatisch **super()** mit einer leeren Parameterliste aufgerufen. Wurde in der Superklasse ein eigener Konstruktor geschrieben, so wird der parameterlose Konstruktor nicht mehr vom Compiler automatisch zur Verfügung gestellt. Er muss selbst in den Code der Superklasse eingefügt werden.
- Erfolgt die Anweisung mit einer Parameterliste, so kommt der Konstruktor mit der entsprechenden Parameterliste zur Ausführung.
- Das Zugriffsrecht des aufgerufenen Konstruktors darf nicht **private** sein.

Mit den restlichen Anweisungen des Konstruktors werden die speziellen Attribute der Subklasse initialisiert.

> Der Konstruktor der Superklasse muss die erste Anweisung im Konstruktor der Subklasse sein. Fehlt sie, so wird automatisch der parameterlose Konstruktor der Superklasse aufgerufen.

Substitutionsprinzip

Wenn jemand z.B. telefonieren will, können wir ihm Festnetztelefon oder ein Handy anbieten, die beide Subklassen von Telefon sind. Auch in Java hat ein Objekt einer Subklasse alle Merkmale der Superklasse und kann so ein Objekt der Superklasse ersetzen.

> Ein Objekt der Subklasse kann überall dort eingesetzt werden, wo ein Objekt der Superklasse zulässig ist (**Substitutionsprinzip**).

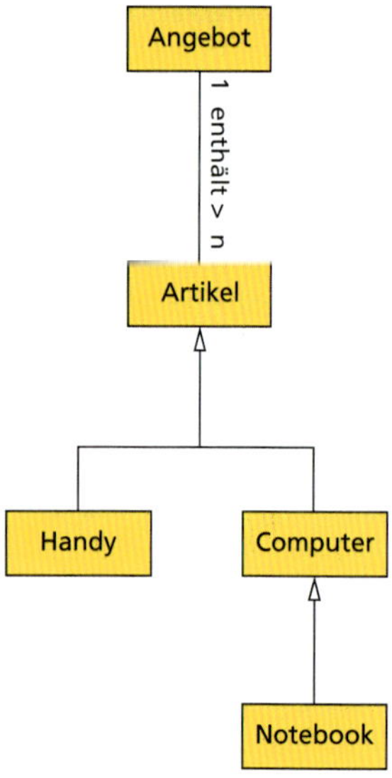

1 Klassendiagramm

Aus diesem Grund kommt bei der Umsetzung der Beziehung „enthält" die Klasse **Angebot** mit nur einer Sammlung aus, in der Daten vom Typ **Artikel** gespeichert werden. Objekte vom Typ **Handy** bzw. **Computer** dürfen gemäß des Substitutionsprinzips wie Objekte vom Typ **Artikel** verwendet werden.
Infolge der mehrstufigen Vererbungsbeziehung ist auch ein Notebook ein Artikel, der ins Angebot des Shops eingestellt werden kann. Gemäß des Substitutionsprinzips können alle Objekte der Subklassen von **Artikel** in der Sammlung gespeichert werden.

```
import java.util.ArrayList;
public class Angebot
{
//  Attribute
    private ArrayList<Artikel> artikelliste;

//  Konstruktor
    ...

//  Methoden
    public void listeAnzeigen()
    {
        for( Artikel listElement : artikelliste)
            {
            listElement.listeneintragAnzeigen();
            }
    }
}
```

In der Variablen `listElement` werden die Objekte der `ArrayList` der Reihe nach gehalten. Sie sind vom Typ `Artikel` und dessen Subklassen.

> Eine Variable heißt **polymorph** (vielgestaltig), wenn ihr Objekte verschiedener Klassen zugewiesen werden können. In Java sind dies die deklarierte Klasse und deren Subklassen.

In der Methode `listeAnzeigen()` werden die Listeneinträge der Artikel der Reihe nach in einem Fenster angezeigt. Das aktuelle Listenelement `listelement` ist vom Typ einer Subklasse von `Artikel`. Durch Vererbung erhält es von der Klasse `Artikel` die Methode `listeneintragAnzeigen()` und führt sie aus.

5.8 **Projekt eKauf** (E)
Erweitern Sie nochmals das Projekt gemäß Aufgabe 5.1 um die Klasse `Auto` mit dem Einsatz von Vererbung! Vergleichen Sie Ihr Ergebnis mit der alten Darstellung!

5.9 **Projekt eKauf** (E)
Ein Debugger ist ein Werkzeug zur Fehlersuche in Programmen. Der Debugger von BlueJ ermöglicht die Ablaufverfolgung eines Programms in einzelnen Schritten (Schritt über) oder zwischen definierten Haltepunkten (Fortsetzen). Ist ein Programm auf diese Weise angehalten, kann man die Inhalte von Variablen (Attributen) einsehen. Mit dem Debugger bzw. Inspektor von BlueJ können Sie das Konzept der Vererbung bei der Erzeugung eines neuen Objekts einer Subklasse von `Artikel` nachvollziehen.

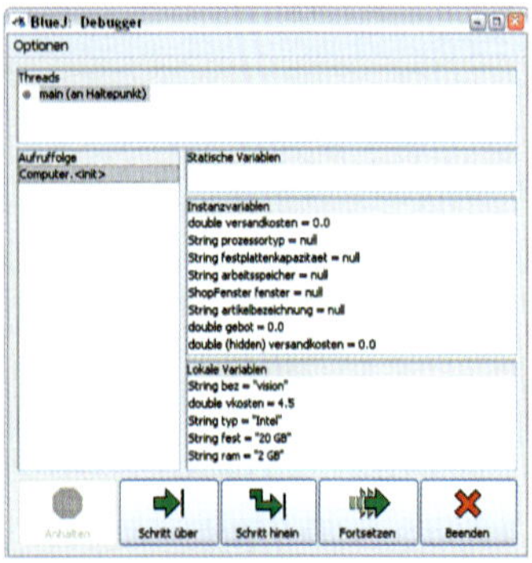

1 Debuggerfenster

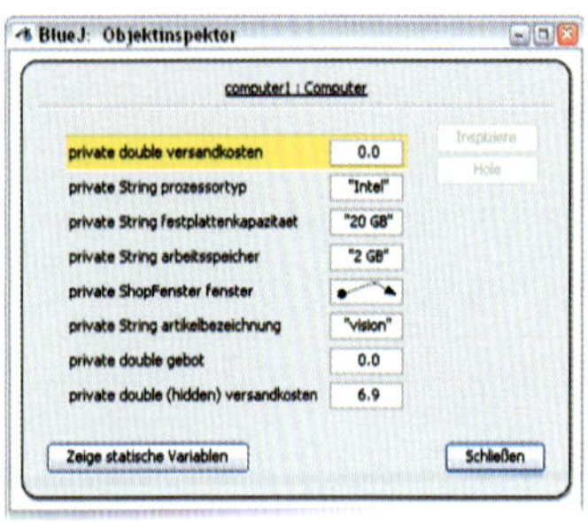

2 Objektinspektor

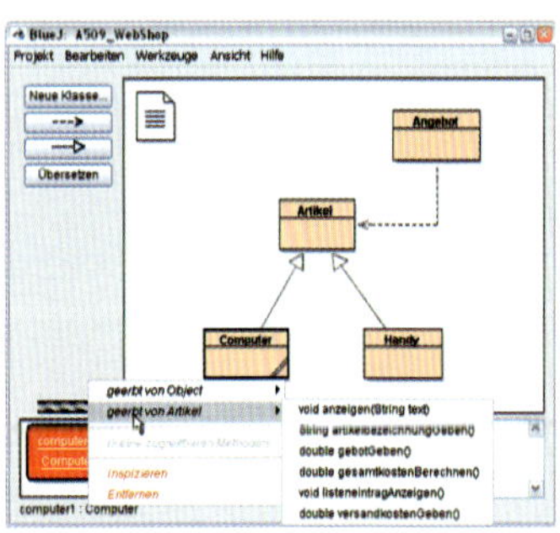

3 Methoden

a) Setzen Sie im Programmcode von `Computer` in der ersten Anweisung des Konstruktors einen Haltepunkt. Erzeugen Sie danach ein Objekt dieser Klasse. Danach erscheint das nebenstehende Debuggerfenster (↗ Bild 1).
Mit der Anweisung „Schritt hinein" werden auch Methodenaufrufe schrittweise ausgeführt. Beobachten Sie die Attribute und den Prozess der Initialisierung. Erklären Sie Ihre Beobachtungen mithilfe des Vererbungskonzepts!

b) Inspizieren Sie nun das Objekt `computer1`! Sie sehen die Zugriffsrechte, die Attribute mit ihren Werten (↗ Bild 2) und die Methoden, die in Gruppen gegliedert sind (↗ Bild 3). Erklären Sie Ihre Beobachtungen mithilfe des Vererbungskonzepts!

c) Bei den Methoden sehen Sie eine Gruppe unter dem Titel „geerbt von Object". Welche Bedeutung hat die Klasse `Object` für die Klassen Ihres Projekts? Stellen Sie die vollständige Vererbungshierarchie des Projekts in einem Klassendiagramm dar! Link: http://java.sun.com/javase/6/docs/api/

5.10 Projekt eKauf (E)

Gegeben sei folgendes Klassendiagramm. Welche dieser Anweisungen sind gültig?

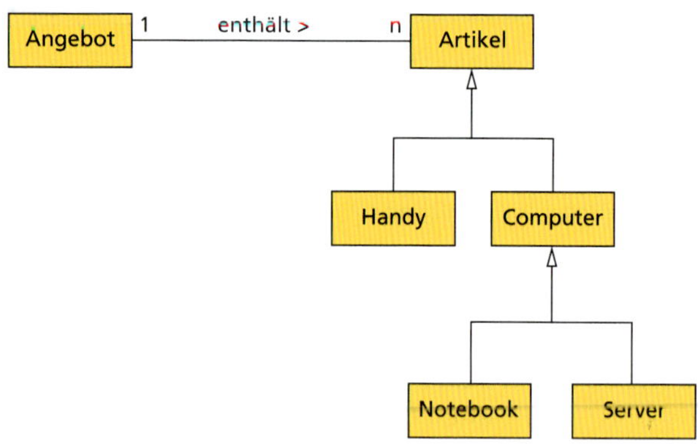


```
Artikel artikel2 = new Handy();
Artikel artikel1 = new Server();
Handy handy1 = new Notebook();
Computer computer1 = new Computer();
Computer computer2 = new Artikel();
Computer computer3 = new Server();
computer3 = artikel1;
artikel1 = computer1;
computer1 = artikel1;
```

Überprüfen Sie Ihre Antworten, indem Sie das Projekt unter BlueJ umsetzen und in einer Methode `test()` die Anweisungen ausprobieren!

5.11 Umsetzung des Klassendiagramms Uhr

Der folgende Code zeigt Details des Programms zur Aufgabe 5.5 in Java.
Analysieren Sie die Codefragmente und verbessern Sie sie gegebenenfalls!

```
public class Uhr extends Wecker
{
    private String bezeichnung;
    private String firma;
    public Antrieb antrieb;
    private int[] uhrzeit = new Array[2];
    public Uhr(int gzeiger, int kzeiger)
    {
        uhrzeitStellen(gzeiger, kzeiger);
        antrieb = new Federantrieb("XY");
    }
    public void uhrzeitStellen[int g, int k)
    {
        uhrzeit[1] = g;
        uhrzeit[2] = k;
    }
}

public class Wecker
{
    private boolean alarm = false;
    private int[] alarmzeit = new int[2];
    private boolean wieder;
    public Wecker(int g, int z, String firma)
    {
        alarm = false;
        alarmzeit = {12, 0};
        wieder = false;
        super(g, k, firma);
    }
    // Methoden
    ...
}
```

↗ auch Klassendiagramm auf Seite 139

5.12 Kontoverwaltung (E) Mediensammlung (E)

Setzen Sie folgende Projekte in Java um!
a) Kontoverwaltung gemäß Aufgabe 5.3
b) Mediensammlung gemäß Aufgabe 5.4

5.3 Polymorphie: Intelligente Objekte

Durch das Substitutionsprinzip können in einer **`ArrayList`** Objekte der Klasse **`Artikel`** und aller zugehörigen Subklassen gespeichert werden. Derjenige, der Objekte aus der Liste ausliest, weiß nicht, welcher Klasse das nächste Objekt angehört, er weiß nur, welchen Dienst er von diesem Objekt nutzen will. Er könnte sich zum Beispiel für die Anzeige aller Attributwerte interessieren. Objekte verschiedener Klassen unterscheiden sich aber in der Regel in den Attributen. Solche Dienste können nur durch Methoden mit einem an die jeweilige Klasse angepassten Programmcode realisiert werden.

Das Konzept der **Polymorphie** stellt in objektorientierten Programmiersprachen sicher, dass ein Nutzer eines Dienstes nur wissen muss, dass ein Objekt über die gewünschte Methode verfügt. Er muss weder den Typ des Objekts noch Details des Codes kennen.

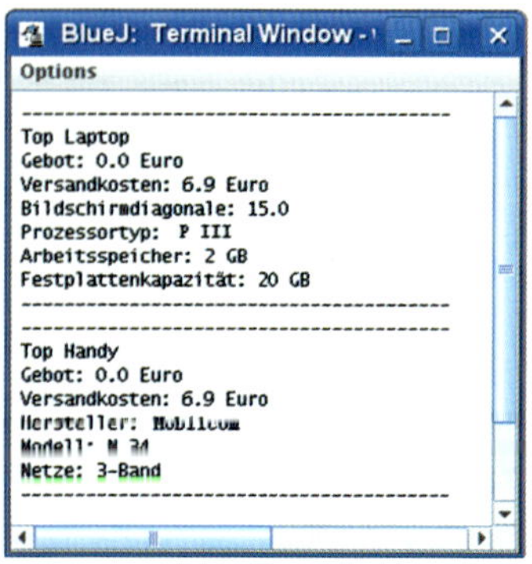

1 Sonjas Artikelliste

Die Ausgangslage:
Michael will den Online-Shop „eKauf" um eine wichtige Informationsquelle erweitern. Kunden können zwar eine Liste mit der Artikelbezeichnung, den Versandkosten und dem aktuellen Gebot einsehen, doch bleiben die charakteristischen Artikeleigenschaften unsichtbar. Als einfache Lösung schlägt Sonja eine ganz schlichte Liste der Artikel mit allen Attributwerten vor, wie sie Bild 1 zeigt.

Die Klasse **`Angebot`** verfügt über eine Methode **`listeAnzeigen()`**, die Vorbild für die neue Methode **`artikelAnzeigen()`** sein kann.

```
public void listeAnzeigen()
{
    for(Artikel listElement : artikelliste)
    {
        listElement.listeneintragAnzeigen();
    }
}
```

Michael schlägt vor, die neue Methode **`artikelAnzeigen()`** vergleichbar aufzubauen. Alle Artikel des Angebots sollen durchlaufen werden. Dabei werden durch die neue Methode **`beschreibungAnzeigen()`** nicht nur die gemeinsamen, sondern auch die speziellen Attributwerte in einem Fenster ausgegeben.
Diese Vorgehensweise ist naheliegend, doch müssen noch folgende Probleme gelöst werden:
- Objekte der Klasse **`Artikel`** verfügen noch über keine entsprechende Methode.

- Nach dem Substitutionsprinzip können Objekte der Klassen **`Handy`**, **`Computer`** und **`Notebook`** in der Sammlung gespeichert werden, die von der Klasse **`Artikel`** die Methode **`beschreibungAnzeigen()`** erben.
  Wie muss diese Methode gestaltet werden, damit je nach Objekt alle Attribute angezeigt werden? In die Ausgabe müssen auch die Werte der speziellen Attribute einbezogen werden, über die die Klasse **`Artikel`** nicht verfügt.

Die Objekte der Klasse **`Artikel`** und deren Subklassen benötigen eine eigene gleichnamige Methode, die nach dem Methodenaufruf **`beschreibungAnzeigen()`** die gewünschten Ergebnisse im Fenster liefert.

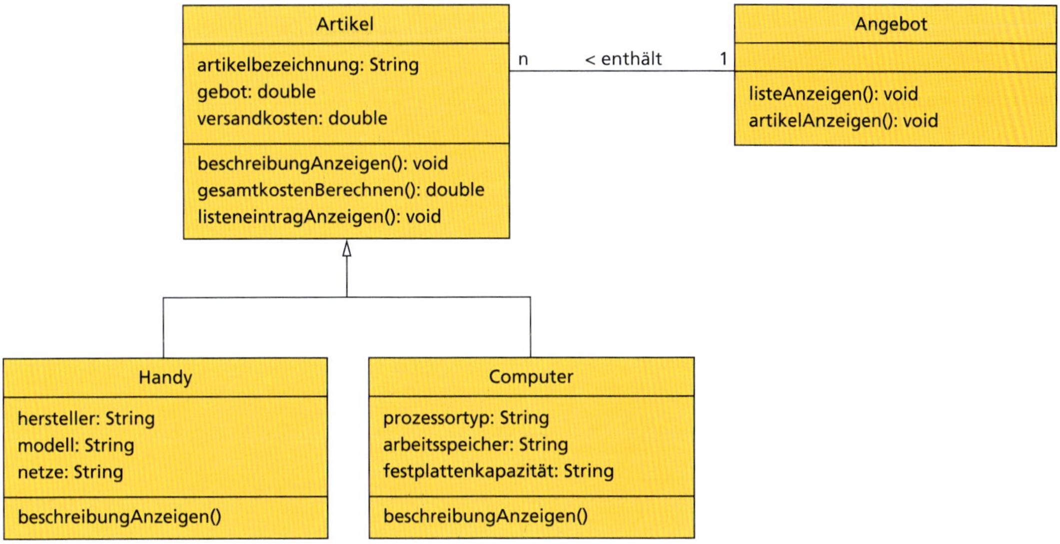

In Java ist es durch **Redefinition** (Überschreiben oder Overriding) möglich, dass eine Subklasse eine Methode der Superklasse neu definiert. Auf diese Weise wird der ererbte Programmcode der betreffenden Methode durch einen neuen ersetzt, der z.B. die Besonderheiten der Subklasse berücksichtigt.

Durch **Redefinition** kann eine Subklasse eine Methode der Superklasse überschreiben. Beide Methoden müssen die gleiche Signatur haben.

Michael wendet dieses Verfahren konsequent an. Die Superklasse Artikel erhält eine Methode **`beschreibungAnzeigen()`**, in der die Werte der gemeinsamen Attribute **`artikelbezeichnung`**, **`gebot`** und **`versandkosten`** angezeigt werden.

```
//  Klasse Artikel
public void beschreibungAnzeigen()
{
    anzeigen(artikelbezeichnung);
    String text = "Gebot: " + gebot + " Euro";
    anzeigen(text);
    text = "Versandkosten: " + versandkosten + " Euro";
    anzeigen(text);
}
```

In den Klassen **`Handy`** und **`Computer`** wird sie durch eine gleichnamige Methode überschrieben. Im Unterschied zur Methode der Superklasse werden hier auch die speziellen Attributwerte ausgegeben.

```
// Klasse Handy
public void beschreibungAnzeigen()
{
    anzeigen(artikelbezeichnungGeben());
    String text = "Gebot: " + gebotGeben() + " Euro";
    anzeigen(text);
    text = "Versandkosten: " + versandkostenGeben() + " Euro";
    anzeigen(text);
    text = "Hersteller: " + hersteller;
    anzeigen(text);
    text = "Modell: " + modell;
    anzeigen(text);
    text = "Netze: " + netze;
    anzeigen(text);
}
```

Die Methode **`beschreibungAnzeigen()`** der Klasse **`Computer`** hat ein vergleichbares Aussehen.
Abschließend verfasst Sonja noch die Methode **`artikAnzeigen()`** der Klasse **`Angebot`**:

```
public void artikAnzeigen()
{
    for(Artikel listElement : artikelliste)
    {
        listElement.beschreibungAnzeigen();
    }
}
```

Die Variable **`listElement`** ist polymorph. Ihr werden die Objekte der **`ArrayList`** der Reihe nach zugewiesen. Sie können vom Typ **`Artikel`** und dessen Subklassen sein.

Damit nun tatsächlich bei der Ausführung des Programms an der hinterlegten Stelle automatisch z.B. bei einem Objekt der Klasse **`Handy`** die zugehörige Artikelbeschreibung ausgegeben wird, wird noch das Konzept der **späten** oder **dynamischen Bindung** benötigt.

In Java wird mithilfe der **späten** oder **dynamischen Bindung** nicht bei der Übersetzung des Codes, sondern erst bei dessen Ausführung entschieden, welche Methode zum Einsatz kommt.

In der Methode `artikAnzeigen()` steht ein und dieselbe Codezeile, die wiederholt ausgeführt wird. In Abhängigkeit vom Typ des Objekts, der der Variablen `listElement` zugewiesen wird, kommt eine der gleichnamigen Methoden der Klasse oder einer zugehörigen Subklasse zur Ausführung. Folgende Beispiele sollen diesen Zusammenhang verdeutlichen:

```
listElement.beschreibungAnzeigen();
```

```
handy1 = new Handy(...);
```

`listElement` hält hier ein Objekt vom Typ `Handy`. Damit ist die Variable an den Typ `Handy` gebunden.
Die Methode `beschreibungAnzeigen()` der Klasse `Handy` wird ausgeführt.

```
listElement.beschreibungAnzeigen();
```

```
notebook1 = new Notebook(...);
```

`listElement` referenziert jetzt ein Objekt vom Typ `Notebook`. Die Methode `beschreibungAnzeigen()` der Klasse `Notebook` wird ausgeführt.

Durch Redefinition und späte Bindung wird in Java **Polymorphie von Methoden** realisiert.
Durch **Redefinition** kann die Methode einer Superklasse in Subklassen überschrieben werden. Durch die **späte Bindung** wird erst bei der Ausführung des Programms in Abhängigkeit vom Typ des Objekts entschieden, welche dieser Methoden durch ein und dieselbe Anweisung zur Ausführung kommt.

Im Programmcode setzen wir Polymorphie von Methoden durch folgende Maßnahmen um:

1. Variablen oder Rückgabewerte werden mit dem Typ einer Superklasse deklariert.
2. Während der Ausführung des Programms können diesen auch Objekte von Subklassen zugewiesen werden.
3. In den Subklassen werden Methoden der Superklasse überschrieben.

Durch Polymorphie erhalten Objekte ein Stück „Intelligenz". Sie wissen selbst, was sie tun müssen, wenn sie z. B. den Dienst `beschreibungAnzeigen()` anbieten. Der Nutzer muss nur wissen, dass das Objekt den Dienst beherrscht. Details seiner Ausführung brauchen ihn nicht zu interessieren.

Auch bei realen Objekten setzten wir diese „Intelligenz" ganz natürlich voraus: Schüler, die die Anweisung „Schuhe ausziehen" erhalten, wissen selbst, ob sie an ihren Schuhen einen Schnürsenkel, einen Klettverschluss oder einen Reißverschluss öffnen müssen.

In Programmiersprachen mit einer strengen Typisierung wird bereits zur Übersetzungszeit festgelegt, von welchem Typ ein Objekt ist. Damit liegt aber auch zur Übersetzungszeit schon fest, welche Methode zur Ausführung kommt. Solche Programmiersprachen erlauben keine Polymorphie dieser Form.

5.13 Redefinition von Methoden (E)

Die Klasse `Haustier` hat die Attribute `bezeichnung` und `alter`, sowie die Methode `lautgeben()`. Entwickeln Sie für die Haustiere Hund, Kuh, Henne geeignete Subklassen mit speziellen Merkmalen! Passen Sie die Methode `lautgeben()` durch Überschreiben an die entsprechende Tierart an!

5.14 Klasse Object (E)

Jede Klasse erbt von der Klasse `Object` die Methode `toString()`. Sie soll Details über die zugehörige Klasse liefern.

a) Von welchem Typ ist der Rückgabewert der Methode?

b) Was liefert die ererbte Methode für ein Objekt der Klasse `Handy` aus dem Projekt „eKauf"?

c) Überschreiben Sie die Methode mit einem aussagekräftigen Rückgabewert!

Link zu Aufgabe 5.14:
http://java.sun.com/javase/6/docs/api

5.15 Codeananlyse (E)

Gegeben sei folgender Programmcode:

```
public class A{
    private ShopFenster fenster;
    public A(){
        fenster = new ShopFenster();
    }
    public void anzeigen(String text) {
        fenster.ausgeben(text);
    }
    public void ausgeben() {
        anzeigen("A-Objekt");
    }
}
public class B extends A{
    public void ausgeben(){
        anzeigen("B-Objekt");
    }
    public void testen(){
```

```
        A a = new B();
        a.ausgeben();
    }
}
```

Was wird im Fenster angezeigt, wenn die Methode **testen()** ausgeführt wird?

5.16 Artikelsammlung

Das folgende Bild zeigt eine Sammlung, in der Objekte vom Typ **Artikel** gespeichert werden:

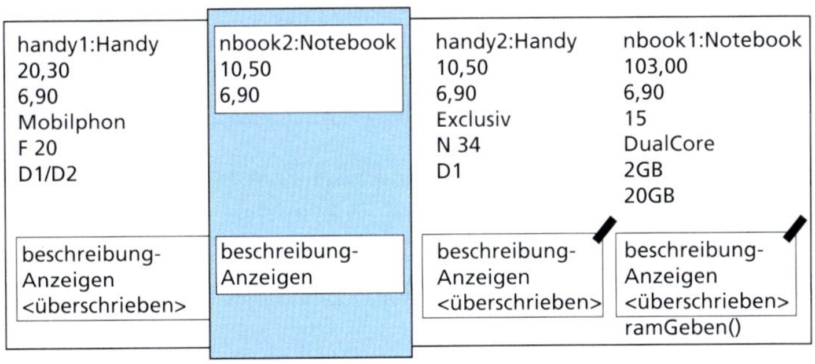

a) Erklären Sie mithilfe der Schablone vom Typ **Artikel** das Konzept der Polymorphie durch Überschreiben!

b)
```
for (Artikel listElement : artikelListe)
{
listElement.ramGeben();
}
```
Kann bei den Objekten **nbook2** oder **nbook1** die Methode **ramGeben()** nach dem oben skizzierten Prinzip direkt aufgerufen werden?

c) Geben Sie eine Möglichkeit an, wie in dem oben aufgelisteten Programmabschnitt die spezielle Methode **ramGeben()** von **Notebook** zur Ausführung kommen kann!

5.17 Kontoverwaltung (E) (↗ Aufgabe 5.12)

In der Kontoverwaltung soll jedes Konto über eine Methode „Jahresabschluss berechnen" verfügen. Für einen Sparbrief wird keine Kontoführungsgebühr erhoben. Für das Darlehenskonto erfolgt am Jahresende die Tilgung. Vereinfachend soll angenommen werden, dass der Kontostand über den Zinszeitraum unverändert bleibt. Setzen Sie für die Erstellung der oben genannten Methode nur die notwendigen Attribute und Methoden um. Überschreiben Sie die Methode geeignet in den Subklassen **Sparbrief** und **Darlehenskonto**!

Java: Der Griff nach überschriebenem Code *

Durch Überschreiben der Methode `beschreibungAusgeben()` wird sichergestellt, dass jedes Objekt selbst bestimmt, wie seine Attributwerte ausgegeben werden.
Einen Schönheitsfehler hat die Umsetzung auf Seite 148 noch: Die ersten fünf Codezeilen liefern die gleichen Ergebnisse wie die überschriebene Methode.

```
public void beschreibungAnzeigen()
{
    anzeigen(Artikelbezeichnung);
    String text = "Gebot: " + gebot + " Euro";
    anzeigen(text);
    text = "Versandkosten: " + versandkosten + " Euro";
    anzeigen(text);
}
```

Die obigen Programmzeilen finden Sie sowohl in der gleichnamigen Methode der Superklasse, wie in den überschriebenen Methoden der Subklassen.
Gibt es eine Möglichkeit, den überschriebenen Code in der Subklasse zu nutzen?

Referenz super:
super ist eine Referenz vom Typ der Superklasse auf den Teil des aktuellen Objekts, den es von der direkten Superklasse geerbt hat. Mit **super** können Methoden der Superklasse aufgerufen werden, die in der Subklasse überschrieben worden sind.

Mit der Anweisung `super.beschreibungAnzeigen()` wird die ursprüngliche Methode `beschreibungAnzeigen()`, die das Objekt von der Superklasse geerbt hat, ausgeführt.
Die Methode `beschreibungAnzeigen()` lautet jetzt:

```
// Klasse Handy
public void beschreibungAnzeigen()
{
    super.beschreibungAnzeigen();
    text = "Hersteller: " + hersteller;
    anzeigen(text);
    text = "Modell: " + modell;
    anzeigen(text);
    text = "Netze: " + netze;
    anzeigen(text);
}
```

Das Verfahren empfiehlt sich dann, wenn beim Überschreiben einer Methode der Subklasse die geerbte Methode nur um einige Programmzeilen erweitert wird.

5.18 Überschreiben von Attributen (E)

Attribute lassen sich in einer Subklasse ebenfalls überschreiben.

```
public class A {
    public ShopFenster fenster;
    private int a = 1;
    private int b = 2;
    public A(){
        fenster = new ShopFenster();
    }
    public int aGeben()
    { return a;}
    public int bGeben()
    { return b;}
    public void anzeigen(String text){
        fenster.ausgeben(text);
    }
}

public class B extends A {
    private int a = 10;
    private double b = 2.5;
    public void testen() {
        String text = "a = " + a;
        anzeigen(text);
        text = "super.aGeben() = " + super.aGeben();
        anzeigen(text);
    }
}
```

a) Setzen Sie die Aufgabe in BlueJ um!
   Erzeugen Sie ein Objekt der Klasse `B` und inspizieren Sie die Attribute! Erklären Sie dann das Ergebnis der Methode `testen()`!
b) Erweitern Sie sinngemäß die Methode `testen()` auf das Attribut `b` und erklären Sie dann das Ergebnis von `testen()`!
c) Welche Möglichkeiten ergeben sich durch Überschreiben von Attributen?

5.19 Projekt eKauf (E)

Im Projekt „eKauf" sind bisher die Daten nur in einem schlichten Fenster ausgegeben worden.
Mit der einfachen Grafik (↗ Kapitel 1, S. 13 ff.) wollen Anne und Bernd das Design deutlich verbessern und sogar ein Bild vom Artikel einbinden.

a) Kopieren Sie das Projekt „Einfache Grafik“ in das Verzeichnis des Projekts „eKauf“!
b) Modellieren Sie die Darstellung eines Artikels in einer eigenen Klasse `Darstellung`, die Sie durch das Verfahren der Spezialisierung auf die einzelnen Artikelgruppen anpassen.
c) Setzen Sie Ihre Modellierung im Projekt „eKauf“ um!

5.4 Abstrakte Klassen*

Eine abstrakte Klasse ist eine Superklasse, die ausschließlich zum Zweck der Vererbung ihrer Merkmale eingesetzt wird und von der keine Objekte erzeugt werden können.

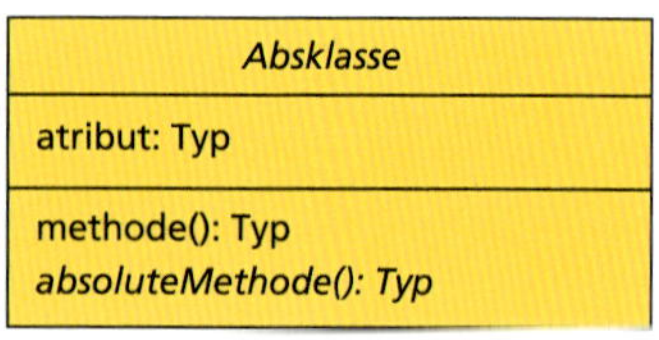

1 abstrakte Klasse

Eine **abstrakte Klasse** unterscheidet sich von einer normalen Klasse durch zwei Eigenschaften:

1. Von einer abstrakten Klasse können keine Objekte erzeugt werden.
2. Sie kann sogenannte **abstrakte Methoden** enthalten, die nur aus der Signatur bestehen.

Abstrakte Klassen können wieder abstrakte Subklassen haben. Im Klassendiagramm wird der Name abstrakter Klassen und Methoden kursiv geschrieben.

Enthält eine abstrakte Klasse eine abstrakte Methode, so muss diese Methode von einer abgeleiteten Subklasse überschrieben werden, falls von der Subklasse Objekte erzeugt werden sollen. Auf diese Weise können in einer Modellierung Dienste festgelegt werden, die die Objekte abgeleiteter Klassen anbieten müssen.

Michael betrachtet das Projekt „eKauf“ und meint: „Im Angebot erscheinen nur Objekte von Subklassen der Klasse `Artikel`. Die Klasse `Artikel` ist ein Kandidat für eine abstrakte Klasse.“ Sonja pflichtet ihm bei: „Die Klasse `Artikel` bietet nur einen minimalen Satz von Merkmalen, der allein für die Präsentation eines Gegenstands im Internet nicht ausreicht. Aus diesem Grund sollten wir Objekte der Klasse `Artikel` gar nicht zulassen. Andererseits muss jeder angebotene Gegenstand über diese Merkmale verfügen. Die Lösung ist die Modellierung von `Artikel` als abstrakte Klasse. Alle Merkmale werden vererbt, aber es kann kein Objekt vom Typ `Artikel` erzeugt werden.“
Sie setzen die Klasse `Artikel` und die Methode `beschreibungAnzeigen()` abstrakt (↗S. 155 oben). Die Umsetzung der Methode bleibt jetzt ganz den abgeleiteten Klassen vorbehalten.

Artikel
artikelbezeichnung: String gebot: double versandkosten: double
beschreibungAnzeigen(): void gesamtkostenBerechnen(): double listeneintragAnzeigen(): void

Umsetzung in Java

In Java werden abstrakte Klassen durch das Schlüsselwort **`abstract`** nach dem Zugriffsrecht gekennzeichnet.
Bei abstrakten Methoden erscheint das Schlüsselwort an der gleichen Stelle.

```
public abstract class Artikel
{
// Attribute
   private String artikelbezeichnung;
   private double versandkosten;
   private double gebot;
// Konstruktoren
   public Artikel(String bez, double vkosten)
   {
      artikelbezeichnung = bez;
      gebot = 0;
      versandkosten = vkosten;
   }
// Methoden
   public abstract void beschreibungAnzeigen();
   public void listeneintragAnzeigen()
   { ... }
   public double gesamtkostenBerechnen()
   { ... }
}
```

Eine abstrakte Klasse kann zwar einen Konstruktor enthalten, der aber nicht direkt ausgeführt werden darf. Er kann nur aus dem Konstruktor einer direkten Subklasse durch die Anweisung **`super`** (...) aufgerufen werden.

5.20 **Abstrakte Klassen** (↗ Aufgaben 5.3 und 5.4)
Betrachten Sie die Projekte „Bankkonto" und „Mediensammlung".

Gibt es dort Klassen, die Kandidaten für abstrakte Klassen sind? Begründen Sie Ihre Entscheidung!

5.21 Wissensfragen

a) Nennen Sie die Unterschiede zwischen Klasse und abstrakter Klasse!
b) Begründen Sie, warum in Java eine Klasse nicht Merkmale von mehreren abstrakten Klassen erben darf!
c) Nennen Sie Gründe, warum in einer Modellierung abstrakte Klassen eingesetzt werden!

5.22 Figuren zeichnen

In einem Geometrieprogramm sollen die Figuren Kreis, Quadrat, Rechteck und Dreieck dargestellt werden. Eine ebene Figur hat eine Bezeichnung. Von ihr kann der Flächeninhalt berechnet werden.

a) Modellieren Sie unter Einsatz einer abstrakten Klasse `Figur` das Geometrieprogramm in einem Klassendiagramm! Die Subklassen sollen nur diejenigen Attribute erhalten, die für eine Flächenberechnung notwendig sind.
b) Setzen Sie das Projekt in Java um!

5.23 Interface

In Java gibt es sogenannte Schnittstellen (Interfaces). Erkunden Sie im Internet, welche Bedeutung Schnittstellen in Java haben und beantworten sie dann folgende Fragen!

a) Welche Bedeutung haben Schnittstellen im Konzept der Vererbung?
b) Welche Inhalte dürfen Schnittstellen haben?
   Sind Konstruktoren zugelassen?
   Welches Zugriffsrecht haben Schnittstellen bzw. deren Methoden?
c) Wie werden Schnittstellen in Java umgesetzt?
d) Im Projekt „eKauf" soll folgende Navigation durch eine Artikelliste in einer Schnittstelle niedergelegt werden. Schreiben Sie das zugehörige Interface in Java!

Link: http://www.galileocomputing.de/openbook/javainsel7

5.5 Modellierung mit Vererbung und Beziehung im Vergleich*

Vererbung verletzt das Prinzip der Datenkapselung. In einer Subklasse wird nicht mehr der gesamte Code gehalten, der zu den Objekten dieser Klasse gehört. Dies kann zu Problemen führen, wenn in der Superklasse Änderungen am Code vorgenommen werden, die dann auch für die Subklasse sofort wirksam werden. Der Einsatz von Vererbung in einer Modellierung hat auch Nachteile.

Probleme beim Einsatz der Vererbung

Sonja und Michael wollen im Projekt „eKauf" den Kunden eine Übersicht über die Artikel anbieten, die sie gerade beobachten. Zur Vereinfachung beschränken wir uns nur auf die Anzahl der Artikel. Michael zeigt Sonja sein Klassendiagramm. Sonja prüft sein Modell. In der Klasse `Uebersicht` kann mit der Methode `addieren(...)` die Anzahl erhöht und mit `subtrahieren(...)` vermindert werden. Die Methode `leeren()` wirft auf einen Schlag sämtliche Artikel aus der Liste und setzt den Attributwert von `anzahl` wieder auf null.
„Mit der Subklasse `Emailuebersicht`", erklärt Michael, „will ich den Kunden die Möglichkeit bieten, über die Änderungen per E-Mail unterrichtet zu werden. Sie überschreibt die Methoden `addieren(...)` und `subtrahieren(...)` und nutzt sonst die Definition der Klasse `Uebersicht`." Beide machen sich sofort an die Umsetzung.

```
public class Uebersicht
{
    private int anzahl = 0;

    public void anzahlSetzen(int z)
    {
        anzahl = z;
    }
    public int anzahlGeben()
    {
        return anzahl;
    }
    public void addieren(int z)
    {
        anzahl = anzahl + z;
    }
    public void subtrahieren(int z)
    {
        anzahl = anzahl - z;
    }
    public void leeren()
    {
        subtrahieren(anzahl);
    }
}
```

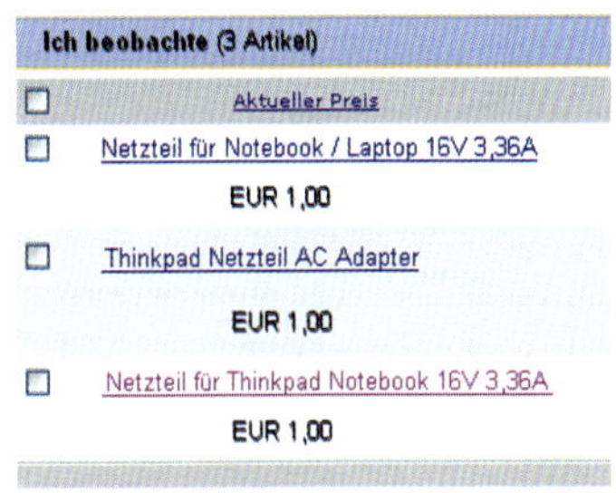

1 Artikelübersicht

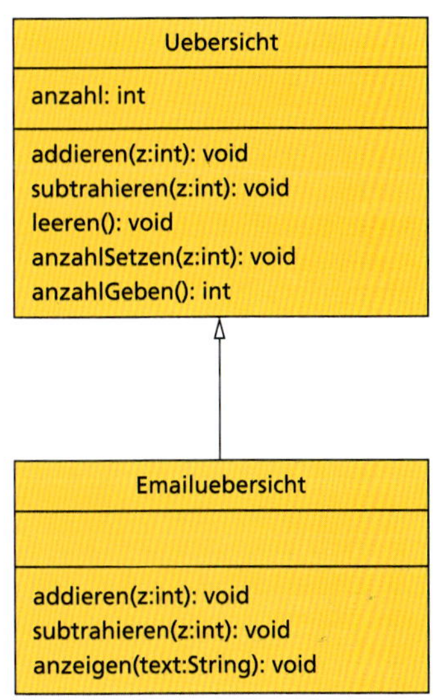

2 Klassendiagramm Benachrichtigung mit Vererbung

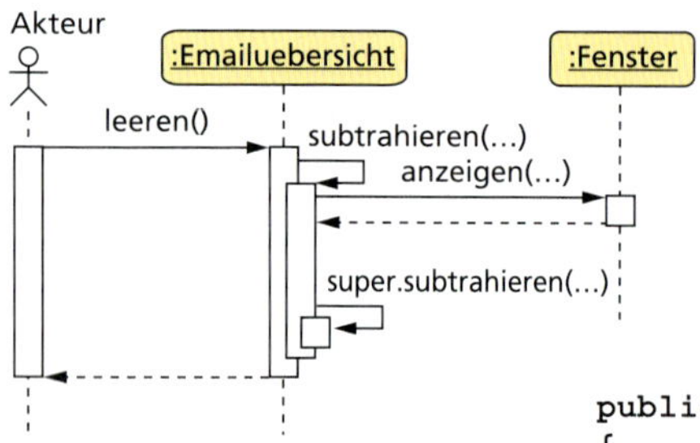

1 Sequenzdiagramm E-Mail-Benachtigung

In der Klasse `Emailuebersicht` erfolgt die Benachrichtigung statt per E-Mail vereinfachend durch die Anzeige der Änderungen im bekannten Fenster. Die Klasse erbt von der Superklasse das Attribut **anzahl** und die Methode `leeren()`. Wird diese Methode von einem Objekt der Subklasse aufgerufen, so zeigt das Sequenzdiagramm (↗ Bild 1) den Ablauf der Methodenaufrufe.

```
public class Emailuebersicht extends Uebersicht
{
    private ShopFenster fenster = ...
    public void anzeigen(String text)
    { ... }
    public void addieren(int z)
    {
        String text = "Zuwachs: " + z;
        anzeigen(text);
        super.addieren(z);
    }
    public void subtrahieren(int z)
    {
        String text = "Abnahme: " + z;
        anzeigen(text);
        super.subtrahieren(z);
    }
}
```

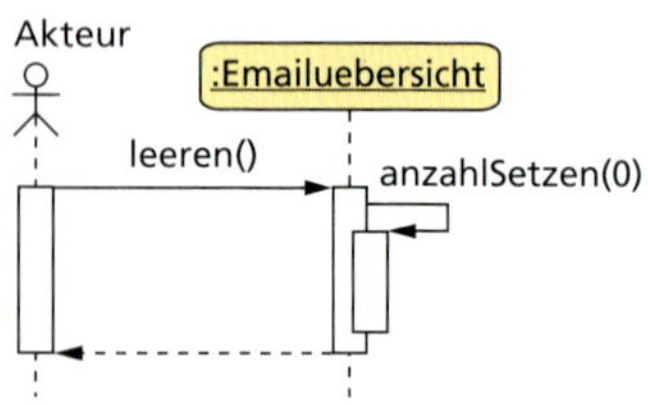

2 Sequenzdiagramm E-Mail-Benachtigung modifziert

Sonja hält den Code der Methode `leeren()` in der Klasse `Uebersicht` für zu umständlich und schlägt folgende Änderung vor:

```
public void leeren()
{
    anzahlSetzen(0);
}
```

Welche Auswirkungen hat diese Änderung auf die Funktionalität der Subklasse `Emailuebersicht`? Die geerbte Methode `leeren()` setzt lediglich das geerbte Attribut **anzahl** auf null und der Aufruf der überschriebenen Methode `subtrahieren()` entfällt. So wartet der Kunde vergeblich auf eine Benachrichtigung (↗ Bild 2).

Diese kleine Änderung greift tief in die Funktionalität der Subklasse ein. Wird die Anzahl der beobachteten Artikel zurückgesetzt, so erfolgt diese Änderung ohne Benachrichtigung im Fenster. Die Subklasse kann folglich ihre Spezifikation nicht mehr erfüllen. Solche Abhängigkeiten sind nicht erwünscht.

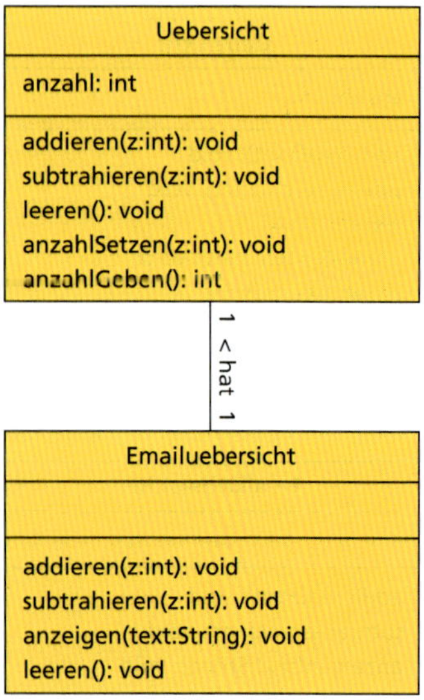

3 Klassendiagramm Benachrichtigung mit Beziehung

Lösung durch Einsatz der Beziehung „hat"

Bei einer Modellierung durch die Beziehung „hat" hätten Sonja und Michael dieses Problem vermeiden können (↗ Bild 3). Diese Beziehung wird in der Klasse `Emailuebersicht` durch ein At-

tribut **uebersicht** vom Typ **Uebersicht** realisiert. Im Objekt **uebersicht** wird die Anzahl der beobachteten Artikel verwaltet. Die Methoden der Klasse **Emailuebersicht** veranlassen die Benachrichtigung und geben die Änderungen der Anzahl per Delegation (Übertragung von Diensten) an das Objekt **uebersicht** weiter.
Bei der Umsetzung müssen an der Klasse Uebersicht keine Änderungen vorgenommen werden.

```
public class Emailuebersicht {
    private Uebersicht uebersicht;
    private ShopFenster fenster;
    public Emailuebersicht(){
        ueberischt = new Uebersicht();
        fenster = new ShopFenster();
    }
    public void anzeigen()
    {...}
    public void addieren(int z){
        text = "Zuwachs: " + z;
        anzeigen(text);
        uebersicht.addieren(z);
    }
    public void subtrahieren(int z){
        text = "Abnahme: " + z;
        anzeigen(text);
        uebersicht.subtrahieren(z);
    }
    public void leeren(){
        text = "Abnahme: " + uebersicht.anzahlGeben());
        anzeigen(text);
        uebersicht.leeren();
    }
}
```

Änderungen am Code der Klasse **Uebersicht**, die nicht gegen den Sinn der Methode verstoßen, haben jetzt keine Auswirkungen auf die Funktionalität der Klasse **Emailuebersicht**.

Vor dem Einsatz der Vererbung in einem Modell sollte man stets abwägen, ob man nicht auch durch die Beziehung „hat" die Anforderungen an das Programm erfüllen kann.

Eine gute Vererbungsstruktur liegt vor, wenn die folgenden Fragen bejaht werden können.

- Nach dem Substitutionsprinzip muss jedes Objekt der Subklasse auch ein Objekt der Superklasse ersetzen können. Ist die Superklasse tatsächlich ein Oberbegriff zu Objekten der Subklasse? Benötigt die Subklasse z. B. jedes Merkmal der Superklasse?
- Verfügt die Vererbungshierarchie über wenige Ebenen? In komplexeren Strukturen verliert man schnell die Übersicht. Änderungen im Code einer Superklasse können, wie es das

Beispiel im Lehrtext zeigt, schnell unerwünschte Auswirkungen haben.

- Verbessert eine Vererbungsstruktur das Verständnis des Modells?

5.24 Bewertung von Vererbungsbeziehungen

Liegen gute Vererbungsbeziehungen vor (↗ Bild 1)?

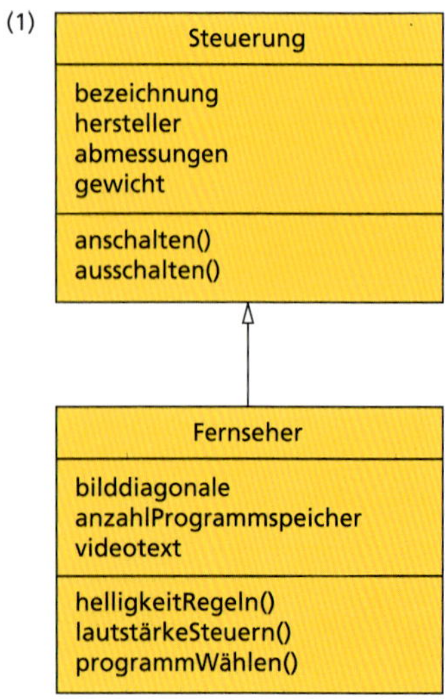

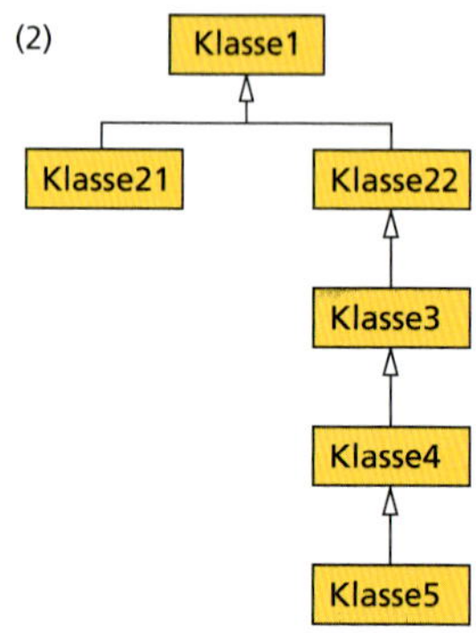

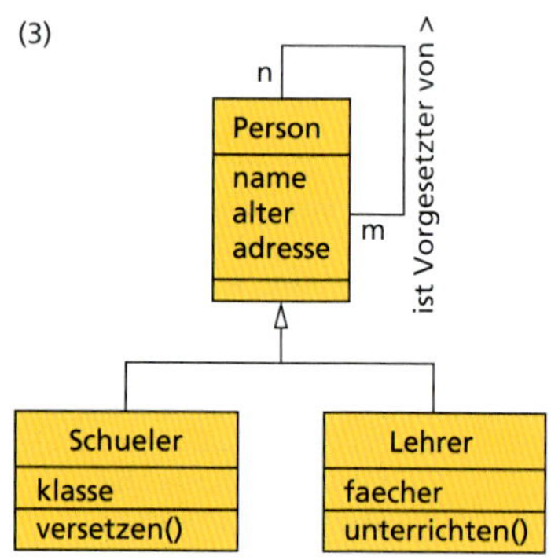

1 Vererbungsbeziehungen (1), (2) und (3)

Beurteilen Sie jeweils die Vererbungshierarchie! Machen Sie gegebenenfalls Verbesserungsvorschläge!

5.25 Projekt eKauf (E)

Im Online-Shop „eKauf“ wollen die Kunden über die Anzahl der gekauften Artikel unterrichtet werden. Die Anzahl reduziert sich, wenn ein Artikel bezahlt ist. Die Anzahl fällt auf Null, wenn alle Artikel per Sammelüberweisung bezahlt werden.

a) Modellieren Sie das Projekt Benachrichtigung gemäß des Unterrichtsbeispiels unter Einsatz von Vererbung und alternativ Beziehung!

b) Setzen Sie beide Modelle in Java um! Bewerten Sie beide Umsetzungen!

5.26 Geometrieprogramm

In einem Geometrieprogramm sollen die Figuren Kreis, Quadrat, Rechteck und Dreieck dargestellt werden. Eine ebene Figur hat eine Bezeichnung. Weiter soll sie in einem Fenster gezeichnet werden. Die Darstellung verwendet die Attribute Linienfarbe und Zeichengröße der Beschriftung. Von einer Figur soll der Umfang aus den dazu notwendigen Attributwerten berechnet werden.

Modellieren Sie unter dem Einsatz von Vererbung und Beziehung das Geometrieprogramm in einem Klassendiagramm. Begründen Sie den Einsatz von Vererbung und Beziehung!

Vererbung:

Vererbung beschreibt eine Beziehung zwischen einer **Super-** und einer **Subklasse.**
Eine Subklasse erhält (erbt) von der Superklasse alle Attribute, Methoden und Beziehungen. Die Superklasse heißt auch **Oberklasse,** die Subklasse **Unterklasse.**
Im Klassendiagramm wird die Vererbungsbeziehung durch einen Pfeil dargestellt, der von der Unter- zur Oberklasse weist und dessen Spitze nicht ausgefüllt ist.

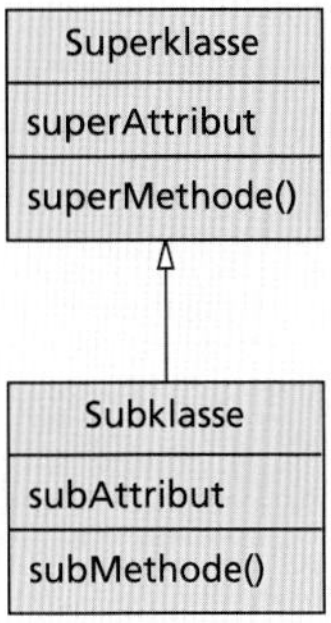

Vererbungshierarchie:

Eine Subklasse kann Superklasse weiterer Klassen sein.
Einfachvererbung: Jede Klasse in einer Vererbungshierarchie hat höchstens eine direkte Superklasse.
Eine **gute Vererbungsstruktur** liegt vor, wenn
- nach dem Substitutionsprinzip die Superklasse tatsächlich ein Oberbegriff für die Objekte der Subklassen ist.
- die Vererbungshierarchie aus wenigen Ebenen besteht.
- die Vererbungsstruktur das Verständnis des Modells verbessert.

Substitutionsprinzip:

Ein Objekt der Subklasse kann überall dort eingesetzt werden, wo ein Objekt der Superklasse zulässig ist.

Redefinition (Überschreiben):

Eine Subklasse kann eine Methode der Superklasse überschreiben. Beide Methoden müssen die gleiche Signatur haben.

Späte Bindung:

Späte oder **dynamische Bindung** liegt vor, wenn der Typ eines Objekts erst bei der Ausführung des Programms festgelegt wird.

Polymorphie:

Eine **Variable** vom Typ einer Klasse heißt polymorph (vielgestaltig), wenn ihr Objekte verschiedener Klassen zugewiesen werden können. In Java sind dies die deklarierte Klasse und deren Subklassen.
Eine **Methode** heißt polymorph, wenn durch ein und dieselbe Anweisung unterschiedliche Methoden zur Ausführung kommen können.
In Java sind dies die Methode der deklarierten Klasse und die überschriebenen Methoden der zugehörigen Subklassen.
Durch Überschreiben und späte Bindung wird in Java Polymorphie von Methoden realisiert.

5.27 Taxonomie der Verkehrsmittel

Sie kennen bereits aus Aufgabe 5.7 (↗ S. 140) die Taxonomie der Biologie.
Eine vergleichbare Taxonomie lässt sich auch für Verkehrsmittel erstellen. Entwickeln Sie eine Vererbungshierarchie über vier Stufen!

Link zu Aufgabe 5.27:
http://de.wikipedia.org/wiki/Verkehrsmittel

5.28 Schulverwaltung (E)

In einer Schulverwaltung sollen Lehrer und Schüler erfasst werden.
Es interessieren die Namen, Adressen und Alter, bei Lehrern die Fächer und die Klassen, in der er Klassenleiter ist, sowie bei den Schülern die Klasse und die Ausbildungsrichtung. Von Lehrern und Schülern sollen sämtliche Daten ausgegeben werden können.

a) Modellieren Sie die Schulverwaltung unter Einsatz von Generalisierung in einem Klassendiagramm!
b) Implementieren Sie die Schulverwaltung einschließlich einer Methode „Liste ausgeben“, die alle Mitglieder der Schule mit ihren Daten in einem Fenster vom Typ `ShopFenster` ausgibt!

5.29 Volkslauf

Ein Volkslauf besitzt einen Namen, die Länge der Strecke und eine Bankverbindung.
Der Ort und das Datum sind weitere wichtige Eigenschaften. Für den Volkslauf zeichnen drei Mitglieder eines örtlichen Vereins verantwortlich. Von den Mitgliedern werden die Namen und Adressen erfasst.
Läufer, die an dem Lauf teilnehmen wollen, haben einen Namen, eine Adresse, eine Laufsportgruppe und das Geburtsjahr als Attribute. Sie müssen zur Anmeldung Ihren Namen, die Adresse, die Laufsportgruppe, der sie angehören, und ihre Altersklasse mitteilen. Mit der Anmeldung muss der Teilnehmerbeitrag auf das Konto des Volkslaufs überwiesen werden.
Die Altersklasse soll in einer Methode aus dem Alter berechnet werden:

- unter 18 Jahre: Jugend
- 19 bis 36 Jahre: Erwachsene
- über 36 Jahre: Senioren

a) Modellieren Sie den Volkslauf in einem Klassendiagramm mit Vererbungsbeziehungen!
b) Setzen Sie die Klasse `Laeufer` mit ihren Superklassen in Java um.

6 Projektarbeit – Software-Entwicklung

In diesem Kapitel sollen Sie die bisher erworbenen Kenntnisse im Rahmen eines Projektes wiederholen und einüben. Innerhalb eines bestimmten Zeitrahmens wird es Ihre Aufgabe sein, im Team eine komplexe Software vollständig neu zu entwickeln.

Ganz gleich für welche Software-Entwicklung Sie sich entscheiden, Sie werden sehen, dass Sie dieses Projekt nur dann erfolgreich abschließen werden, wenn Sie mehrere Beschreibungstechniken (z. B. Zustandsdiagramme, Klassendiagramme, Sequenzdiagramme) einsetzen. Nur dann wird es Ihnen gelingen, die Komplexität des Projektes zu meistern.

Ein **Projekt** ist ein einmaliges komplexes Vorhaben, bei dem von einem Team ein vorher genau festgelegtes Ziel innerhalb eines bestimmten Zeitrahmens umgesetzt wird.

Erfolgreiche Projekte sind stets gut dokumentiert. Nur so können Vereinbarungen zwischen den Gruppenmitgliedern verbindlich festgelegt werden. Allen Interessierten innerhalb und außerhalb der Projektgruppe ist es außerdem möglich, den Projektfortschritt nachzuvollziehen und vorhandene Fehler frühzeitig zu erkennen.
Hinweis: Achten Sie von Anfang an auf eine gute und ausführliche Dokumentation Ihres Projektes. Am Ende jeder Unterrichtsstunde sollten Sie den Projektfortschritt schriftlich fixieren.

1 Aufzug

6.1 Themenfindung

Ein Software-Unternehmen erhält in der Regel den Auftrag zum Erstellen einer Software von einem Kunden. Im Unterricht werden Sie sich in Absprache mit der Lehrkraft selbst ein Thema suchen. Die folgenden Beispiele können Ihnen dabei als Anregung dienen.

Vorschläge für Software-Projekte

- **Aufzugsimulation**
  Ein Personenaufzug verkehrt zwischen den Stockwerken eines Hauses. In jedem Stockwerk und in der Kabine kann der Aufzug für ein bestimmtes Stockwerk angefordert werden. Die Software simuliert die Bewegungen des Aufzugs, nachdem er angefordert wurde.
  Die Anforderung des Aufzuges kann auch von Personen erfolgen, die zufällig erzeugt werden. Auch mehrere Aufzüge in einem Haus sind denkbar.

- **Geldzählmaschine**
  Ähnlich der Robotersimulation im zweiten Kapitel handelt es sich hierbei um ein im Prinzip sehr einfaches Projekt. Zufällig wird eine Anzahl unterschiedlicher Münzen erzeugt. Diese Münzen werden in einer Maschine gezählt und sortiert. Bei diesem Projekt kommt es vor allem auf die grafische Umsetzung an.
- **Warteschlange**
  Eine Postfiliale wird zufällig von Kunden betreten, die sich in einer Schlange an den offenen Schaltern anstellen. Die Software simuliert den Vorgang des Anstehens der Kunden. Die Häufigkeit des Erscheinens neuer Kunden und die Anzahl der geöffneten Schalter kann verändert werden. Je nach gewählten Parametern verändert sich die Länge der Schlange und damit die Wartezeit der Kunden.
- **Herd für Blinde**
  Es wird das Bedienfeld eines Küchenherdes simuliert. Je nachdem auf welcher Stufe der Herd eingestellt ist, verändert sich im Zeitablauf die Temperatur der Herdplatte. Blinde Menschen können sich jederzeit den Zustand des Herdes als Sprachnachricht ausgeben lassen.
  Durch Vererbung können verschiedene Modelle mit unterschiedlicher Ausstattung simuliert werden.
- **Planetenbahnen**
  Planeten befinden sich auf ihrer Bahn um eine Sonne. Von außen werden die Bahnen der Planeten von einem Kometen geschnitten. Die Software simuliert die Planeten und den Kometen auf ihrem Weg um die Sonne und klärt die Frage, ob es zum Zusammenstoß kommt. Durch Vererbung können auch andere Himmelskörper, z. B. Satelliten oder Raumschiffe, der Simulation hinzugefügt werden.
- **Flugbuchungssystem**
  Immer montags fliegt die Schul-Airline von Hof nach New York. Das einzige Flugzeug der Fluggesellschaft hat 12 Sitzplätze unterschiedlicher Kategorie. Mitarbeiter der Airline können Flüge buchen, Sitzplätze reservieren, Listen ausgeben, die aktuelle Position des Flugzeuges erkunden usw. Die Software kann später durch Vererbung leicht um andere Flugzeugtypen ergänzt werden.
- **Bewegungssimulationen**
  Objekte, beispielsweise Äpfel, fallen von einem Baum. Durch Mausbewegung nach links und rechts kann eine Person bewegt werden. Die Person hat die Aufgabe, die Äpfel aufzufangen. Die Software zählt die Anzahl der gefangenen Äpfel pro Minute. Die Software kann ergänzt werden, zum Beispiel dürfen bestimmte andere Gegenstände nicht aufgefangen werden.

Die meisten der hier vorgestellten Projekte lassen sich problemlos auch ohne grafische Oberflächen umsetzen. Die verschiedenen Zustände der Objekte können mit Werkzeugen der Entwicklungsumgebung inspiziert oder als Text ausgegeben werden.
(zur Umsetzung grafischer Oberflächen ↗ Abschnitt 6.5 und 6.6)

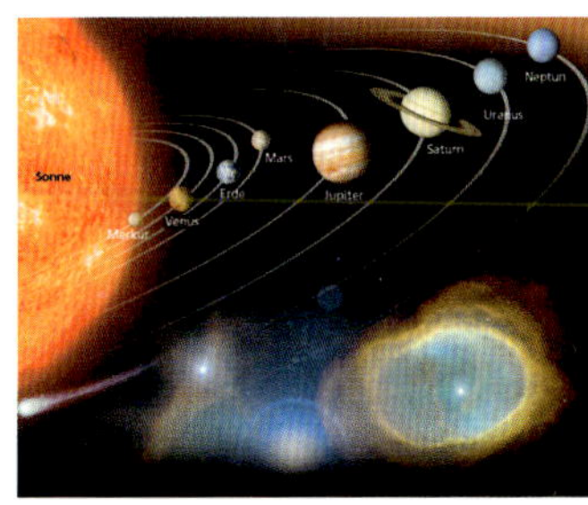

1 Planeten und Sonne

2 Apfel am Baum

6.1 Überlegen Sie, welche Software Sie umsetzen möchten! Orientieren Sie sich an real vorhandenen Systemen, die Sie simulieren möchten.
Achten Sie darauf, dass das Problem auf einfache Weise beschrieben werden kann.
Gegebenenfalls können Sie oder andere Teams den Funktionsumfang der Software und damit die Komplexität später erweitern.

Zeittakte bei Simulationen

Alle hier vorgestellten Software-Projekte beschreiben einen Vorgang der realen Welt im Zeitablauf. Dabei verändern sich ständig die Zustände der Objekte.

Als Beispiel können wir die Position eines Objektes betrachten, das sich bewegen soll:
Das Objekt muss mindestens über ein Attribut verfügen, mit dem die Position festgelegt ist. Eine Veränderung dieses Attributwertes bedeutet eine Veränderung der Position des Objektes. Idealerweise erhöht man nicht einfach den Attributwert von seiner Startposition zur Zielposition, sondern simuliert die Zustandsänderungen in Zeittakten. Dazu benötigt man ein weiteres Attribut für die Geschwindigkeit pro Zeittakt. Der Zustand eines Objektes verändert sich dann jeweils von einer Zeiteinheit zur nächsten. Innerhalb einer Wiederholungsanweisung wird vom Programm dann jeweils der Zustand im nächsten Zeittakt berechnet und dem Attributwert zugewiesen.
Veränderung eines Objektzustands im Zeitablauf:

Zeittakt	0	1	2	3	4
Position	100	115	130	145	160

1 Ähnlich einem Daumenkino lassen sich auf dem Bildschirm Bewegungen darstellen, indem grafische Objekte schnell hintereinander ihre Position ändern.

Die Veränderung der Zustände kann nun sichtbar gemacht werden, beispielsweise durch eine Textausgabe der Attributwerte oder durch eine grafische Darstellung.
Bei grafischen Darstellungen kann die Position in Pixel auf dem Bildschirm umgerechnet werden. Werden 20 Zeittakte pro Sekunde berechnet ergeben sich wie bei einem Film bzw. einem Daumenkino für den Betrachter flüssige Bewegungen.
Wenn der Anwender nicht jeden Simulationsschritt mit einem Mausklick auslösen will, benötigt die Simulation einen Taktgeber. Ein Taktgeber könnte gegebenenfalls jede Sekunde die Berechnung des Zustandes eines Objektes auslösen.

6.2 Projektphasen

Projektstart

In dieser ersten Phase werden Sie sich in Ihrer Schulklasse zu Projektgruppen zusammenschließen, einen Projektleiter benennen und den zeitlichen Rahmen des Projektes klären. Innerhalb Ihres Teams werden Sie wahrscheinlich verschiedene Aufgaben verteilen. Einzelne Gruppenmitglieder werden dabei bestimmte Kontrollaufgaben erhalten, wie z. B. die Einhaltung des Zeitplanes, die Dokumentation, die Einhaltung aller Vereinbarungen usw.

Projektplanung

Um das Projekt erfolgreich durchzuführen ist es sinnvoll, dass Sie das beabsichtigte Ziel in einfach zu erreichende Zwischenziele unterteilen und diese nacheinander abarbeiten. Solche Zwischenziele werden im Projektmanagement auch **Meilensteine** genannt.

Nach der Projektstart-Phase bietet sich als erster Meilenstein das Erstellen eines **Lastenheftes** an. Wird bei der Herstellung einer Software zwischen Auftraggeber (Besteller und Nutzer) und Auftragnehmer (Software-Unternehmen, das die Software herstellt) unterschieden, dann beschreibt das Lastenheft alle Anforderungen des Auftraggebers an die Software. Der Auftraggeber wird dabei die von ihm gewünschte Software beschreiben, ohne sich Gedanken um die Realisierung zu machen. Das Lastenheft ist also eine Grobplanung, die aufzeigt, was die Software leisten soll.

Mögliche Meilensteine eines Software-Projektes:

- Lastenheft
- Pflichtenheft
- Objekte identifizieren, Methoden und Attribute der Objekte festlegen, Datenhaltung klären, Klassendiagramm erstellen
- Methoden beschreiben, z. B. durch Zustandsdiagramme, Sequenzdiagramme
- Implementierung der Klassen
- Testen der Methoden
- Planung und Umsetzung der grafischen Oberfläche

Das Lastenheft stellt die Vorstufe zum sogenannten **Pflichtenheft** dar. Das Pflichtenheft wird vom Auftragnehmer erstellt und beschreibt für jede im Lastenheft genannte Anforderung eine oder mehrere Lösungen. Das Pflichtenheft liest sich dabei oft schon wie das Handbuch zur Software, die aber natürlich erst noch entwickelt werden muss. Der Programmierer bzw. Modellierer einer Software muss sich vor der Erstellung des Pflichtenheftes ausreichend Fachkenntnisse über die zu modellierende Software aneignen. Soll z. B. eine Buchhaltungssoftware programmiert werden, so muss der Programmierer über ausreichende Rechnungswesen-Kenntnisse verfügen.

Zur Veranschaulichung des Pflichtenheftes kann es hilfreich sein, schon an dieser Stelle die **grafische Oberfläche** der Software zu skizzieren, ohne jedoch auf die Programmierung der Grafik einzugehen.

Lastenheft und Pflichtenheft werden als einfache Textdokumente mit einem Textverarbeitungsprogramm erstellt. Das Pflichtenheft wird vom Auftraggeber akzeptiert und stellt in der Praxis die vertragliche Vereinbarung über die bestellte Software dar. Aus diesem Grund ist das Pflichtenheft sehr sorgfältig zu erstellen. Was im Pflichtenheft nicht vereinbart wurde, wird später auch nicht Bestandteil der Software sein. Spätere Änderungen des Pflichtenheftes sind in der Praxis kaum möglich, da wegen der meist schon geleisteten Dienstleistung nachträgliche Änderungen mit erheblichen Kosten verbunden sind.

Hinweise:
Häufig werden Pflichtenhefte nicht detailliert genug formuliert.

- Beschreiben Sie im Pflichtenheft genau, was die Software leisten soll.
- Geben Sie genau an, wie die Software gestartet wird und wie lange die Simulation laufen soll.
- Gehen Sie darauf ein, welche Methoden der Anwender aufrufen kann.
- Beschreiben Sie, wie die Software notwendige Berechnungen vornehmen wird.
- Simulationen leben davon, dass man Parameter verändern kann. Geben Sie an, welche Parameter veränderbar sind!
- Falls Sie zufällige Ereignisse in die Simulation einbauen, geben Sie an, mit welcher Wahrscheinlichkeit diese eintreffen!

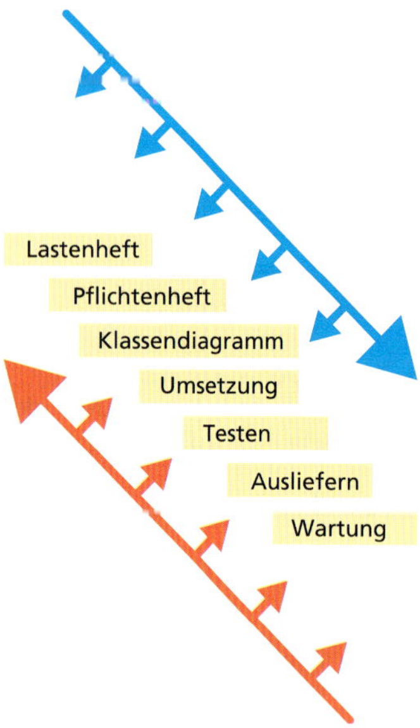

1 Darstellung der Meilensteine als sogenanntes Wasserfallmodell. Falls sich in einer Vorstufe Fehler eingeschlichen haben, muss das Projekt an dieser Stelle korrigiert werden, wobei sich meist Änderungen in den nachfolgenden Ebenen nicht vermeiden lassen.

Der nächste Meilenstein des Projektes könnte das Erstellen des **Klassendiagramms** sein. Dazu werden Sie als Zwischenschritt aus den Angaben des Pflichtenheftes die Objekte des zu programmierenden Systems identifizieren und benennen.
Von den Objekten müssen Sie dann durch Analyse des Systems die notwendigen **Methoden** und schließlich die dafür erforderlichen **Attribute** bestimmen. Diese Informationen sollten ausreichend sein, ein vorläufiges Klassendiagramm zu erstellen und die Beziehungen der Klassen untereinander festlegen zu können.

Bestandteil des Klassendiagramms ist meist noch die sogenannte **Hauptklasse.** Sie stellt eine Methode zur Verfügung, mit der die Software gestartet werden kann. Diese Startmethode könnte alle für das reibungslose Funktionieren der Software benötigten Objekte erzeugen und das Zusammenspiel zwischen diesen steuern. Die Hauptklasse übernimmt damit die Steuerfunktion des Programmablaufs. Damit ist es z. B. nicht mehr notwendig, dass der Anwender vor Beginn der Simulation alle benötigten Objekte mit der Maus erzeugen muss.

Geplant werden muss auch die **Datenhaltung** des Programms. Dabei wird geklärt, wo die Daten der Software gespeichert werden. Es kann ausreichend sein, Daten in Attributen zu speichern. Bei der Umsetzung einer 1:n-Beziehung erfolgt die Datenhaltung oft in Feldern oder Sammlungen (↗ Abschnitt 4.5). Daneben können Daten auch in Textdateien oder in Datenbanken dauerhaft abgelegt werden.

Viele Methoden sind so einfach, dass sie sofort in einer Programmiersprache umgesetzt werden können, z. B. einfache sondierende oder verändernde Methoden. Methoden, für die das nicht gilt, müssen detailliert geplant werden. Je nach Projektidee helfen dabei Zustandsdiagramme, Sequenzdiagramme, Struktogramme bzw. Ablaufdiagramme o. Ä., die Struktur der Methoden und das Zusammenspiel der einzelnen Objekte untereinander grafisch darzustellen.

Hinweis: Die folgende Tabelle zeigt einen Projektplan für die Dauer von 11 Unterrichtsseinheiten (UE). Das Erreichen der Meilensteine ist mit einem X gekennzeichnet.

Aufgabe	UE	1	2	3	4	5	6	7	8	9	10	11
Projektstart		X										
Gruppeneinteilung, Thema vereinbaren		X										
Zeitplanung erstellen	1	■										
Lastenheft	1		■									
Lastenheft liegt vor			X									
Pflichtenheft	1			■	■							
Pflichtenheft liegt vor					X							
Objekte identifizieren					■							
Methoden und Attribute der Objekte festlegen					■	■	■	■	■			
Klassendiagramm	1				■	■	■	■	■			
Klassendiagramm liegt vor						X						
Kommunikation der Objekte untereinander	1					■						
Methoden grafisch darstellen, z. B. Sequenzdiagramme	1						■					
Umsetzung der Klassen, z. B in Java	3							■	■	■	■	
Klassen liegen vor											X	
Testen der Methoden, Projektbericht erstellen	2									■	■	■
Projektende												X

Wenn Sie die einzelnen Meilensteine Ihres Projektes definiert haben, sollten Sie einen Gesamt-Projektplan erstellen, in dem Sie das Erreichen der Zwischenziele dokumentieren.

Mit dem Projektplan, in dem Sie auch Zuständigkeiten vereinbaren können, schließen Sie die Projektplanung ab.

6.3 Durchgängiges Beispiel der Simulation einer Populationsentwicklung

Weil der britische Bakterienforscher ALEXANDER FLEMING 1928 in seinem Labor die Bakterienkulturen offen umherstehen ließ, nisteten sich dort Schimmelpilze ein und töteten die Bakterien. Beobachtet hatten das Phänomen wohl schon viele Forscher, aber FLEMING ging der Sache nach und kam immer zum gleichen Ergebnis: Der Pilz verhindert das Wachstum der Bakterien.

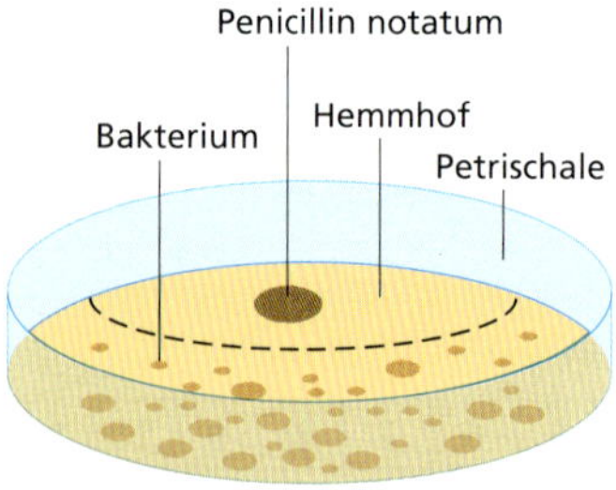

Mit der Entdeckung des Penizillins begann die Ära der Antibiotika. Bald feierte man den vermeintlichen Sieg über die todbringenden Bakterien.

Quelle: HR-Online
http://www.hr-online.de/website/specials/wissen/

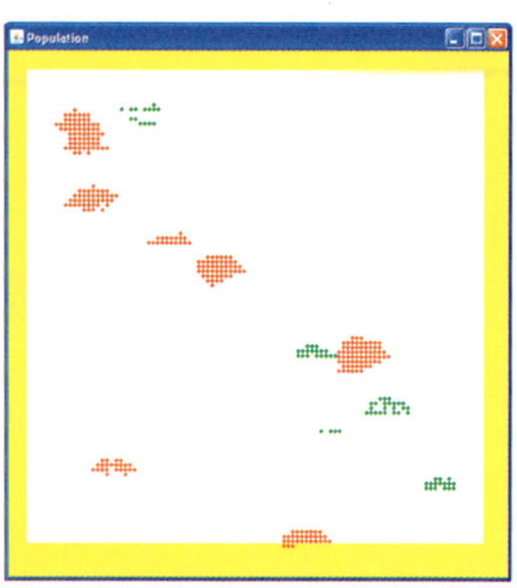

1 Einfache Skizze der darzustellenden Objekte.

In diesem Kapitel wird die Modellierung eines Software-Projektes beschrieben. Es dient dabei lediglich als Beispiel. Es sollte Ihnen aber leicht möglich sein, Ihr Projekt in ähnlicher Weise zu realisieren. Als Thema wählen wir die Populationsentwicklung einer Bakterien- und einer Pilzart (Schimmelpilz: Penicillium notatum) in einer Petrischale.

Lastenheft

Antibiotika stellen ein wichtiges Arzneimittel dar. Durch die verstärkt auftretenden Resistenzen wird ständig nach neuen Medikamenten geforscht. Bevor neue Medikamente in Tierversuchen erforscht werden, soll eine Software dazu dienen, die Wirksamkeit eines Antibiotikums abzuschätzen. Dazu soll das Wachstum von Bakterien und Pilzen simuliert werden.

In einer Petrischale mit einer Nährlösung vermehren sich Pilze und Bakterien mit einer spezifischen Wachstumsrate, wobei im konkreten Fall die Schimmelpilzart sich teilende Bakterien im näheren Umfeld abtötet. Dies wird ersichtlich durch den Hemmhof, der sich auf der Petrischale ausbildet. Die Software simuliert die Populationsentwicklung, indem sie die Ausbreitung der Bakterien und Pilze im zeitlichen Verlauf darstellt.

Während die Beschreibung im Lastenheft noch recht ungenau ist, wird im Pflichtenheft genauer beschrieben, wie die Umsetzung in der Software erfolgen soll.

Pflichtenheft

Die Software `Petrischale` simuliert das Wachstum von Bakterien und Pilzen in einer Petrischale.

- Bakterien und Pilze werden als Punkte in der Ebene abstrahiert und verfügen dabei jeweils über eine eindeutige Position im zweidimensionalen Raum.
- Zu Beginn der Simulation wird eine vom Anwender festgelegte Anzahl an Bakterien und Pilzen zufällig auf der Ebene verteilt. An jeder Position kann jeweils nur ein Objekt seinen Standort haben.
- Bakterien und Pilze vermehren sich pro Zeittakt mit einer bestimmten Wahrscheinlichkeit. Die Sterberate pro Zeiteinheit wird vereinfacht als mit dem Alter des Lebewesens linear steigender Wert für Bakterien und Pilze festgelegt.
- Die Simulation läuft eine vom Anwender festgelegte Zeit lang.
- In jedem Zeittakt vermehrt sich die jeweilige Art oder stirbt ab. Die Gründe für das Sterben (Raumbegrenzung, Nahrungs-

mangel oder die Anhäufung giftiger Stoffwechselprodukte) bleiben vorerst außer Acht.

- Hinzu kommt das Absterben der Bakterien, das durch die Penicillineinwirkung durch die Schimmelpilzart verursacht wird.
- Ein Lebewesen vermehrt sich im Rahmen der angegebenen Wahrscheinlichkeit. Der Nachkomme wird auf einem freien Nachbarfeld platziert. Dabei beginnt die Suche nach einem freien Feld der Einfachheit halber stets links neben dem Objektstandort und wird solange im Uhrzeigersinn fortgesetzt, bis ein freies Feld gefunden wurde. Wenn keine Nachbarfelder frei sind, kann sich ein Lebewesen nicht vermehren.
- Die Software wird ein Feld simulieren, in der sowohl in x-Richtung als auch in y-Richtung 100 Positionen möglich sind, es also maximal 10 000 Objekte geben kann.

In welcher Form die Simulation später angezeigt wird (grafische Umsetzung), wird noch nicht fest vorgegeben und kann z. B. als Kurve der Anzahl der vorhandenen Bakterien und Pilze im Zeitverlauf, als Tabelle oder als zweidimensionale Grafik des Feldes erfolgen.

Eine Software stellt oft eine sehr starke Vereinfachung der Wirklichkeit dar.

6.2 Vergleichen Sie das reale System des Wachstums von Bakterien in einer Petrischale (ggf. Internet-Recherche) mit dem im Pflichtenheft dargestellten Software-System!

Aufgrund der Komplexität ist es nicht möglich, eine Software zu erstellen, die die Wirklichkeit vollständig abbildet. Für einen späteren Einsatz wäre es wichtig, dass die Ergebnisse der Simulation, also die Anzahl und die Verteilung der Lebewesen, denen der Wirklichkeit entsprechen. Gegebenenfalls müssen später Attributwerte verändert oder neue Attributwerte der Software hinzugefügt werden.

6.3 Führen Sie anhand der Angaben im Pflichtenheft eine Simulation der Software auf einem Blatt Papier durch! Wählen Sie dazu ein Feld, z. B. von 10 mal 10 Kästchen. Verteilen Sie willkürlich drei Bakterien und drei Pilze. Führen Sie die Simulation fünf Zeiteinheiten durch. Zuerst sollen Pilze die Bakterien in ihrer unmittelbaren Nachbarschaft abtöten, danach erst vermehren sich die Lebewesen. Gehen Sie vereinfacht von einer Vermehrungswahrscheinlichkeit von 100 % aus und vernachlässigen Sie die natürliche Sterberate.

i Etwas zur Theorie des Bakterienwachstums:

Bakterien vermehren sich durch Zweiteilung, was wir durch den Ausdruck $N_t = N_0 2^n$ beschreiben können. wobei N_t die Anzahl der Bakterien zu einem bestimmten Zeitpunkt, N_0 die Anzahl zu Versuchsbeginn und n die Zahl der Generationen ist. Immer, wo man es mit Exponenten zu tun hat, kommt man schnell auf hohe Zahlen,

Bakterien wachsen bis zu einer Dichte von 2 bis 3×10^9 Zellen/ml heran. Es ist selbst mit guter Nährlösung nicht möglich, sie zu einer noch höheren Konzentration wachsen zu lassen, weil Ausscheidungsprodukte eine stärkere Vermehrung hemmen. Betrachtet man eine Wachstumskinetik von Bakterien, so kann man 4 Phasen voneinander unterscheiden:

1. die lag-Phase. Hier findet ein verzögertes Wachstum statt. Die Bakterien müssen sich erst an die neue Umwelt adaptieren und den Stoffwechsel auf Teilung einstellen.
2. die exponentielle Wachstumsphase. Hier findet optimales Teilungswachstum statt.
3. die stationäre Phase, die Teilungsrate nimmt ab, sie steht mit der Abbaurate im Gleichgewicht.
4. eine Abbauphase. Die Anzahl lebender Keime nimmt ab, da viele von ihnen durch die Ausscheidungsprodukte abgetötet werden.

Es dauert einige Stunden (ca. 8), bis die stationäre Phase erreicht ist.

Quelle (leicht geändert):
Uni Hamburg
http://www.biologie.uni-hamburg.de/b-online/

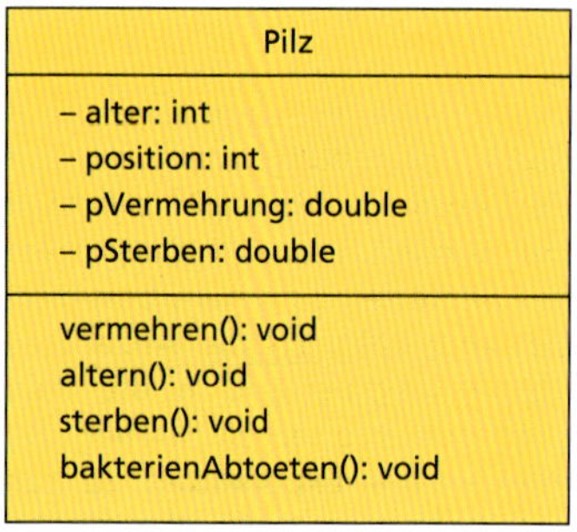

1 Klassenkarte `Pilz`

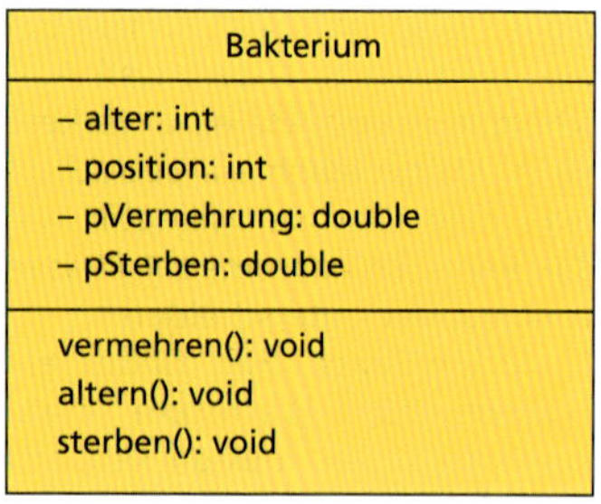

2 Klassenkarte `Bakterium`

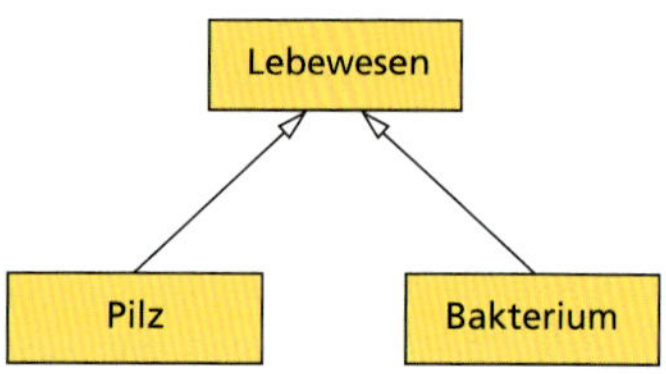

3 Pilz und Bakterium werden von der Klasse `Lebewesen` abgeleitet.

Die Ergebnisse der Aufgabe 6.3 können selbst bei gleicher Ausgangssituation unterschiedlich sein, je nachdem welche Lebewesen sich zuerst vermehren.

Objekte identifizieren, Methoden und Attribute festlegen

Als Objekte lassen sich die beiden verschiedenen Lebewesen identifizieren, also Bakterien und Pilze. Auch die Petrischale kann als Objekt einer bestimmten Größe angesehen werden. Da sich deren mögliche Attributwerte aber im Programmablauf nicht verändern, wird in unserem Beispiel auf eine Modellierung der Petrischale verzichtet. Die Nährlösung wird wohl auch nicht als Objekt ausgewiesen, da sie ebenfalls keine für die Simulation notwendigen Attribute besitzt und somit vernachlässigt werden kann. Für eine spätere grafische Umsetzung gehen wir von einer rechteckigen Petrischale aus (↗ Bild 1, S. 170).

Als Methoden lassen sich bei beiden Arten von Lebewesen finden: **`vermehren()`**, **`altern()`** und **`sterben()`**. Die Pilze verfügen darüber hinaus über die Fähigkeit, benachbarte Bakterien abzutöten. Die Klasse **`Pilz`** benötigt also zusätzlich die Methode **`bakterienAbtoeten()`**. Als Attribute wird man daher zunächst das Alter, die Sterberate, die Position und die Wahrscheinlichkeit für eine Vermehrung pro Zeittakt benennen. Als Positionsangabe werden üblicherweise zwei Attribute für die x- und y-Koordinate verwendet. In diesem Beispiel verzichten wir aus Gründen der Vereinfachung darauf und verwenden nur eine Zahl, um die Position festzulegen. Diese hat einen Wert im Bereich von 1 bis 10 000, gezählt fortlaufend von oben links bis unten rechts in der Petrischale.

Die Ähnlichkeit der beiden Klassen macht es fast unmöglich, bei diesem Beispiel nicht über Vererbung nachzudenken. Es vereinfacht unsere Programmierung später sehr, wenn wir eine Superklasse **`Lebewesen`** modellieren und jeweils die Subklassen **`Bakterium`** und **`Pilz`** davon ableiten.

Hauptklasse modellieren

Da wir nicht alle Objekte einzeln erzeugen und jeden Simulationsschritt per Mausklick anstoßen wollen, erstellen wir eine Hauptklasse **`Simulation`**. Diese Hauptklasse liefert uns eine Methode zum Erzeugen von Pilzen und Bakterien. Zudem benötigen wir eine Startmethode, durch die die Zustandsänderungen je Zeiteinheit gesteuert werden. Die Hauptklasse soll über eine Methode **`lebewesenErzeugen(int, int)`** verfügen, um eine Startanzahl an Pilzen und Bakterien zu erzeugen und eine weitere Methode, mit der die Simulation für eine bestimmte Anzahl an Zeittakten gestartet werden kann, z. B. `simulationStarten(int)`.

Datenhaltung

Wenn wir während einer Simulation bis zu 10 000 Objekte in unserer Software verwalten wollen, muss die Frage der Datenhaltung geklärt werden. Einige Methoden, z. B. `altern()` und `vermehren()` werden von allen Lebewesen in jeder Zeiteinheit aufgerufen. Daher ist es vorteilhaft, sie in einem Feld oder einer Sammlung zu speichern. Eine ArrayList `lebewesen` stellt z. B. einfache Dienste zum Hinzufügen und Herausholen von Objekten bereit (vgl. Abschnitt 4.5, S. 121). In einer Wiederholungsanweisung können dann sehr leicht Methoden aller Objekte einer Sammlung aufgerufen werden (vgl. Abchnitt 5.1, S. 134).

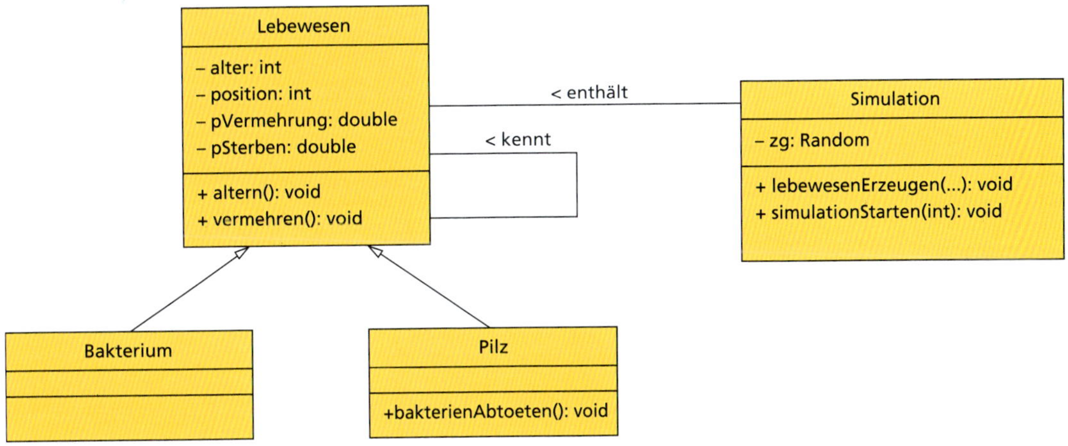

1 Klassendiagramm der Simulationssoftware `Petrischale`. Die Methoden `sterben()` und `altern()` fassen wir zusammen. Das Attribut `zg` der Klasse `Random` stellt uns Dienste zur Erzeugung von Zufallszahlen zur Verfügung. Auf die Methoden dieser Klasse werden wir später eingehen.

Klassendiagramm

Aus den gemachten Überlegungen kann nun das vorerst fertige Klassendiagramm angegeben werden. Jedes Lebewesen verfügt über ein Alter, eine Position, eine Wahrscheinlichkeit für seine Vermehrung und über eine Sterberate. Die Hauptklasse erstellt bei Aufruf der Methode `objekteErzeugen(int, int)` eine vom Anwender angegebene Anzahl an Bakterien und Pilzen. Gestartet wird die Simulation über die Methode `simualtionStarten(int)`, bei der der Anwender die Dauer der Simulation als Parameter übergibt. Für jedes Lebewesen sollen darüber hinaus alle anderen Lebewesen sichtbar sein. Dies wird durch die Assoziation `kennt` modelliert. Diese Sichtweise ist erforderlich, wenn ein Lebewesen z. B. entscheiden will, ob neben seiner Position ein Platz zur Vermehrung frei ist.

6.4 Geben Sie zum Klassendiagramm die Kardinalität der Assoziationen an!

Detailplanung der Methoden

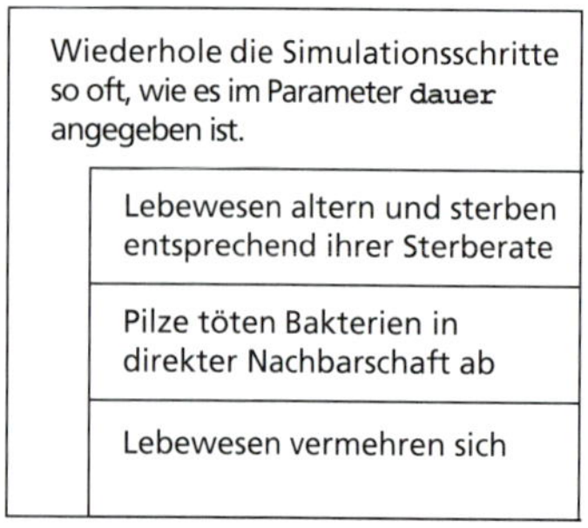

1 Struktogramm der Methode `simulationStarten(int)`

Mit dem vorläufigen Klassendiagramm haben wir schon einen Großteil der Modellierung fertiggestellt. Sicherlich sind wir damit aber noch nicht am Ende unserer Planung angelangt.

Das Struktogramm der Methode `simulationStarten(int)` (↗Bild 1) gibt uns einen näheren Einblick in die Struktur des Programmablaufes.

Während der Simulation werden alle Lebewesen altern und einige Lebewesen entsprechend ihrer Sterberate aussortiert. Danach werden diejenigen Bakterien gelöscht, die ihre Position direkt neben einem Penizillin haben. Schließlich haben die Lebewesen die Chance, sich zu vermehren. Neue Objekte werden erzeugt und der Sammlung hinzugefügt.

Dieser Zyklus wird so oft durchlaufen, wie es beim Methodenaufruf mit dem Parameter `dauer` angegeben wurde.

Zufallszahlen erzeugen

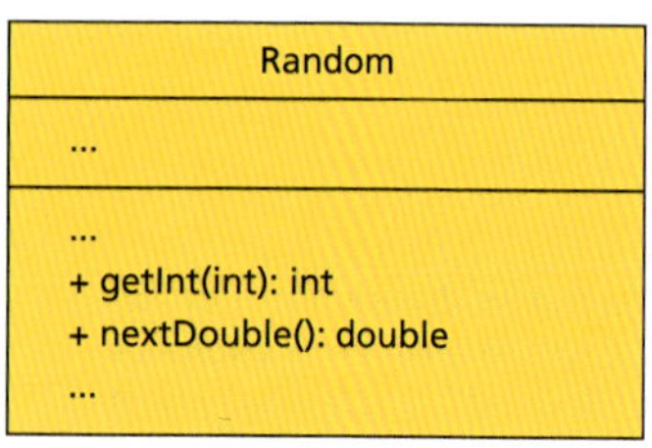

1 Klassenkarte von `Random`. Die Klasse ist Bestandteil der Java-API. Um ein Objekt der Klasse erzeugen zu können, benötigen wir die Import-Anweisung:
`import java.util.Random`

Wir müssen den Bakterien und Pilzen zufällige Positionen zuweisen. Das können wir durch Verwendung von Zufallszahlen realisieren. Wir benötigen eine Methode, mit der wir Zufallszahlen erzeugen können. Die Java-API stellt uns zur Lösung dieses Problems eine Klasse `Random` zur Verfügung. Um Objekte der Klasse `Random` erstellen zu können, benötigen wir die Anweisung `import java.util.Random;`
Ein mithilfe des `new`-Operators erzeugtes Objekt der Klasse `Random` stellt uns u.a. den Dienst `nextInt(int)` zur Verfügung, der uns eine zufällige Zahl zwischen `0` und `int-1` liefert. Die Anweisung `zg.nextInt(100)` liefert also eine zufällige Zahl zwischen 0 und 99. Der Dienst `nextDouble()` liefert eine zufällige Kommazahl zwischen 0 und 1.

Sequenzdiagramm

Einen weiteren Einblick in die Struktur des Programms erhalten wir, wenn wir das Sequenzdiagramm der Methode `lebewesenErzeugen(int, int)` betrachten, die auch den Dienst `nextInt(int)` der Klasse `Random` nutzt.

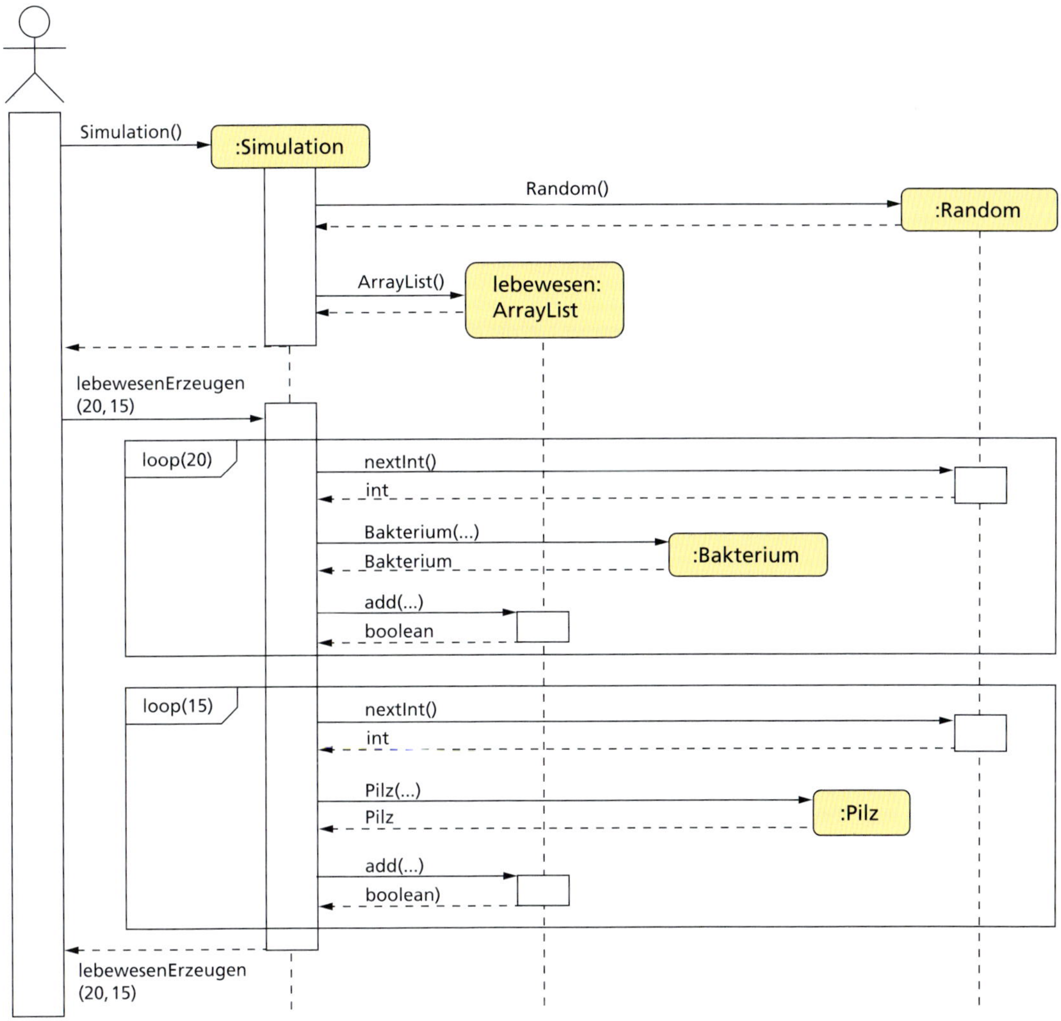

Der Anwender startet das Programm, indem er ein Objekt der Hauptklasse erzeugt.
Mit dem Methodenaufruf **`lebewesenErzeugen(20,15)`** werden 20 Objekte der Klasse **`Bakterium`** und 15 Objekte der Klasse **`Pilz`** erzeugt und der ArrayList **`lebewesen`** hinzugefügt.
Der Zufallsgenerator der Klasse **`Random`** liefert vor der Erstellung der Objekte deren Positionen und gegebenefalls deren Alter. Mit der Angabe eines loop-Rechteckes kann eine Wiederholung mit fester Anzahl in einem Sequenzdiagramm beschrieben werden.

Bei genauerer Analyse unseres Systems wird deutlich, dass wir eine Reihe an Methoden benötigen, die bisher noch nicht angesprochen wurden:

- Eine Methode `istFrei(int)` wird benötigt, um zu prüfen, ob eine Position noch frei ist.
- Es muss ermittelt werden, welches freie Nachbarfeld ein Objekt für seine Vermehrung besitzt. Dazu schreiben wir die Methode `platzSuchen()`.
- Es muss herausgefunden werden, welche Bakterien direkt neben einem Pilz liegen.
- Es muss ermittelt werden, ob sich bei gegebener Wahrscheinlichkeit ein Objekt in der aktuellen Zeiteinheit vermehrt.
- Da die Objekte in unserer Sammlung nicht sortiert sind benötigen wir eine Methode `istNachbar(...)`, mit der ein Pilz prüfen kann, ob eine Position ein Nachbarfeld von sich ist.
- Zur Unterscheidung benötigen wir eine Methode `istPilz()`, die uns anzeigt, ob ein Lebewesen ein Pilz ist oder nicht.

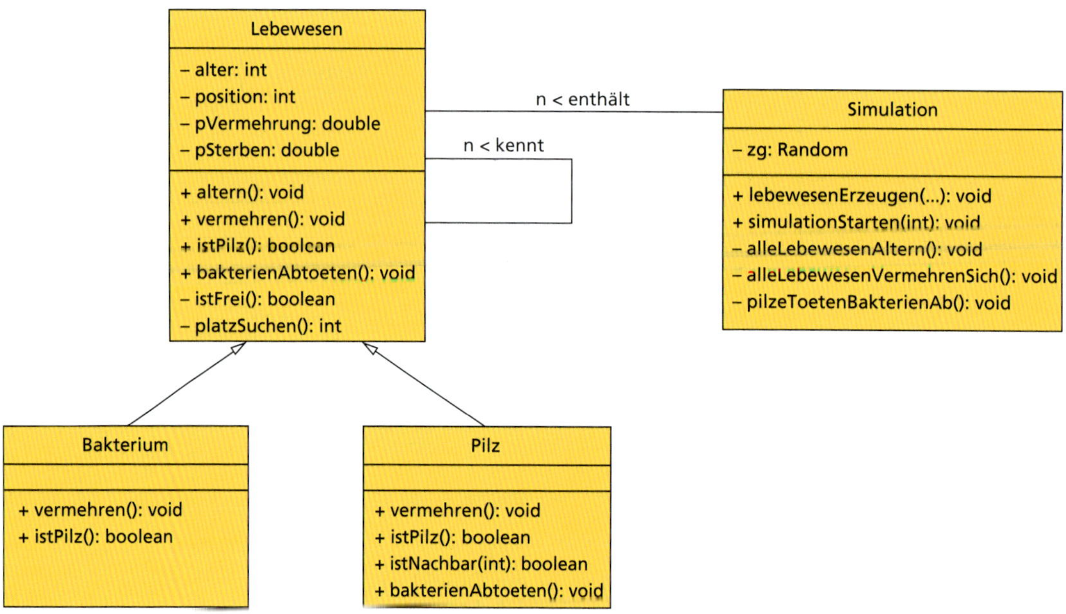

1 Das fertige Klassendiagramm.

6.5 Ermitteln Sie Lösungsansätze für die benötigten Methoden! Verwenden Sie dabei noch keine Programmiersprache, sondern skizzieren Sie lediglich einen Lösungsweg.
Lassen Sie sich von der scheinbaren Komplexiät der Software nicht verunsichern. Wenn Sie die Aufgabe 6.3 bearbeitet haben, haben sie implizit alle diese Methoden schon intuitiv gelöst. Sie müssen diese Strategien jetzt nur noch strukturiert zu Papier bringen. Teilen Sie die Arbeit in Ihrer Gruppe auf (Team-Arbeit).

6.4 Umsetzung in Java

In diesem Kapitel wird die Software nun mit Java programmiert. Wir beginnen der Reihe nach mit der Umsetzung der einzelnen Klassen.

Es gibt viele Möglichkeiten, die Methoden in Java zu implementieren. In diesem Kapitel wurde das Hauptaugenmerk darauf gelegt, dass Sie als Programmieranfänger die einzelnen Methoden möglichst leicht verstehen können. Ein Software-Unternehmen würde das Programm sicherlich völlig anders entwerfen und umsetzen, um die notwendige Wartung und Weiterentwicklung mit möglichst geringem Aufwand zu ermöglichen. Darauf wurde aus Gründen der Vereinfachung bewusst verzichtet. Das hier vorgestellte Programm stellt daher sicherlich keine optimale Lösung dar.

Hinweis:
In Ihrem Projekt ist es wichtig, dass Sie die Klassen im Team programmieren. Nur so werden Sie rasch Erfolg haben. Testen Sie die Methoden in den von Ihnen erstellten Klassen ausgiebig! Abschließend lassen sich alle Klassen zu einem Programm zusammenfügen. Dokumentieren Sie den Fortschritt Ihres Software-Projektes!

Umsetzung der Klasse Lebewesen

Die Klasse **Lebewesen** benötigen wir als Superklasse für die beiden Subklassen **Pilz** und **Bakterium**.

Hinweis:
Aus Platzgründen wird der in den folgenden Kapiteln abgedruckte Quelltext nicht ausführlich kommentiert.

```
import java.util.ArrayList;

public class Lebewesen{
  // Attribute
  private int alter;
  private int position;
  private double pVermehrung;
  private double pSterben;
  private ArrayList<Lebewesen> lebewesen;

  // Konstruktor
  public Lebewesen(int nPosition, int nAlter,
  ArrayList<Lebewesen> nLebewesen, double
  nPVermehrung, double nPSterben){
    position=nPosition;
    alter=nAlter;
    pVermehrung=nPVermehrung;
    pSterben=nPSterben;
    lebewesen=nLebewesen;
  }
```

```
// Das Lebewesen altert einen Zeittakt
// Die Sterberate steigt linear an
public void altern(){
  alter=alter+1;
  pSterben=pSterben+0.05;
}

// nachsehen ob ein Feld mit der Position wo frei ist
private boolean istFrei(int wo){
  boolean ergebnis;
  ergebnis=true;
  Lebewesen l;
  for (int i=0; i<lebewesen.size(); i=i+1){
    l=lebewesen.get(i);
    if (wo==l.positionGeben()) { ergebnis=false;}
  }
  return ergebnis;
}

public void vermehren(){
  // nur Pilze und Bakterien vermehren sich
}

public int platzSuchen(){
  // lokale Variable
  int ergebnis=-1;
  // Feld links von Objekt prüfen
  if (istFrei(position-1)) ergebnis=position-1; else
  // Feld links oben von Objekt prüfen
  if (istFrei(position-101)) ergebnis=position-101; else
  // Feld über Objekt prüfen
  if (istFrei(position-100)) ergebnis=position-100; else
  // Feld rechts über Objekt prüfen
  if (istFrei(position-99)) ergebnis=position-99; else
  // Feld rechts von Objekt prüfen
  if (istFrei(position+1)) ergebnis=position+1; else
  // Feld rechts unten von Objekt prüfen
  if (istFrei(position+101)) ergebnis=position+101; else
  // Feld unter Objekt prüfen
  if (istFrei(position+100)) ergebnis=position+100; else
  // Feld links unter Objekt prüfen
  if (istFrei(position+99)) ergebnis=position+99;
  // Kein Feld frei
  if (ergebnis<1) ergebnis=-1;
  if (ergebnis>10000) ergebnis=-1;
  return ergebnis;
}

// weitere Methoden
public int alterGeben(){ return alter; }
public int positionGeben(){ return position; }
public double pSterbenGeben() {
  return pSterben;
}
public double pVermehrungGeben() {
  return pVermehrung;
}
public ArrayList<Lebewesen> lebewesenGeben(){
  return lebewesen;
}
```

...	51	52	53	...
...	151	152	153	...
...	251	252	253	...
...	...	...	...	...

1 Ausschnitt der Petrischale mit Positionsangaben. Die Nachbarfelder der Position 152 ergeben sich aus einfacher Addition bzw. Subtraktion.

```
  // die beiden folgenden Methoden benötigen wir,
  // (Polymorphie), auch wenn sie in den Klassen
  // Pilz und Bakterium überschrieben werden
  public boolean istPilz() { return true;}
  public void bakterienAbtoeten(){// nichts tun
  }
}
```

6.6 Begründen Sie aus Sicht der Subklassen `Pilz` und `Bakterium` die Notwendigkeit der folgenden zusätzlichen Methode!
`lebewesenGeben():ArrayList<Lebewesen>`

Der Konstruktor erwartet als Parameter auch die `ArrayList<Lebewesen>`. Durch diesen Parameter wird die Assoziation **kennt** aus dem Klassendiagramm umgesetzt.

Die Methode `istFrei(int)` prüft, ob an der im Parameter angegebenen Position das Feld noch frei ist. Dazu werden alle Lebewesen überprüft.

Die Methode `vermehren()` ist auch in der Superklasse notwendig, obwohl sich ja nur Pilze und Bakterien vermehren. Dennoch ist es sinnvoll, die Methode hier aufzunehmen und später in den Subklassen zu überschreiben. Auf diese Weise kann die Methode für alle Elemente der ArrayList `lebewesen` in einem Durchlauf aufgerufen werden.

Das Pflichtenheft sieht vor, für eine Vermehrung zuerst die Position links neben dem Objekt zu prüfen und dann dem Uhrzeigersinn folgend die restlichen Nachbarfelder. Dazu dient die Methode `platzSuchen()`.
Wenn kein Nachbarfeld frei ist, soll sich das Objekt nicht vermehren. Der Wert -1 signalisiert dem aufrufenden Objekt, dass kein Feld frei ist.

6.7 Erläutern Sie, wie der Programmcode ergänzt werden müsste, dass ein Objekt am linken Rand sich nicht auf den rechten Rand vermehren kann, z.B. von der Position 101 auf die Position 100.

6.8 Begründen Sie, warum die Methoden `vermehren()` und `istPilz()` auch in den Subklassen vorhanden sein müssen!

Umsetzung der Klasse Bakterium

Die Klasse **Bakterium** wird von der Klasse **Lebewesen** abgeleitet. In dieser Klasse kommen zu den Attributen der Superklasse keinen neuen Attribute hinzu. Im Konstruktor genügt daher der Aufruf der super-Methode. An dieser Stelle wird die Vermehrungswahrscheinlichkeit und die anfängliche Sterberate des Bakteriums festgelegt.

```
import java.util.ArrayList;

public class Bakterium extends Lebewesen{

  // Keine neuen Attribute

  // Konstruktor
  // Vermehrungsrate 0.25, Sterberate 0.0
  public Bakterium(int position, int alter,
    ArrayList<Lebewesen> lebewesen){
    super(position, alter, lebewesen, 0.25 ,0.0);
  }

  public void vermehren(){
    // lokale Variablen
    Bakterium b;
    int wo;

    wo=super.platzSuchen();
    if (wo>0){
      // Erstellen eines neuen Objektes
      b=new Bakterium(wo, 0, super.lebewesenGeben());

      // Hinzufügen zur ArrayList
      super.lebewesenGeben().add(b);
    }
  }

  public boolean istPilz(){
    return false;
  }
}
```

Die Klasse **Bakterium** besitzt ebenso wie die Superklasse eine Methode **vermehren()**. Wird ein freier Platz gefunden erzeugt die Methode eine lokale Variable **b**. Das Objekt wird der ArrayList hinzugefügt.

Umsetzung der Klasse Pilz

```
import java.util.ArrayList;
public class Pilz extends Lebewesen{

  // Keine neuen Attribute
```

```
  // Konstruktor
  public Pilz(int position, int alter,
   ArrayList<Lebewesen> lebewesen){
    // Vermehrungsrate 0.9, Sterberate 0.2
    super(position, alter, lebewesen, 0.9, 0.2);
  }

  public void vermehren(){
    Pilz p; int wo;
    wo=super.platzSuchen();
    if (wo>0) {
      p=new Pilz(wo, 0, super.lebewesenGeben());
      super.lebewesenGeben().add(p);
    }
  }

  public boolean istPilz(){
      return true;
  }

  // Prüfung, ob die Position pos ein
  // Nachbarfeld des Objektes ist
  public boolean istNachbar(int pos){
     // lokale Variable
     int position=super.positionGeben();
     if ((position==(pos+1))   ||
         (position==(pos-1))   ||
         (position==(pos+99))  ||
         (position==(pos+100)) ||
         (position==(pos+101)) ||
         (position==(pos-99))  ||
         (position==(pos-100)) ||
         (position==(pos-101)))
      return true; else return false;
  }

  public void bakterienAbtoeten(){
    Lebewesen l;
    ArrayList<Lebewesen> lebewesen;
    lebewesen=super.lebewesenGeben();
    for (int i=0; i<lebewesen.size(); i=i+1){
      l=lebewesen.get(i);
      if ((istNachbar(l.positionGeben())==true)
      && (l.istPilz()==false)){
        lebewesen.remove(i);
      }
    }
    lebewesen.trimToSize();
  }

}
```

In Java können mehrere Bedingungen innerhalb einer if-Anweisung mit logischen Operatoren verknüpft werden. Beim Operator `||` (oder) genügt es, wenn mindestens einer von mehreren Ausdrücken erfüllt ist. Sollen alle Ausdrücke erfüllt sein, so werden sie mit `&&` (und) verknüpft.

Die Klasse **`Pilz`** benötigt ebenso wie die Klasse **`Bakterium`** eine eigene Methode zum Vermehren, da hier Objekte der Klasse **`Pilz`** erzeugt werden. Die Methode **`bakterienAbtoeten()`**

prüft bei allen Lebewesen, ob sie sich auf einem Nachbarfeld befinden. Handelt es sich zusätzlich um ein Bakterium, so wird es aus der ArrayList `lebewesen` herausgenommen. Die Anweisung `lebewesen.trimToSize()` hat die Aufgabe, Leerfelder am Ende der ArrayList zu entfernen, die durch das Löschen entstehen. Dies beschleunigt den Programmablauf.

Hauptklasse

Die Hauptklasse hat die Aufgabe, die für den Anwender benötigten Dienste bereitzustellen und den Programmablauf zu steuern.

```
import java.util.ArrayList;
import java.util.Random;

public class Simulation{
  // Liste mit den aktuell vorhandenen Lebewesen
  private ArrayList<Lebewesen> lebewesen;
  // Zufallsgenerator
  private Random zg;

  //Konstruktor
  public Simulation(){
    zg=new Random();
    lebewesen=new ArrayList<Lebewesen>();
  }
}
```

Objekte vor dem Start der Simulation erzeugen

Die Hauptklasse stellt den Dienst `lebewesenErzeugen(int, int)` bereit. Noch vor Beginn der Simulation wird die als Parameter übergebene Anzahl an Bakterien und Pilzen erzeugt und der ArrayList `lebewesen` hinzugefügt (vgl. Sequenzdiagramm in Abschnitt 6.3, S. 175).

```
public void lebewesenErzeugen(int anzBakterien, int
anzPilze){
  // Bakterien zufällig erstellen
  for (int i=0; i<anzBakterien; i=i+1){
    Bakterium b=new
    Bakterium(zg.nextInt(10000)+1, zg.nextInt(5), lebewesen);
    lebewesen.add(b);
  }
  // Pilze zufällig erstellen
  for (int i=0; i<anzPilze; i=i+1){
    Pilz p=new Pilz(zg.nextInt(10000)+1, 0, lebewesen);
    lebewesen.add(p);
  }
}
```

Eine Wiederholung mit fester Anzahl hilft, die Anzahl der Objekte zu erstellen. Die Methode **`lebewesen.add(Lebewesen)`** fügt ein Objekt der Klasse **`Lebewesen`** der ArrayList hinzu, es können also sowohl Bakterien als auch Pilze als Parameter übergeben werden.

6.9 Begründen Sie, welche Position und welches Alter die Lebewesen haben, nachdem sie erzeugt wurden! Kontrollieren Sie das Ergebnis der Methode durch Inspizieren der Objekte in der ArrayList!

6.10 Das Pflichtenheft sieht vor, dass an einer Position unserer Petrischale nur ein Objekt vorhanden sein darf. Erläutern Sie, warum die Methode **`lebewesenErzeugen(...)`** diese Vorgabe noch nicht berücksichtigt! Passen Sie die Methode an!

Startmethode erstellen

Die Methode **`simulationStarten(int)`** wiederholt eine feste Anzahl Simulationsschritte. Dabei werden nacheinander jeweils

- alle Objekte altern und einige im Rahmen ihrer individuellen Sterberate zufällig absterben,
- Pilze Bakterien in direkter Nachbarschaft abtöten und
- alle verbleibenden Lebewesen versuchen sich zu vermehren.

```
public void simulationStarten(int dauer){
  // Anzahl der Durchläufe
  for (int i=0; i<dauer; i=i+1){
    alleLebewesenAltern();
    pilzeToetenBakterienAb();
    alleLebewesenVermehrenSich();
    lebewesen.trimToSize();
  }
}
```

Die Methoden im Einzelnen:

```
private void alleLebewesenAltern(){
  // lokale Variablen
  Lebewesen l;
  double wahrscheinlichkeit;
  for (int i=0; i<lebewesen.size(); i=i+1){
    l=lebewesen.get(i);
    l.altern();
    wahrscheinlichkeit=zg.nextDouble();
    if ((wahrscheinlichkeit<l.pSterbenGeben()))
    {
      lebewesen.remove(i);
    }
  }
}
```

```
private void pilzeToetenBakterienAb(){
  // Lokale Variable
  Lebewesen l;
  for (int i=0; i<lebewesen.size(); i=i+1){
    l=lebewesen.get(i);
    l.bakterienAbtoeten();
  }
}

private void alleLebewesenVermehrenSich(){
  // Lokale Variablen
  Lebewesen l;
  double wahrscheinlichkeit;
  int anzahl=lebewesen.size();
  for (int i=0; i<anzahl; i=i+1){
    l=lebewesen.get(i);
    // Wahrscheinlichkeit für Vermehrung
    // erzeugen und prüfen
    wahrscheinlichkeit=zg.nextDouble();
    if ((wahrscheinlichkeit<l.pVermehrungGeben()))
    {
      l.vermehren();
    }
  }
}
```

6.11 Beschreiben Sie, weshalb – anders als beispielsweise in der Methode `alleLebewesenAltern()` – in der Methode `alleLebewesenVermehrenSich()` die lokale Variable `anzahl` verwendet wird!

Globale Variablen:
Ist eine Variable im gesamten Programm sichtbar, spricht man von einer globalen Variablen (↗ Abschnitt 4.4, S. 116). In Java lassen sich globale Variablen für die Länge und Breite der Petrischale mit den Anweisungen
`public static int breite=100;`
`public static int laenge=100;`
erzeugen, z. B. in der Klasse `Simulation`. In allen Klassen kann man auf die Variablen dann über die Bezeichner
`Simulation.breite` bzw.
`Simulation.laenge`
zugreifen.

6.12 Die Größe der Petrischale soll veränderbar werden. Ergänzen Sie die Klasse `Simulation` um zwei globale Variablen für die Länge und die Breite der Petrischale und fügen Sie die Variablen an allen notwendigen Stellen im Programm ein! Diskutieren Sie die Verwendung globaler Variablen in diesem Programm (gegebenenfalls Internet-Recherche)!

6.13 Erstellen Sie die beiden Methoden `anzahlBakterienGeben()` und `anzahlPilzeGeben()`, mit der die Anzahl der Bakterien bzw. Pilze berechnet wird und testen Sie die Methoden! Geben Sie nach jedem Simulationsdurchlauf die Anzahl der Objekte als Text aus!

Damit verfügen wir über ein funktionsfähiges Programm. Einem ausgiebigem Testen des Programms steht nun nichts mehr im Wege. Insbesondere wäre es notwendig, die Wachstumsrate und die Sterberate sowie die Veränderung der Werte im Zeitablauf so anzupassen, dass das Ergebnis der Simulation der Verteilung der Lebewesen in der Realität entspricht.

6.5 Programmieren der Grafik in Java*

Natürlich kann es ausreichend sein, sich die Anzahl an Pilzen und Bakterien als Text anzeigen zu lassen. Übersichtlicher dürfte es jedoch sein, die Lebewesen als Kreise in einer Grafik darzustellen.

Es ist gar nicht so schwer, in Java eine einfache Grafik zu erzeugen. Wir werden in diesem Kapitel allerdings nur einige wenige Möglichkeiten ansprechen, die nicht unbedingt in allen Fällen fehlerfrei funktionieren. Aber für unser einfaches Projekt soll dies genügen.

Zunächst einmal stellt Java eine Vielzahl an Funktionen im Paket **`awt`** bereit. Mit einem Grafik-Objekt der Klasse **`Graphics`**, das üblicherweise den Bezeichner g erhält, kann man wie mit einem Stift zeichnen. Die Klasse **`Graphics`** importieren wir mit der Anweisung **`import java.awt.*;`**

Wir werden zum Zeichnen nur die folgenden einfachen Methoden verwenden, wobei **`x`** und **`y`** Koordinaten darstellen:

```
// Farbe unseres Zeichenstiftes ändern
g.setColor(Color farbe);
// ausgemaltes Rechteck zeichnen
g.fillRect(int x, int y, int breite, int hoehe);
// ausgemaltes Oval oder Kreis zeichnen
g.fillOval(int x, int y, int breite, int hoehe);
// Linie zeichnen
g.drawLine(int x1, int y1, int x2, int y2);
// Text schreiben
g.drawString(String text, int x, int y);
```

Farben in Java:
Java stellt im Paket **`awt`** in der Klasse **`Color`** dreizehn Farbobjekte bereit, die nicht extra erzeugt werden müssen:

```
Color.black, Color.blue,
Color.cyan, Color.darkGray,
Color.gray, Color.green,
Color.lightGray,
Color.magenta, Color.orange,
Color.pink, Color.red,
Color.white, Color.yellow
```

Natürlich existieren in dieser Klasse auch Konstruktoren zum Erzeugen anderer Farben. Für unsere Projekte sollen diese aber genügen.

Wenn wir zeichnen wollen, dann benötigen wir ein Objekt, z. B. ein Fenster, in das wir zeichnen können. Das Paket **`swing`** der Java-API stellt uns eine Klasse **`JFrame`** bereit, mit der wir ein Programmfenster erzeugen können. Wir erstellen eine Klasse **`Darstellung`**. Diese Klasse soll alle Eigenschaften der Klasse **`JFrame`** erben. Daher leiten wir sie von ihr ab.

```
import java.util.ArrayList;
import javax.swing.*;
import java.awt.*;
public class Darstellung extends JFrame{
  //Attribute
  ArrayList<Lebewesen> lebewesen;
  public Darstellung(ArrayList<Lebewesen> nLebewesen){
    super("Population"); // Name des Fensters
    setSize(550,580); // Größe des Fensters
    setVisible(true); // Fenster sichtbar machen
    lebewesen=nLebewesen;
  }
  // Methoden ausgelassen
}
```

Dem Konstruktor fügen wir in der ersten Zeile den **`super`**-Befehl zum Aufruf des Konstruktors der Superklasse hinzu und außerdem Anweisungen zur Größe des Fensters. Mit dem Befehl

Mit dem Operator `%` **(Modulo-Operator)** ermittelt man den ganzzahligen Rest einer Division. Beispielsweise hat `10%3` den Wert `1`.

```
public void paint(Graphics g){
  // Gelbes Rechteck
  g.setColor(Color.yellow);
  g.fillRect(0,0,550,580);
  // Weißes Rechteck
  g.setColor(Color.white);
  g.fillRect(25,50,500,500);
  // lokale Variable für Lebewesen
  Lebewesen l;
  // Alle Objekte zeichnen
  for (int i=0; i<lebewesen.
  size(); i=i+1){
    l = lebewesen.get(i);
    if (l.istPilz()==false){
      g.setColor(Color.red); }
    else {
      g.setColor(Color.blue);
    }
    // X-Koordinate ermitteln
   int x=(l.positionGeben()%100);
    if (x==0) {x=100;}
    // Y-Koordinate ermitteln
    int y=l.positionGeben()-x;
    x=x*5+20;
    y=y/100*5+50;
    g.fillOval(x, y, 5, 5);
  }
}
```

Manche Befehle können in Java nur in einem sogenannten Try-Catch-Block ausgeführt werden. Sollte es im Programmablauf zu einem Fehler kommen, so führt dieser Fehler nicht zu einem sofortigen Programmabsturz, sondern die im `catch`-Block angegebenen Anweisungen werden im Fehlerfall noch ausgeführt. Die Anweisung `Tread.sleep(int)`, die den Programmfluss unterbricht, muss in einem solchen Try-Catch-Block stehen.

```
private void warte(int ms){
  try {
    Thread.sleep(ms);
  }
  catch (Exception e){
    // nichts tun
  }
}
```

`setVisible(true)` wird das Programmfenster sichtbar. Wenn wir unsere Lebewesen zeichnen möchten, dann benötigen wir auch einen Zugriff auf sie. Daher benötigen wir die Referenz auf die ArrayList `lebewesen`.

Standardmäßig verwendet Java die Methode `paint(Graphics g)`, bei der das Grafik-Objekt als Parameter übergeben wird. Das Objekt `g` muss dabei nicht mit dem `new`-Operator erzeugt werden. Jedes Programm, das über ein Programmfenster verfügt, benötigt diese `paint`-Methode aus der Superklasse. Den Aufruf der Methode übernimmt nicht das Programm, sondern das Betriebssystem. War ein Fenster durch ein anderes verdeckt und wird es wieder sichtbar, ruft das Betriebssystem automatisch die Methode `paint(Graphics)` auf. Wir überschreiben die Methode, wobei Java unsere Zeichen-Anweisungen bei der Darstellung des Fensters automatisch hinzufügt.

Unserer Hauptklasse fügen wir ein Attribut der Klasse `Darstellung` hinzu und erstellen im Konstruktor eine Instanz davon. Wenn wir in unserer Methode `simulationStarten(int)` am Ende eines Simulationsschrittes die Grafik mit den veränderten Objekten neu zeichnen wollen verwenden wir allerdings nicht die Methode `paint(...)`, sondern die Methode `repaint()`, die ebenfalls bereits von der Superklasse bereitgestellt wird.

Unser Fenster hat eine Größe von 550 × 580 Pixel. Wir fügen der Methode `paint(Graphics g)` Anweisungen zum Zeichnen eines gelben und eines weißen Rechtecks hinzu. Damit werden alle Kreise, die ggf. vom letzten Zeichnen noch sichtbar sind, gelöscht.

Danach wird für jedes Objekt in der ArrayList `lebewesen` ein Kreis mit einem Durchmesser von 5 Pixeln gezeichnet. Ein roter Kreis für ein Bakterium, ein blauer Kreis für einen Pilz.

Aus der Position eines Objektes, die die Werte von 1 bis 10 000 annehmen kann, müssen wir die Koordinaten berechnen. Der Kreis an der Position 1 soll in x- und y-Richtung die Koordinaten (25, 25) haben, der Kreis an Position 2 soll die Koordinaten (30, 25) haben, usw.

Programm unterbrechen: Sollte der grafische Programmablauf so schnell sein, dass man die einzelnen Schritte nicht nachvollziehen kann, so ist es möglich, den Prozess mit der Methode `warte(int ms)` anzuhalten, dabei steht der Integer-Wert ms für Millisekunden. Der Methodenaufruf `warte(1000)` unterbricht die Simulation also für 1 Sekunde. Nach dem Aufruf der Methode `repaint()` wird das Betriebssystem das Fenster zum Neuzeichnen auffordern. Wir halten das Programm nach dem Aufruf der Methode `repaint()` kurz für wenige Millisekunden an, damit es nicht zu Störungen des Programmflusses kommt, da das Zeichnen in einem eigenen Prozess erfolgt.

6.6 Mit der Maus arbeiten*

Viele Simulationen lassen sich erst durch eine Maus gut bedienen, z. B. um Bewegungen durchzuführen oder während eines Programmablaufs noch Einstellungen vornehmen zu können. In diesem Kapitel soll ein kurzer Einblick in dieses Thema gewagt werden.

Java stellt Klassen bereit, mit denen die Bewegungen und Aktionen der Maus verarbeitet werden können. Allerdings erlaubt Java bei der Vererbung maximal die Angabe einer Superklasse. Wenn wir eine Klasse von der Superklasse `JFrame` ableiten, so können wir nicht zusätzlich die Eigenschaften der Mausklassen erben. Um sie dennoch in unserem Programm nutzen zu können, stellt Java sogenannte **Interfaces** bereit. Dabei handelt es sich um eine Möglichkeit, neben einer Vererbung zusätzlich die Funktionalität einer Klasse nutzen zu können.

Neben der Vererbung kann eine Klasse in Java noch um Interfaces erweitert werden.

Das Interface zwingt uns dazu, in unserer Klasse bestimmte – in ihrer Signatur genau definierte – Methoden aufzunehmen.

Für die Behandlung der üblichen Mausroutinen stellt Java in seinem Paket `awt.event` zwei Interfaces bereit. Betrachten wir dazu ein Beispiel:

```
import javax.swing.*;
import java.awt.*;
import java.awt.event.*;
public class Fenster extends JFrame implements Mouse-
Listener, MouseMotionListener{
  // Attribute
  int x,y; // Mauskoordinaten
  boolean ende;
  int richtung; // 1 ist rechts, 0 ist links
  public Fenster(){
    super("Mausbewegungen");
    addMouseListener(this);
    addMouseMotionListener(this);
    setSize(800,600);
    setVisible(true);
    ende=false;
  }
  public void start(){
    while (ende==false){
      warte(100);
      x=x+1; if (x>600) x=100;
      repaint();
    }
```

```
      setVisible(false); // Fenster unsichtbar
      dispose();  // Speicher freigeben
      System.exit(0); // Programm beenden
    }
    public void paint(Graphics g){
      g.setColor(Color.red);
      g.fillRect(0,0,800,600);
      g.setColor(Color.blue);
      g.fillOval(x,y,50,50);
    }
    public void mousePressed(MouseEvent e)  { }
    public void mouseReleased(MouseEvent e){ }
    public void mouseEntered(MouseEvent e)  { }
    public void mouseExited(MouseEvent e)   { }
    public void mouseDragged(MouseEvent e)  { }
    public void mouseMoved(MouseEvent e){
      x = e.getPoint().x;
      y = e.getPoint().y;
      setTitle("X:"+x+" Y:"+y);
      repaint();
    }
    public void mouseClicked(MouseEvent e){
      ende=true;
    }
}
```

Die Signatur der Mausmethoden geben Aufschluss darüber, wann die Methode durch ein Mausereignis aufgerufen wird:

- Maustaste drücken
- Maustaste loslasssen
- die Maus von außen auf ein Fenster bewegen
- den Mauszeiger von einem Fenster wegbewegen
- die Maus mit gedrückter Taste verschieben
- die Maus bewegen
- Mausklick

In diesem Beispiel wird – wie im Abschnitt 6.5 gezeigt – ein Programmfenster von der Klasse `JFrame` erzeugt. Außerdem wurde die Klasse mit der Anweisung `implements` um zwei Interfaces erweitert.

Durch die Anweisungen `addMouseListener(this);` und `addMouseMotionListener(this);` wird sichergestellt, dass das Programmfenster auf Mausklicks und Mausbewegungen reagiert.

In unserer Klasse müssen nun alle in den Interfaces vorgegebenen Methoden übernommen werden, auch wenn wir in unserem Beispiel nur zwei Methoden verwenden wollen. Fehlt eine Methode, werden wir beim Übersetzen des Programms darauf hingewiesen.

Die hinzugefügten Methoden stellen jeweils ein MouseEvent-Objekt zur Verfügung, auf das wir zugreifen können. Die aktuellen Mauskoordinaten können somit z. B. leicht mit den Methoden `e.getPoint().x` und `e.getPoint().y` ermittelt werden. Zum Starten des Programms muss die Methode `start()` aufgerufen werden. Die Methode `paint(...)` zeichnet einen Kreis in das Fenster, allerdings an der Stelle, wo sich gerade die Maus befindet. Bei jeder Mausbewegung bzw. bei jedem Mausklick unterbricht das Betriebssystem den Programmablauf, aktualisiert die Attributwerte der Mauskoordinaten und führt die entsprechenden Methoden aus.

In unserem Beispiel wird mit einem Mausklick die Methode `start()` beendet, das Fenster unsichtbar und die Ressourcen aus dem Speicher gelöscht.

Anhang A

Namenskonventionen, Modellierungsmittel

Entwicklergruppen kennen eine Reihe Vereinbarungen, an die sich alle Mitglieder einer Gruppe äußerst strikt und konsequent halten. Konventionen (convention, engl.: Vertrag, Routine) sparen Zeit und vermeiden Ärger. Das ist in der Informatik genauso wie in anderen Fächern und im Leben selbst. In einem Bewerbungsanschreiben würden Sie sicherlich nicht als abschließenden Gruß CUL8r (Kurzschreibweise für „see you later") einfügen, in einer SMS schon eher.

Übersicht über Namenskonventionen:

	9. Klasse	**10. Klasse**

Klassen-name	PERSON
	BUCHUNG
		`Person`
		`Buchung`
		Klassennamen beginnen mit einem Großbuchstaben.

Attribut-name	Alter,
	maxAnzahl
		`alter`
		`maxAnzahl`
		Attributnamen beginnen mit einem Kleinbuchstaben.

Metho-den-name	anzeigen( ),
	RechnungErstellen( )
		`anzeigen()`
		`rechnungErstellen()`
		Methodennamen beginnen mit einem Kleinbuchstaben und enden mit einem Klammerpaar.

Objekt-name	Person1
	Buchung47
		`person1`
		`buchung47`
		Objektnamen beginnen mit einem Kleinbuchstaben.

Auf der Seite http://java.sun.com/docs/codeconv/ finden sich weitere Konventionen für Softwareentwickler in englischer Sprache.

Übersicht über die Darstellung der im Lehrbuch genutzten grafischen Modellierungsmittel:

Klassenkarte

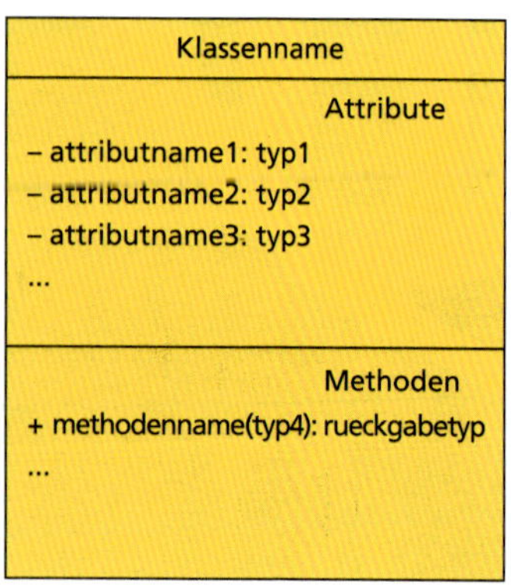

Objektkarten und Objektdiagramm

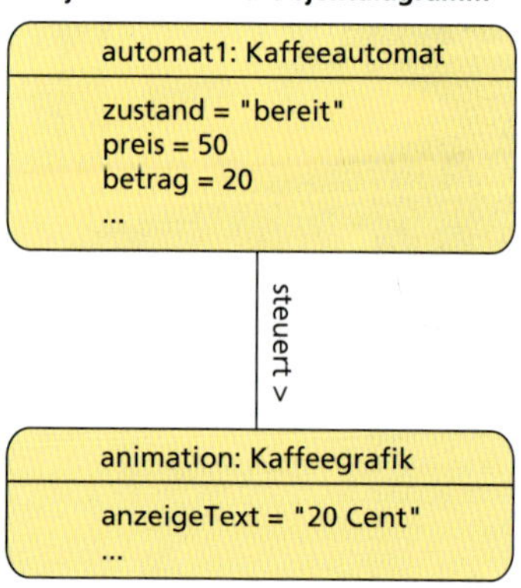

Klassendiagramm mit Vererbungspfeil

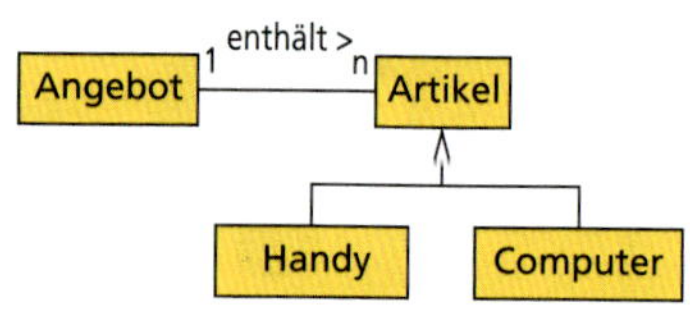

Sequenzdiagramm

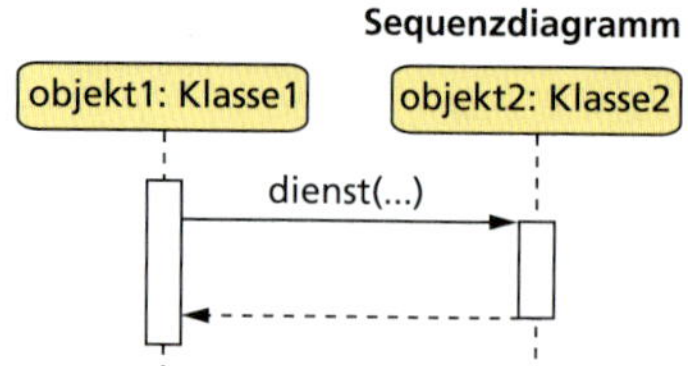

Zustandsdiagramm

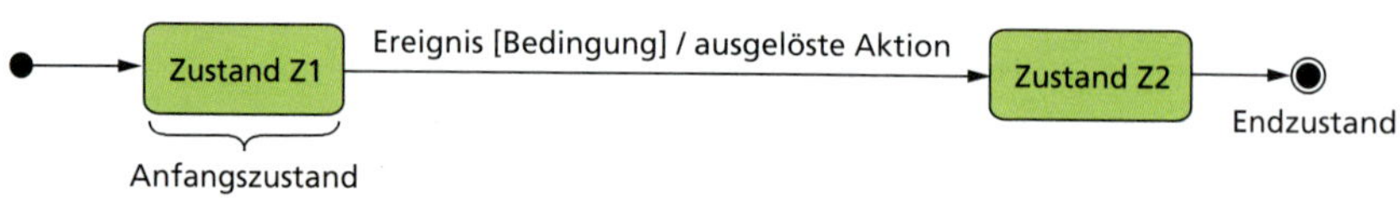

Register

Numerics
1:1-Beziehung 19, 100
1:n-Beziehung 19

A
abgeleitete Klasse 136
abstrakte Klasse 154
abstrakte Methode 154
Akteur 111
AL-CHWARAZMI, MUHAMMED IBN MUSA (787 – um 850) 75
Algorithmenbausteine 93
Algorithmus 73, 75, 82, 93
Anbieter 108
Anfangszustand 28, 29
Anweisung, bedingte 61
ArrayList 120
Attribut 7, 12, 23, 47
 – primitives 106
Attributwert 7, 12, 23, 37
auslösende Aktion 27
Auswahl 93

B
Basisklasse 136
Bauplan 7
bedingte Anweisung 61, 93
bedingter Zustandsübergang 53, 61
bedingte Wiederholung 78, 93
Bedingung 53, 62, 68
Bezeichner 7
Beziehung 17, 23, 99, 128
 – bidirektionale 119
 – Leserichtung 99
 – Nutzungsrichtung 100
 – rekursive (reflexive) 19, 100
Bit 91
BlueJ 6
Botschaft 108, 109, 128
Byte 91

C
Compiler 91

D
Datenhaltung 169, 173
Datentyp 38
 – zusammengesetzter 40
Default-Wert 42
Deklaration 38, 65, 66
Determinismus 29
Dienst 8, 9, 12, 18, 66
Dienstleister 9
digital 91
Double 10
dynamische Bindung 149, 161

E
Einfachvererbung 138, 161
Eingangsparameter 11, 43
Eingangswert 11
Endzustand 28, 29
Entwicklungsumgebung 6
equals 50
Ereignis 27, 29, 49

F
Feld 87, 93

G
Geheimnisprinzip 116, 128
Generalisierung 137
globale Variable 116, 184

H
Hauptklasse 168
Heronverfahren 96
HERON VON ALEXANDRIA (um 100 n.Chr.) 96

I
Index 87, 88
initialisieren 42
Initialisierung 66
Instanzierung 65
Integer 10
Interface 187
Interpreter 91

J
Java 26
Java-API 105

K
Kapselung 117
Kardinalität 19
 – m:n 19
KAY, ALAN CURTIS (geb. 1940) 6
Klasse 7, 9, 23
 – Ressourcen 117
Klassendiagramm 19, 190
Klassenkarte 9, 190
Klassenname 23
Konstruktor 41, 68

L
Lastenheft 167
Leserichtung 99
lokale Variable 46, 47

M
m:n-Beziehung 18, 127
Maschinencode 91
Meilenstein 167
Methode 8, 9, 23, 82
 – öffentliche 12
 – private 12
 – sondierende 47
 – überladene 154, 161
 – verändernde 48, 49
Modulo-Operator 186
Multiplizität 19

N
Nutzer 108
Nutzungsrichtung 100

O
Oberklasse 136, 161
Objekt 6, 9, 23
 – Lebenszyklus 66
 – nutzen 23

Objektdiagramm 18, 190
Objektkarte 7, 190
Objektname 7, 23
ODER 85
öffentliche Methode 12

P
Pflichtenheft 167
polymorphe Variable 143
Polymorphie 146, 149, 161
primitiven Attribut 106
private 12, 39
private Methode 12
Programm 91
Projekt 164
Projektplanung 167
Projektstart 167
Prototyp 22
Prozess 92
public 12, 39
Punktnotation 93

R
Redefinition 147, 149, 161
redundant 102
Referenz 103, 128
Referenzattribut 103, 106, 128
reflexive Beziehung 19, 100
rekursive Beziehung 19

S
Schnittstelle 117
Sequenz 73, 76, 93
Sequenzdiagramm 109, 128, 190
Signatur 117
sondierende Methode 46, 47
späte Bindung 149, 161
Speicherbelegungstabelle 85
Spezialisierung 137
Standardwert 42
String 16
Subklasse 136, 141, 161
Substitutionsprinzip 142, 161
Superklasse 136, 140, 161
Syntax 10

T
this 122
Typ-Deklaration 65, 66
Typisierung 120

U
UML 28
Unterklasse 136, 161

V
Variable 37, 38
– globale 116, 184
– lokale 46, 47
– Name 38
– polymorphe 148
verändernde Methode 48, 49
Vererbung 132, 136, 161
Vererbungshierarchie 138, 161
verschachtelte bedingte Anweisungen 62
Verweis 102
void 48

W
Wertzuweisung 41
Wiederholung 93
– bedingte 78, 93
– mit fester Anzahl 76, 93

Z
zusammengesetzter Datentyp 40
Zustand 27, 29, 37, 68
Zustandsdiagramm 29, 33, 190
Zustandsmodell 68
– Entwurf 33
Zustandsübergang 28, 29, 68
Zustandsübergangstabelle 57, 58
zweiseitige bedingte Anweisung 61